电力电子新技术系列图书

碳化硅功率器件：特性、测试和应用技术

高 远 陈桥梁 编著

机械工业出版社

本书介绍了碳化硅功率器件的基本原理、特性、测试方法及应用技术，概括了近年学术界和工业界的最新研究成果。本书共分为9章：功率半导体器件基础，SiC MOSFET参数的解读、测试及应用，双脉冲测试技术，SiC器件与Si器件特性对比，高 di/dt 的影响与应对——关断电压过冲，高 dv/dt 的影响与应对——crosstalk，高 dv/dt 的影响与应对——共模电流，共源极电感的影响与应对，以及驱动电路设计。

本书面向电力电子、新能源技术和功率半导体器件等领域的广大工程技术人员和科研工作者，可满足从事器件设计、封装、测试、应用专业人员的知识和技术需求。

图书在版编目（CIP）数据

碳化硅功率器件：特性、测试和应用技术/高远，陈桥梁编著 .—北京：机械工业出版社，2021.6（2023.10 重印）

（电力电子新技术系列图书）

ISBN 978-7-111-68175-5

Ⅰ.①碳… Ⅱ.①高…②陈… Ⅲ.①功率半导体器件 Ⅳ.①TN303

中国版本图书馆 CIP 数据核字（2021）第 084660 号

机械工业出版社（北京市百万庄大街 22 号　邮政编码 100037）

策划编辑：罗　莉　责任编辑：罗　莉

责任校对：郑　婕　封面设计：马精明

责任印制：邓　博

北京盛通商印快线网络科技有限公司印刷

2023 年 10 月第 1 版第 5 次印刷

169mm×239mm · 20. 5 印张 · 419 千字

标准书号：ISBN 978-7-111-68175-5

定价：99. 00 元

电话服务　　　　　　　　　网络服务

客服电话：010-88361066　机 工 官 网：www.cmpbook.com

　　　　　010-88379833　机 工 官 博：weibo. com/cmp1952

　　　　　010-68326294　金 书 网：www.golden-book.com

封底无防伪标均为盗版　机工教育服务网：www.cmpedu.com

第3届

电力电子新技术系列图书

编辑委员会

电力电子新技术系列图书

序言

1974 年美国学者 W. Newell 提出了电力电子技术学科的定义，电力电子技术是由电气工程、电子科学与技术和控制理论三个学科交叉而形成的。电力电子技术是依靠电力半导体器件实现电能的高效率利用，以及对电机运动进行控制的一门学科。电力电子技术是现代社会的支撑科学技术，几乎应用于科技、生产、生活各个领域：电气化、汽车、飞机、自来水供水系统、电子技术、无线电与电视、农业机械化、计算机、电话、空调与制冷、高速公路、航天、互联网、成像技术、家电、保健科技、石化、激光与光纤、核能利用、新材料制造等。电力电子技术在推动科学技术和经济的发展中发挥着越来越重要的作用。进入 21 世纪，电力电子技术在节能减排方面发挥着重要的作用，它在新能源和智能电网、直流输电、电动汽车、高速铁路中发挥核心的作用。电力电子技术的应用从用电，已扩展至发电、输电、配电等领域。电力电子技术诞生近半个世纪以来，也给人们的生活带来了巨大的影响。

目前，电力电子技术仍以迅猛的速度发展着，电力半导体器件性能不断提高，并出现了碳化硅、氮化镓等宽禁带电力半导体器件，新的技术和应用不断涌现，其应用范围也在不断扩展。不论在全世界还是在我国，电力电子技术都已造就了一个很大的产业群。与之相应，从事电力电子技术领域的工程技术和科研人员的数量与日俱增。因此，组织出版有关电力电子新技术及其应用的系列图书，以供广大从事电力电子技术的工程师和高等学校教师和研究生在工程实践中使用和参考，促进电力电子技术及应用知识的普及。

在 20 世纪 80 年代，电力电子学会曾和机械工业出版社合作，出版过一套"电力电子技术丛书"，那套丛书对推动电力电子技术的发展起过积极的作用。最近，电力电子学会经过认真考虑，认为有必要以"电力电子新技术系列图书"的名义出版一系列著作。为此，成立了专门的编辑委员会，负责确定书目、组稿和审稿，向机械工业出版社推荐，仍由机械工业出版社出版。

本系列图书有如下特色：

本系列图书属专题论著性质，选题新颖，力求反映电力电子技术的新成就和新经验，以适应我国经济迅速发展的需要。

理论联系实际，以应用技术为主。

　　本系列图书组稿和评审过程严格，作者都是在电力电子技术第一线工作的专家，且有丰富的写作经验。内容力求深入浅出，条理清晰，语言通俗，文笔流畅，便于阅读学习。

　　本系列图书编委会中，既有一大批国内资深的电力电子专家，也有不少已崭露头角的青年学者，其组成人员在国内具有较强的代表性。

　　希望广大读者对本系列图书的编辑、出版和发行给予支持和帮助，并欢迎对其中的问题和错误给予批评指正。

电力电子新技术系列图书

编辑委员会

序

新能源、轨道交通和电动汽车是我国重要的战略产业，在国民经济中有着举足轻重的地位。电力电子和功率半导体器件技术是这些行业中的共性关键技术和核心技术。基于碳化硅材料的功率半导体器件，具有击穿电压高、导通损耗和开关损耗低等特点，是新一代功率半导体器件的代表。在过去的三十多年里，国际上多个国家和大型跨国公司都持续对碳化硅器件的研发和产业化进行了大量投入，攻克了多项技术难题，开发出了一系列性能优良的碳化硅器件。当前，碳化硅器件在新能源、轨道交通和电动汽车等重要领域已经呈现出广泛应用的趋势，是现今行业的热点技术，也是我国迫切需要发展的电力电子技术和产业的核心。

本书是一本介绍碳化硅器件与测试应用相关技术的专著，内容涵盖功率半导体基础、碳化硅器件的测试表征技术、以及碳化硅器件在电路中的应用。本书涉及面广、内容翔实、配有大量图表数据和精美图例，便于读者快速、全面了解碳化硅器件的原理、测试表征方法与实践应用技术。

本书作者为碳化硅行业内资深专家，长期从事碳化硅器件的测试和表征工作，积累了丰富的经验，对碳化硅器件的原理和应用技术有着深刻的认识。经过数年的笔耕，这本书终于出现在读者面前。相信本书作者丰富的经验会为读者提供多方面的视角以及对碳化硅器件的测试应用提供深入的认知。

浙江大学　盛况

前　言

PREFACE

功率变换器是电能利用的重要装置，在生产和生活中发挥着重要的作用。功率变换器的核心是功率半导体器件，很大程度上决定了功率变换器的性能。经过近几十年的发展，功率半导体器件已经形成了覆盖几伏到几千伏、几安到几千安的庞大家族，常用的功率半导体器件类型包括 MOSFET、IGBT、二极管、晶闸管、GTO 晶闸管等。

大部分功率器件是基于 Si 半导体材料的，其特性已接近理论极限，成为功率变换器发展的瓶颈。为了获得具有更加优异特性的器件，第三代半导体材料 SiC、GaN 受到了越来越多的关注。与 Si 功率器件相比，SiC 功率器件具有更高的开关速度、能够工作在更高的结温下、可以同时实现高电压和大电流。这些特性能够显著提升功率变换器的性能，获得更高的电能转换效率、实现更高的功率密度、降低系统成本。SiC 功率器件适合应用于汽车牵引逆变器、电动汽车车载充电机、电动汽车充电桩、光伏、不间断电源系统、能源储存以及工业电源等领域。目前，国内外 SiC 产业链逐渐成熟，主流功率半导体器件厂商都已经推出了 SiC 功率器件产品，成本也不断下降，SiC 功率器件的应用正处于爆发式增长中。

作者致力于功率半导体器件测试、评估与应用技术的研究和推广工作，特别对 SiC 功率器件有深入研究和深刻认知，精通器件测试设备和测量方法。在多年的研究工作中，作者深深地体会到掌握功率器件原理、测量原理与设备、相关应用技术对更好地开展相关研究和提升变换器特性具有重要意义，同时还了解到广大科研人员和工程师对了解和掌握 SiC 器件相关知识和技术的迫切需求，本书正是在这种背景下编写的，旨在帮助读者深入了解 SiC 器件的特性和测试方法，明确可能存在的应用技术挑战并掌握应对措施。这样既可以帮助科研工作者快速掌握本领域的最新重要成果，为科研工作提供坚实的基础，还能够帮助广大工程师更好地应用 SiC 器件，推进行业的发展。

全书共分为 9 章：

- 第 1 章为功率半导体器件基础，首先介绍了 Si 功率器件的发展过程、特性及不足，再以半导体材料特性为基础介绍 SiC 功率器件相比 Si 功率器件的优势，还介绍了商用 SiC 功率器件和封装的发展现状。
- 第 2 章为 SiC MOSFET 参数的解读、测试及应用，首先详细介绍了 SiC

MOSFET 的最大值、静态参数、动态参数三大类参数的定义，并深入器件原理解释相关特性，给出了各项参数的测量方法。另外，还详细介绍了器件参数的实际应用，包括 FOM 值、建模与仿真、器件损耗计算。

● 第 3 章为双脉冲测试技术，首先以典型功率变换拓扑的换流过程为例说明采用双脉冲测试评估器件开关特性的合理性，接着详细介绍了双脉冲测试的基本原理、参数设定、测试平台、测量仪器和测量挑战。

● 第 4 章为 SiC 器件与 Si 器件特性对比，包含 SiC MOSFET 与 Si SJ – MOSFET 的对比，SiC MOSFET 与 Si IGBT 的对比，SiC SBD、SiC MOSFET 体二极管、Si FRD、Si SJ – MOSFET 体二极管的对比。

● 第 5 章为关断电压尖峰的影响与应对，详细介绍了关断电压尖峰的影响因素及三种应对措施，包括回路电感控制、去耦电容和降低关断速度。

● 第 6 章为 crosstalk 的影响与应对，详细介绍了 crosstalk 基本原理和关键影响因素及两种应对措施，包括米勒钳位和回路电感控制。

● 第 7 章为共模电流的影响与应对，详细介绍了信号通路共模电流的基本原理和特性以及三种应对措施，包括高 CMTI 驱动芯片、高共模阻抗和共模电流疏导，此外还介绍了差模干扰测量技术。

● 第 8 章为共源极电感的影响与应对，详细介绍了共源极电感对器件开关特性和 crosstalk 的影响及开尔文源极封装的优势，并提出了创新的测试评估方法。

● 第 9 章为驱动电路设计，为读者搭建了驱动电路架构，详细介绍了驱动电阻取值、驱动电压、驱动级特性的影响、信号隔离传输和短路保护关键技术。

作者在章节设置、内容选择、表述方式、波形展示等方面做了大量的工作，力求内容条理清晰、通俗易懂，能够切实帮助读者的学习和工作。首先，在进行知识讲解时，注重为读者搭建系统的知识框架，避免"只见树木不见森林"。其次，在 SiC 器件应用挑战的应对措施的讲解中，不一味追求最新学术研究成果，而是选择能够实际应用的技术，切实解决 SiC 器件的应用问题。另外，书中使用了大量篇幅对测试设备、测试方法进行了详细的讲解，帮助功率器件和电力电子研究者和工程师弥补测试技术这一短板。同时，书中绝大多数波形采用实验实测结果，对应的分析和结论更加贴近实际应用，可直接指导应用设计，避免理论理想波形与实际测试波形之间的偏差所带给读者的困惑。最后，在每一章结尾给出了丰富的参考文献和有价值的延伸阅读资料，多为工业界应用手册和具备工程应用前景的学术论文，兼顾前沿性与实用价值。

业内多位专家参与了本书的素材提供，他们是西安电子科技大学袁昊助理研究员（1.2.2.1 节），西安交通大学赵成博士（1.2.2.3 节），西安交通大学李阳博士（2.1 节、2.2 节和 2.3 节），Keysight Technologies, Inc. 查海辉（2.4 节），Keysight Technologies, Inc. 马龙博士（2.6 节），Teledyne LeCroy Inc. 李惠民（3.3.1 节），Keysight Technologies, Inc. 朱华朋（3.4 节）。

　　在本书编写过程中，王郁恒、谢毅聪、王华、丛武龙、王涛、刘杰、张坤华、童自翔、罗岷、Dominic Li 提出了很多宝贵的意见和建议，在此对以上各领域的专家表示衷心的感谢。在本书出版过程中，得到了西安交通大学杨旭教授、浙江大学盛况教授的关心和帮助，在此深表感谢。同时，还得到了王增胜，王舶男，郝世强，董洁，张金水，童安平，李国文，Teledyne LeCroy Inc. 郭子豪，西安交通大学张岩，Kegsight Technologies，Inc. 薛原、李军、陈杰，Tektronix Inc. 陈鑫磊、董琦、孙阳、王芳芳、黄正峰、孙川的支持和帮助，在此也一并表示感谢。

　　此外，还要感谢西安交通大学王兆安教授，是他带领我进入了电力电子领域；感谢李明博士，是他让我与功率半导体器件结缘；感谢西安交通大学杨建国教授，是他让我认识到测量测试的重要性和乐趣。

　　最后，要特别感谢父母对我的养育，他们在本书编写过程中给予我巨大的理解和支持。

　　由于作者水平有限，书中难免有错误和不当之处，恳请广大读者批评指正。

高远

2020 年 12 月

目 录

CONTENTS

第1章

功率半导体器件基础

1.1 Si 功率器件

1.1.1 Si 功率二极管

1.1.1.1 pn 结

pn 结是构成半导体器件的基本结构，是通过对 p 型半导体掺杂形成 n 区或者对 n 型半导体掺杂形成 p 区形成的，包含 p 区、n 区和空间电荷区（耗尽层）三个部分，其结构如图 1-1 所示。

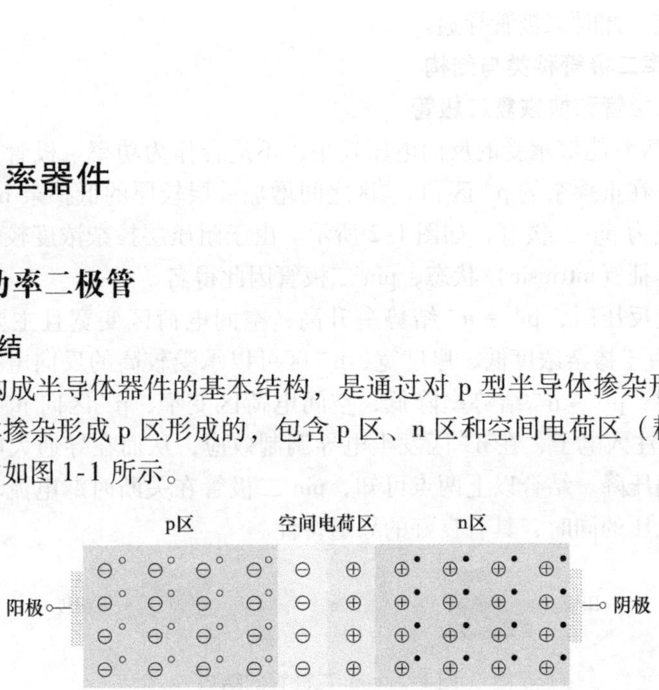

图 1-1　pn 结结构

以对 p 型半导体通过掺杂形成 n 区为例，由于存在较大的浓度差，p 区的空穴（多子）会向 n 区扩散，n 区的电子（多子）会向 p 区扩散。则在交界面附近，n 区内掺杂的施主元素（通常为磷）由于失去电子而成为电离施主，带正电荷；p 区内掺杂的受主元素（通常为硼）得到电子而成为电离受主，带负电荷。存在电离施主和电离受主的区域形成空间电荷区，进而形成内建电场，电场方向由电离施主指向电离受主，即由 n 区指向 p 区。

空穴和电子会在内建电场的作用下进行漂移运动，空穴朝 p 区漂移，电子朝 n 区漂移，漂移的方向与扩散的方向相反。当电子、空穴的扩散和漂移达到动态平衡时，空间电荷区宽度固定。当对 pn 结施加外加电场时，空间电荷区的宽度会发生

1

变化：当在 p 区加正电压时，外加电场与内建电场方向相反，空穴漂移减弱，扩散相对加强，空间电荷区会变窄；同理，当在 p 区加负电压时，外加电场与内建电场方向相同，空穴漂移加强，扩散相对减弱，空间电荷区会变宽。

二极管最基本的结构就是上文所介绍的 pn 结，p 区端为阳极、n 区端为阴极。当在二极管两端施加反向电压时，pn 结反向偏置，空间电荷区变宽并承担反向电压，扩散运动被大大削弱，漂移运动占主导地位从而形成反向漏电流，二极管处于阻断状态。当在二极管两端施加正向电压时，pn 结正向偏置，p 区电势升高；当所加正向电压大于空间电荷区内建电场产生的势垒电压后，扩散运动将占主导从而形成正向电流，此时二极管导通。

1.1.1.2 功率二极管种类与结构

1. pin 二极管和快恢复二极管

pn 结二极管能够承受的反向电压较小，不适合作为功率二极管使用。为了提高其耐压值，在重掺杂的 p^+ 区和 n^+ 区之间增加一层较厚的低掺杂 n^- 型高阻区作为耐压层，成为 pin 二极管，如图 1-2 所示。由于耐压层掺杂浓度较低，相比高掺杂可看作是本征（intrinsic）状态，pin 二极管因此得名。

当其承受反压时，$p^+ - n^-$ 结势垒升高，空间电荷区变宽且主要向低掺杂的 n^- 区展宽，由于掺杂浓度低、厚度宽，n^- 区可以承受较高的反向电压。当对其施加正向电压时，$p^+ - n^-$ 结势垒降低，空间电荷区变窄，p^+ 区向 n^- 区注入空穴，n^+ 区向 n^- 区注入电子，在 n^- 区发生电导调制效应，从而在导通大电流时能够获得较小的导通压降。结合以上两点可知，pin 二极管在关断时漏电流较小，能够在承受高反向电压的同时，具有良好的导通特性。

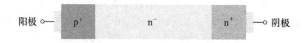

阳极 o—— p^+ n^- n^+ ——o 阴极

图 1-2　pin 二极管的结构

当对正向导通的二极管突然加反压时，二极管不会立刻关断，而是会经过反向恢复过程，如图 1-3 所示。二极管正向导通时，其正向电流是多子的扩散电流，n^- 区充满电子和空穴。要将二极管关断就需要将 n^- 区的电子抽取回到 n^+ 区、空穴抽取回到 p^+ 区，这就使得在电流降至零后仍然有反向恢复电流存在。随着多子浓度不断降低，空间电荷区形成并不断展宽，反向恢复电流逐渐减小至零并承受反向电压，二极管关断完成。

由于 pin 二极管是双极型器件，导通时载流子浓度较高，不容易从较厚的 n^- 区中抽走，故其反向恢复时间较长。因此，pin 二极管适用于中高压、对二极管反向恢复损耗不敏感的应用中，如用作整流二极管。

为了改善 pin 二极管的反向恢复特性，改变其阳极结构，从而控制阳极空穴注入效率、降低导通期间的少子注入，成为快恢复二极管，即 FRD（Fast Recovery Diode）。

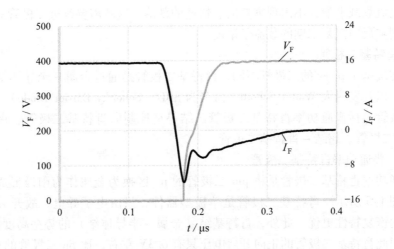

图 1-3　二极管反向恢复过程

常见的快恢复二极管的结构有弱阳极结构和 SPEED（Self – adjustable p$^+$ Emitter Efficiency Diode）结构，如图 1-4 所示。弱阳极结构是通过降低 p 区掺杂浓度来降低阳极注入效率，从而提高反向恢复速度。SPEED 结构是将阳极改为在低掺杂 p 区中嵌入高掺杂 p$^+$ 区，在导通电流较小时，由 p 区注入空穴，注入效率低，有利于提高反向恢复速度；在导通电流较大时，p$^+$ 区开始注入空穴，空穴注入效率高，有利于提高器件抗浪涌电流的能力。除了改变阳极结构之外，还可以通过质子辐照在阳极 p$^+$ 区引入局部的复合中心来控制载流子寿命，以提高反向恢复速度，但这样做会显著增大漏电流。

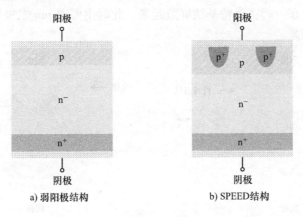

图 1-4　快恢复二极管结构

由于 FRD 的反向恢复时间短，具有较好的反向恢复特性，因此往往用作续流二极管。在实际应用中，除了要求反向恢复速度快，还需要恢复特性"软"，即反向恢复电流衰减平滑，不出现突然的、快速的跌落。这就需要改进二极管的阴极结构，来调整反向恢复末期的载流子浓度。

2. 肖特基二极管

与传统基于 pn 结的二极管不同，肖特基二极管是通过金属－半导体结的势垒实现的，以其发明人 Walter Schottky 命名为 SBD（Schottky Barrier Diode）。功率肖特基二极管包括普通功率肖特基二极管、结势垒控制的肖特基二极管、肖特基－pin 复合二极管、超结－肖特基二极管。

（1）普通功率肖特基二极管

普通功率肖特基二极管是将 pin 二极管的 p^+ 区换为金属作为阳极形成的，其结构如图 1-5 所示。肖特基二极管是单极型器件，只由电子导电，故开关速度更快、反向恢复特性更优。此外，肖特基结（金属－半导体结）的势垒高度比 pn 结的低，因此肖特基二极管的正向开启电压只有 0.3V 左右，比 pn 二极管的 0.7V 更低，故能大幅降低导通损耗。但同时也导致了其击穿电压低、漏电流大，因此适用于中低压应用场合。需要注意的是，尽管肖特基结的势垒高度低，但肖特基二极管是单极型器件，不存在电导调制效应，在导通电流较大时，漂移区正向压降仍会很高，这也限制了其在大电流场合的应用。

（2）结势垒控制的肖特基二极管

结势垒控制的肖特基二极管，即 JBS 二极管（Junction Barrier Schottky Diode），是在形成肖特基结之前，在 n^- 区上方间隔形成 p 区，p 区与下方的 n^- 和 n^+ 区形成 pin 二极管结构，因此可将 JBS 看作是普通肖特基二极管与 pin 二极管的并联，如图 1-6 所示。正向导通时，肖特基结势垒低，导通压降小；反向阻断时，间隔形成的 p 区与阳极金属组成 JFET 结构，在反向电压下，p 区与 n^- 区形成的空间电荷区展宽，进而连在一起将肖特基结屏蔽起来，此时主要由 pin 二极管起作用，有利于阻断电压的提高。

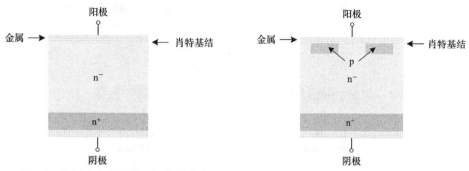

图 1-5　普通功率肖特基二极管结构　　　图 1-6　结势垒控制的肖特基二极管结构

（3）肖特基－pin 复合二极管

普通肖特基二极管和 pin 二极管分别具有快反向恢复和大功率、高耐压的特点，将两者结合发展出的肖特基 – pin 复合二极管兼顾两方面的优点，常见结构有 MPS 结构、TOPS 结构和 SFD 结构，如图 1-7 所示。

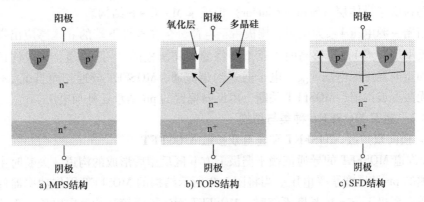

a) MPS结构　　　b) TOPS结构　　　c) SFD结构

图 1-7　肖特基 – pin 复合二极管的结构

MPS（Merged PiN Schottky）结构与 JBS 类似，通过在普通 SBD 的 n^- 区生长若干 p^+ 区，产生纵向的 pin 结构。MPS 的 p 区结深相对 JBS 较深，导通电流较小时，pin 二极管不导通；导通电流较大时，p^+ 区会向 n^- 区注入空穴，产生电导调制效应使得导通压降小。承受反向电压时，$p^+ - n^-$ 结空间电荷区会扩展，通过 JFET 效应将肖特基结屏蔽起来，从而提高击穿电压。

TOPS（Trench Oxide PiN Schottky）二极管通过先挖槽，离子注入形成 p 区，再依次填入多晶硅和二氧化硅的方式，使靠近阳极侧的空穴浓度进一步降低。

SFD（Stereotactic Field Diode）二极管通过使用 Al – Si 代替 MPS 的金属阳极，在 p^+ 区之间形成一层薄薄的 p^- 区，以控制阳极注入效率，这样做在优化反向恢复特性的同时，提高器件耐压能力。

（4）超结 – 肖特基二极管

超结 – 肖特基二极管，即 SJ – SBD（Super Junction Schottky Barrier Diode），其阳极和阴极均为金属电极，两极之间为相互平行间隔的 p 区和 n 区，对阳极附近 p 区和阴极附近 n 区进行重掺杂，与极板形成欧姆接触，轻掺杂区与极板形成肖特基结，如图 1-8 所示。在导通时通过纵向的肖特基结降低正向压降，在关断时通过超结结构形成横向电场，提高击穿电压、降低漏电流。

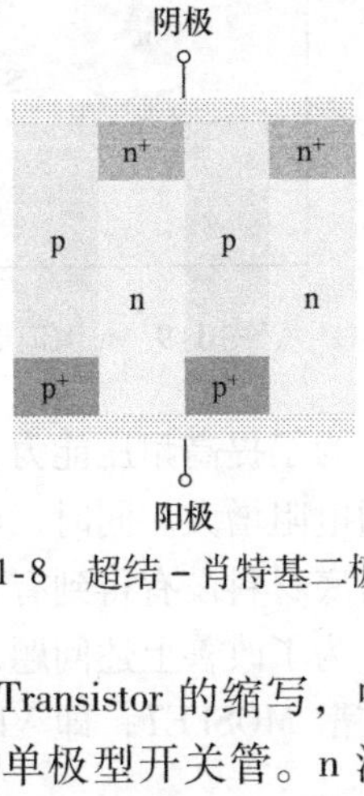

1.1.2　Si 功率 MOSFET

图 1-8　超结 – 肖特基二极管

1.1.2.1　MOSFET 基本原理

MOSFET 是 Metal – Oxide – Semiconductor Field – Effect Transistor 的缩写，中文名为金属 – 氧化物 – 半导体场效应晶体管，是一种常用的单极型开关管。n 沟道

MOSFET 的基本结构如图 1-9 所示，具有源极（Source）、漏极（Drain）和栅极（Gate）三端，并由栅极金属层（Metal）、作为绝缘材料的 SiO_2 氧化物层（Oxide）和 p 型衬底半导体层（Semiconductor）形成了 M–O–S 结构。

当栅–源电压 V_{GS} 为正时，栅极带正电荷，会在栅极下端的 p 区感应出带负电荷的反型层。当 V_{GS} 足够高时，反型层将源极和漏极的 n^+ 区连通，形成沟道。此时施加正向漏–源电压 V_{DS}，电子通过沟道流通，MOSFET 导通。而当 V_{GS} 不够高时，无法形成沟道，MOSFET 关断，由反向偏置的 pn 结承受外加电压。

1.1.2.2 功率 MOSFET 种类与结构

1. 横向双扩散 MOSFET 和垂直双扩散 MOSFET

n 沟道 MOSFET 的导通依赖于栅极下方 p 区反型后形成的沟道，关断时主要由漏极侧的 pn 结展宽承受电压。当将图 1-9 所示结构的 MOSFET 用作功率器件时存在矛盾：栅极下方 p 区长度不够时，MOSFET 无法承受较高的反向电压，无法满足高压应用的要求；而当栅极下方 p 区长度过大时，沟道导通电阻过大，导致损耗增加，无法满足大电流应用的要求。

为了调和上述矛盾，在 p 区和漏极 n^+ 区增加一个低掺杂的 n^- 区作为漂移区，成为横向双扩散 MOSFET，即 LDMOS（Laterally Double–Diffused Metal–Oxide Semiconductor），如图 1-10 所示。当 LDMOS 承受反向电压时，由于 p 区掺杂浓度远高于漂移区，因此耗尽区主要在漂移区扩展，阻断电压主要由漂移区的长度和掺杂浓度决定。此外，漂移区的电阻率低于沟道。则对于 LDMOS，只需要增大漂移区的长度，就可以在提升阻断电压的同时使导通电阻相对增加得更少，实现了对阻断电压和导通电阻的折中。

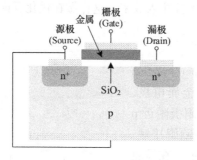

图 1-9　n 沟道 MOSFET 结构

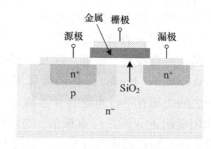

图 1-10　n 沟道 LDMOS 结构

为了提高耐压能力，就需要不断增大 LDMOS 漂移区的长度，从而导致漂移区导通电阻增大。同时，电流是在 LDMOS 表面是从漏极到源极横向流动的，而大部分衬底材料没有得到有效利用，占用芯片面积较大，不利于 MOSFET 的小型化。

为了改善上述问题，将漏极移动到芯片的背面、与源极和栅极相对，成为垂直双扩散 MOSFET，即 VDMOS（Vertical Double–Diffused Metal–Oxide Semiconductor)，如图 1-11 所示。在 VDMOS 中，电流垂直穿过 MOSFET，最大限度地利用了漂移区，使其横截面积最大、沟道宽度最宽，从而显著降低了漂移区的导通电阻。VDMOS 的阻断电压主要由漂移区的厚度决定，只需要增大漂移区厚度就可以提高阻断电压，不会影响芯片面积。另外，源极和漏极分别位于芯片的两面，轻松解决了高电压器件的绝缘问题。

按照电子流过 VDMOS 的顺序，其导通电阻 $R_{DS(on)}$ 依次包括：源极电阻 R_{Source}、沟道电阻 R_{ch}、电子离开 DMOS 元胞时 JFET 效应使元胞间电流通路变窄带来的电阻 R_{JFET}、漂移区电阻 R_{drift} 和漏极电阻 R_{Drain}，如图 1-12 所示。

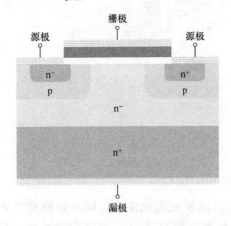

图 1-11　n 沟道 VDMOS 结构

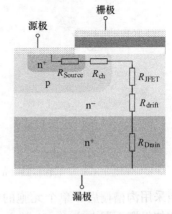

图 1-12　n 沟道 VDMOS 导通电阻构成

不同电压等级的 VDMOS，其各部分导通电阻占总 $R_{DS(on)}$ 的比例见表 1-1。低压 VDMOS 中，R_{ch} 和 R_{JFET} 占比较大；高压 VDMOS 中，R_{drift} 占总 $R_{DS(on)}$ 中的绝大部分。为了降低 $R_{DS(on)}$，针对低压和高压器件，分别开发了沟槽技术和超级结技术，将在下文中详细介绍。

表 1-1　VDMOS 各部分导通电阻占比[1]

	30V	600V
R_{Source}	6%	0.5%
R_{ch}	30%	1.5%
R_{JFET}	25%	0.5%
R_{drift}	31%	97%
R_{Drain}	8%	0.5%

2. 沟槽栅 MOSFET 和屏蔽栅 MOSFET

提高 VDMOS 的元胞密度可以降低 R_{ch}，但会使 R_{JFET} 增大，两者存在矛盾。通过使用沟槽栅技术，将栅极结构从贴在芯片表面变为分隔在元胞间的沟槽，从而使沟道从水平方向转变为竖直方向，成为沟槽栅 MOSFET，即 Trench MOSFET，如图

1-13 所示，常见的沟槽栅有 V 形和 U 形。

VDMOS 的 JFET 效应主要是由于元胞的 pnp 结构产生两个反偏的耗散层，同时 n^- 区浓度较低，因此耗散层较宽，限制了元胞间电流通路的截面积。沟槽栅结构避免了 pnp 结构的产生，竖直沟道的出口直接连接了开放的漂移区，JFET 效应被完全消除。此外，相比水平方向，垂直方向沟道占用芯片面积很少，元胞密度可以进一步提高。则在相同的器件尺寸下，更多的元胞并联也会使 R_{drift} 减小。

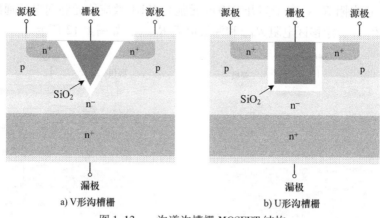

a) V形沟槽栅   b) U形沟槽栅

图 1-13 n 沟道沟槽栅 MOSFET 结构

当采用沟槽栅后，单个元胞的栅极与漂移区接触面积变大，同时元胞密度更高，这使得栅 – 漏电容 C_{GD} 也随之变大，导致栅电荷 Q_G 变大、驱动损耗增加、开关速度变慢。为了降低 C_{GD}，在沟槽栅中增加一层屏蔽栅，将下半部分的屏蔽栅与源极相连，成为屏蔽栅 MOSFET，即 SGT（Shielded Gate Trench）MOSFET，如图 1-14 所示。这就使得原本的 C_{GD} 转换为栅 – 源电容 C_{GS} 和漏 – 源电容 C_{DS}，C_{GD} 显著降低。

3. 超级结 MOSFET

高压 VDMOS 的 $R_{DS(on)}$ 主要由 R_{drift} 决定，同时漂移区厚度决定阻断电压，其单位面积导通电阻 $R_{DS(on),sp}$ 与阻断电压的 2.5 次方成正比。$R_{DS(on),sp}$ 随着阻断电压的升高而迅速增大，使得 VDMOS 无法同时满足高阻断电压和大电流，限制了其应用领域。

采用超级结技术，在 VDMOS 的基础上将 p 区向下垂直延伸，成为超级结 MOSFET，即 SJ – MOSFET（Super Junction MOSFET），如图 1-15 所示。在截止状态下，p 柱和 n^- 柱形成横向 pn 结，产生横向耗尽，只要满足 pn 柱区的电荷平衡，就可以使空间电荷区横向展宽，将 n^- 区全部耗尽，形成一个近似矩形的电场，耐压能力得以提升。而在导通状态下，载流子从源极通过沟道进入超级结的 n^- 区，然后进入 n^+ 衬底到达漏极。从上面的分析可以看出，在不影响耐压能力的前提下，提高 n^- 柱区的掺杂浓度即可显著降低漂移区电阻，进而显著降低导通电阻，使得其 $R_{DS(on),sp}$ 与阻断电压的 1.4 次方成正比。

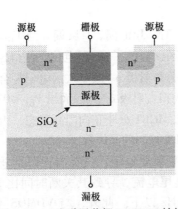

图 1-14　n 沟道屏蔽栅 MOSFET 结构

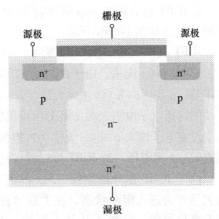

图 1-15　n 沟道超级结 MOSFET 结构

1.1.3　Si IGBT

1.1.3.1　IGBT 基本原理

MOSFET 是单极型器件，通流能力相对较差，即使采用超级结技术，为了获得更大的通流能力，只能不断增大芯片面积，导致结电容过大，器件特性变差且通流能力有限。例如商用 650V SJ – MOSFET 的最低 $R_{DS(on)}$ 在 20mΩ 左右，电流等级在 100A 左右；800V SJ – MOSFET 的最低 $R_{DS(on)}$ 在 280mΩ 左右，电流等级在 17A 左右。而 IGBT 为双极型器件，具有电导调制效应，能大幅度提升器件的通流能力。

IGBT 全称为绝缘栅双极型场效应晶体管，即 Insulated Gate Bipolar Transistor，是将 VDMOS 中漏极的 n^+ 层替换为 p^+ 层构成的，如图 1-16a 所示，具有发射极（Emitter）、门极（Gate）和集电极（Collector）三极。IGBT 拥有三个 pn 结：集电极 p^+ 区与 n^- 区的 pn 结 J_1、n^- 区与 p 基区 pn 结 J_2、p 基区与发射极 n^+ 区的 pn 结

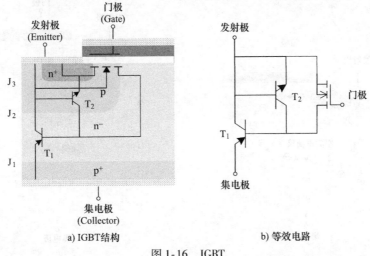

a) IGBT结构　　　　　　　　　b) 等效电路

图 1-16　IGBT

J_3。故 IGBT 具有寄生 pnp 晶体管 T_1 和 npn 晶体管 T_2，同时还具有 MOSFET 结构，其等效电路如图 1-16b 所示。

IGBT 工作原理如图 1-17 所示，当 $V_{CE} > 0V$ 时，J_1 正偏、J_2 反偏。当 $V_{GE} > 0V$ 时，感应出电子沟道，电子由射极 n^+ 区流入 n^- 区，降低了 n^- 区电位，使得 J_1 进一步正偏，p 基区向 n^- 区注入大量空穴，其中一部分与射极 n^+ 区流入的电子复合形成连续的沟道电子电流，另一部分由反偏的 J_2 的电场扫入射极 n^+ 区。而当 $V_{GE} \leq 0V$ 时，由于没有电子流入 n^- 区，无法为 T_1 提供基极电流，IGBT 处于正向阻断状态，由反向偏置的 J_2 承担电压。故 IGBT 可以看作是由 MOSFET 控制的晶体管。

由于 IGBT 在导通期间 n^- 区积累了大量非平衡载流子，只有当它们完全复合消失后才会进入阻断状态，在关断过程中形成拖尾电流，导致其关断时间比 MOSFET 要长得多，限制了其开关频率一般在 100kHz 以下。此外，与 VDMOS 不同，当 $V_{CE} < 0V$ 时，寄生的 pnp 晶体管的发射结处于反偏，无法流过电流，故 IGBT 无法实现反向导通，在使用中需要额外使用反并联二极管。

1.1.3.2 IGBT 种类与结构

1. PT – IGBT 与 NPT – IGBT

最早的 IGBT 的纵向耐压结构是穿通型 IGBT（PT – IGBT），如图 1-18 所示。当 $V_{CE} > 0V$，J_2 结反偏，耗尽层向 n^- 区扩展，穿通 n^- 区到 n 缓冲区，从而形成近似梯形的电场强度分布。由于 p^+ 区较厚，且掺杂浓度较高，PT – IGBT 的 J_1 注入效率高、导通压降低，但是导通时在 n^- 区存有大量非平衡载流子，从而使得关断拖尾电流时间较长。一种比较直接的方法是引入载流子寿命控制技术，通过对器件关键区域进行高能电子辐照、重金属掺杂等方式，对材料的复合中心进行改善，控制载流子的寿命。尽管改进后关断特性有所改善，往往会引入器件参数漂移、特性退化、稳定性差等问题。

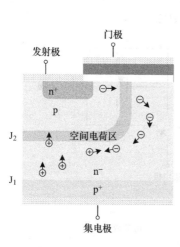

图 1-17　IGBT 工作原理

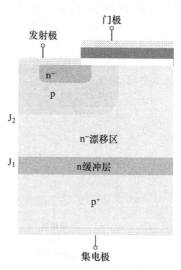

图 1-18　PT – IGBT 结构

除了上述导通压降和开关特性之间的矛盾，PT - IGBT 还存在着通态压降在纵向分布不均的固有缺陷，且载流子寿命随温度升高而变长，器件呈负温度系数，不利于器件的并联使用。此外，这种 IGBT 是在较厚的 p^+ 衬底上运用外延工艺制作上面的 n^- 区和 MOS 结构，成本较高。

随着透明集电区技术的发展，如图 1-19 所示，非穿通型 IGBT（NPT - IGBT）直接在低掺杂 n 型区熔硅单晶片上加工，集电极侧用离子注入形成 p^+ 区。在 J_2 反偏时耗尽层向 n^- 区扩展，由于 n^- 区较厚，当 J_2 的峰值电场达到临界击穿电场时依然不会穿通 n^- 区，这就使得其电场分布为三角形，使通态压降在纵向分布更加均匀。用离子注入的方式生成 p^+ 区，能降低 J_1 结的空穴注入效率，减少拖尾时间。此外，NPT - IGBT 的载流子寿命受温度影响小，而载流子迁移率的降低和接触电阻的增加明显，器件呈正温度系数，抗短路能力和抗动态雪崩能力很强，利于并联使用。但是 NPT - IGBT 有一个明显的缺陷，就是漂移区太厚，导致关断损耗较大。

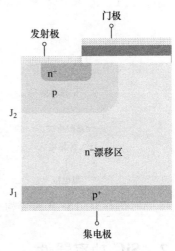

图 1-19　NPT - IGBT 结构

2. FS - IGBT

随着减薄工艺的发展，漂移区可以做得很薄，从而改善了导通压降的问题。但随之而来的另一个问题是，如何能在满足阻断耐压的同时，尽可能减小导通压降。场阻止型 IGBT（FS - IGBT）能对此矛盾进行折中。

如图 1-20 所示，FS - IGBT 在减薄技术、高能离子注入技术发展成熟的前提下，在晶圆背面通过离子注入形成一层几微米厚的场阻止层，其掺杂浓度相对PT - IGBT 的缓冲层的浓度低一些，只对电场进行压缩，不阻碍空穴注入。这样，就可以形成类似 PT - IGBT 的梯形电场分布。集电极 p^+ 区也采用透明集电极技术，即电子空穴注入效率相对较低，器件关断拖尾时间短。FS - IGBT 温度特性和稳定性都与 NPT - IGBT 基本相同。此外，FS - IGBT 的 n^- 区比 NPT - IGBT 更薄，导通压降更小，关断需要收取的载流子更少，关断损耗更小。在 FS - IGBT 的基础上，又出现了弱穿通（LPT）、软穿通（SPT）等 IGBT。

3. 沟槽栅 IGBT

除了在纵向耐压结构上对 IGBT 进行改良，在横向方面，也将平面栅改成沟槽栅，如图 1-21 所示。与沟槽栅 MOSFET 相似，相比平面栅，沟槽栅使 IGBT 的沟道密度更大，表面利用效率更高，同时避免了 JFET 效应，减小了导通压降，增大了器件通流能力。但是沟槽栅结构也存在一些缺陷，会导致门极 - 集电极电容增加，影响其频率特性，限制高频的应用；同时，使 IGBT 的抗雪崩能力和抗短路能力降低。

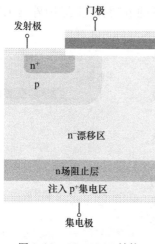

图 1-20　FS – IGBT 结构

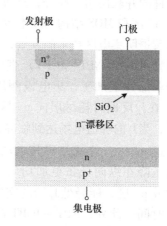

图 1-21　沟槽栅 IGBT 结构

1.2　SiC 功率器件

1.2.1　SiC 半导体材料特性

SiC 是由 Si 原子和 C 原子以 1∶1 的比例构成的化合物半导体材料，Si 原子和 C 原子以 sp^3 杂化形成共价键，为四面体键合。图 1-22 所示为构成 SiC 晶体的基本单元，每个 Si 原子周围有 4 个 C 原子，每个 C 原子周围有 4 个 Si 原子。

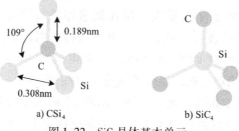

图 1-22　SiC 晶体基本单元

由于 SiC 的层错形成能量较低，导致 SiC 堆垛顺序非常丰富，形成了 200 余种多型体。在 Ramsdell 符号表示下，常见的 SiC 多型体有 3C – SiC、4H – SiC、6H – SiC，其中"3""4""6"表示单位晶胞中 Si – C 双原子层的层数，"C"表示立方晶系，"H"表示六方晶系。在众多 SiC 多型体中，4H – SiC 最适合作为功率器件材料。

表 1-2 中给出 Si 和 SiC 半导体材料主要参数，基于这些参数可以了解到材料特性对器件的影响。

表 1-2 Si、SiC 半导体材料主要参数对比

符号	参数名称	Si	4H-SiC
E_G	禁带宽度	1.12eV	3.26eV
E_{BD}	击穿电场强度	0.25MV/cm	2.5MV/cm
n_i	本征载流子浓度	$1.4 \times 10^{10}/cm^3$	$5 \times 10^{-9}/cm^3$
u_{sat}	载流子饱和漂移速度	$1.05 \times 10^7 cm/s$	$2 \times 10^7 cm/s$
λ_{th}	热导率	150W/mK	390W/mK

1. 能带

当原子处于孤立状态的情况，电子位于离散的能级上。而晶体是由大量原子组成的，它们之间的距离很近。根据泡利不相容原理，各原子中原本能量相同的能级被分化为处于一定能量范围的一系列能级。由于原子数量众多，密集的能级就形成了能带。

能带结构如图 1-23 所示。价电子所处的能带被称为价带，在半导体中价带被电子完全占据，不具有导电能力。当受到激发时，价带中的电子将跃迁到能量更高的能带。由于电子填充数量少，在外电场的作用下，电子可以进行漂移运动而形成电流，此能带被称为导带。导带中的电子

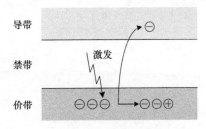

图 1-23 能带结构

和由于缺少电子而在价带中产生的空穴被称为载流子。价带和导带之间没有能级，即没有电子能存在其中，被称为禁带。禁带宽度越大，将电子由价带激发至导带所需要的能量就越大，材料的绝缘性能就越好。

没有掺杂外来原子的半导体叫做本征半导体，当温度 $T > 0K$ 时，就会有电子从价带激发到导带，这就是本征激发，所产生的载流子称为本征载流子。为了改善半导体材料的特性，会对本征半导体进行掺杂。Si 中通常掺杂 P 和 B，SiC 中通常掺杂 Al 和 N。

2. 禁带宽度

由于 Si-C 共价键极性强，对价电子的束缚紧，需要更多的能量才能将价电子从价带激发到导带。故 SiC 的禁带宽度比 Si 要大，SiC 禁带宽度是 3.26eV，为 Si 的 3 倍左右。正因如此，SiC 被称为宽禁带半导体材料。

3. 击穿电场强度

在强外电场的作用下，半导体材料中价带电子会被激发到导带中。当外电场强到一定程度时，半导体材料将丧失电绝缘能力，即被击穿，此时的外电场强度被称

为击穿电场强度。

如前所述，高压垂直型 MOSFET 主要靠漂移区承受电压，漂移区越厚，能够承受的击穿电压也越高。但这也导致导通电阻 $R_{DS(on)}$ 中占比最大的漂移区电阻 R_{drift} 和器件单位面积导通电阻 $R_{DS(on),sp}$ 也越大。同时，虽然掺杂浓度越高电阻率越低，但掺杂浓度越高电场斜率越大，反而需要更厚的漂移区，这就使得不能简单地通过增加掺杂浓度有效降低 Si 器件的 $R_{DS(on),sp}$。以上正是 Si MOSFET 无法在合理的芯片面积下同时实现高电压和大电流的原因。

SiC 为宽禁带半导体材料，其在 25℃下的击穿电场强度为 2.5MV/cm，为 Si 的 10 倍。因此，在相同击穿电压条件下，SiC MOSFET 的漂移区可以采取更高的掺杂浓度以降低电阻率，同时还能够大幅减小漂移区厚度，显著降低器件 $R_{DS(on),sp}$。图 1-24 所示为 Si 和 SiC 耐压值与 $R_{DS(on),sp}$ 的理论值。

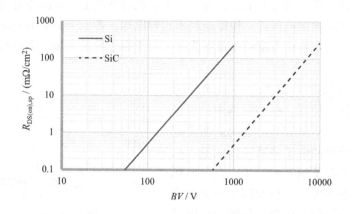

图 1-24 Si 和 SiC 耐压值与 $R_{DS(on),sp}$ 的理论值

故在相同的 $R_{DS(on)}$ 下，SiC MOSFET 的芯片面积更小。例如在 900V 电压等级下，SiC MOSFET 可以仅用 Si MOSFET 1/30 的芯片面积实现同等的 $R_{DS(on)}$。芯片面积越小，其结电容也越小，故 SiC MOSFET 的开关速度更快，能够工作在更高的开关频率下。同理，在相同的芯片面积下，SiC MOSFET 的 $R_{DS(on)}$ 也会更低。故 SiC MOSFET 能够同时实现高电压和大电流。现在商用 1200V 电压等级 SiC MOS-FET 单颗芯片的 $R_{DS(on)}$ 已经达到 16mΩ 的水平。

相比于 Si 二极管，SiC 二极管也具有类似的优势。

4. 本征载流子浓度

本征载流子是通过本征激发而产生的，与禁带宽度有关，本征载流子浓度 n_i 随着禁带宽度的增加呈指数式减少。由于 SiC 的禁带宽度更大，其 n_i 远远小于 Si。在 25℃下，SiC 的 n_i 为 5×10^{-9}/cm³，仅为 Si 的 $1/10^{19}$。

热激发是本征激发的主要途径，n_i 与温度有关，随着温度的升高而指数式增大。当温度足够高时，n_i 过大，半导体材料变为导体，此时的温度称为本征温度。图 1-25 所示为 Si 和 SiC 本征载流子浓度与温度的关系，可以看到即使在高温下，SiC 的本征载流子浓度也远远小于 Si。这使得 SiC 器件可以工作在更高的温度下，Si 器件的最高工作温度不超过 200℃，而 SiC 器件在 300℃ 下也可以正常工作。

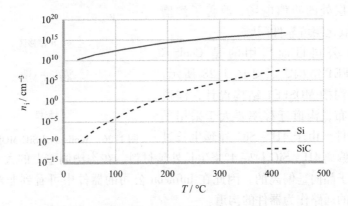

图 1-25　Si 和 SiC 本征载流子浓度 n_i 与温度的关系

5. 载流子饱和漂移速度

载流子在外电场的作用下进行漂移运动形成电流，受晶格的阻挡，其漂移速度是有上限的，即饱和漂移速度。SiC 的载流子饱和漂移速度为 $2 \times 10^7 \, \text{cm/s}$，为 Si 的 2 倍。较高的载流子饱和漂移速度有利于提高器件的频率特性和开关速度，但这一优势主要对射频（RF）器件更有帮助，对功率器件的性能提升有限。

6. 热导率

SiC 材料的导热系数为 390W/mK，是 Si 的 2.6 倍，与导热性能最好的银（419 W/mK）和铜（381W/mK）相当。如此高的热导率，使很多人认为 SiC 器件的散热会更加容易处理。然而在相同规格下，SiC 器件芯片面积较 Si 器件大大缩小，这就使得 SiC 芯片到器件外壳的热阻要比 Si 的大很多，反而增加了散热的难度。

1.2.2　SiC 功率器件发展现状

1.2.2.1　SiC MOSFET 技术

目前，多家供应商提供了 SiC MOSFET 器件产品。按 MOSFET 导通沟道方向区分，在售的产品主要有平面沟道 VDMOS 及垂直沟道 Trench MOS。Wolfspeed 公司各代产品和部分厂商的早期产品均采用平面沟道 SiC VDMOS[2]，其结构如图 1-26 所示。Trench MOSFET 由于不存在平面 VDMOS 的 JFET 电阻区域并拥有更小的元胞尺寸，相比于平面 VDMOS 可以获得更小的特征导通电阻，提升器件的集成度，减小芯片面积，将是下一代 SiC MOSFET 的主流结构。

ROHM 公司目前采用的是 Double Trench MOSFET 结构[3]，该结构基于传统的

单沟槽 MOSFET 器件结构设计，如图 1-27
所示。单沟槽结构由于只有栅区拥有沟槽
结构，容易出现栅氧化层可靠性问题，RO-
HM 公司通过在源区引入沟槽结构，成功抑
制了栅氧化层处的峰值电场，改善了沟槽
MOSFET 栅氧化层可靠性问题。

　　Infineon 公司目前采用的是 CoolSiC
Trench MOSFET 结构[4]，如图 1-28 所示。
该结构基于沟槽 MOSFET 结构设计，沟道
垂直表面排布，沟道迁移率要大于采用平
面沟道的器件。由于 4H – SiC 外延生长过

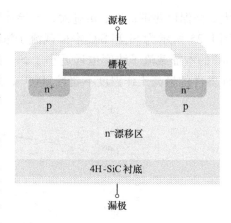

图 1-26　Wolfspeed SiC MOSFET 结构

程中一般会偏离 4H – SiC 衬底 4°来生长外延材料，在沟槽侧壁上的大多数 MOS 沟
道方向相对于晶向是偏离的，因此在 Infineon 公司的器件中可看到非对称的结构，
选取了最优的通路作为器件的沟道。

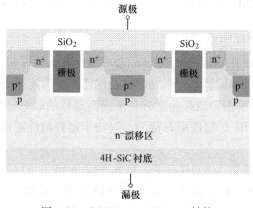

图 1-27　ROHM SiC MOSFET 结构

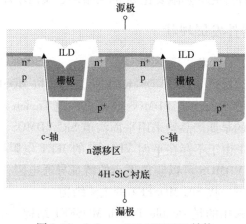

图 1-28　Infineon SiC MOSFET 结构

Mitsubishi 公司目前同样采用一种非对称结构的沟槽 MOSFET 结构[5]，其结构如图 1-29 所示。在栅沟槽区域，通过三次离子注入分别形成电场限制结构、侧接地电场限制层及高浓度掺杂导电区域。该结构的优势在于通过电场限制结构将施加到栅极绝缘膜上的电场强度降低到传统平板型功率半导体器件的水平，确保器件的可靠性；通过侧接地电场限制层形成连接电场限制层和源极的侧接地，实现高速开关动作；通过将氮元素斜向注入，在局部形成更容易通电的高浓度掺杂层，从而降低电流通路的电阻。

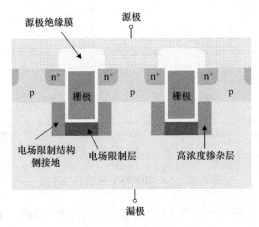

图 1-29　Mitsubishi SiC MOSFET 结构

此外，为了进一步提升 SiC MOSFET 的性能，HestiaPower 公司提出了一种集成了肖特基二极管（SBD）的 SiC VDMOS 器件[6]，如图 1-30 所示。相比于传统 VD-MOS 器件中存在的体二极管，肖特基二极管由于是多子器件，不存在少子抽取效应，拥有好的反向恢复特性。

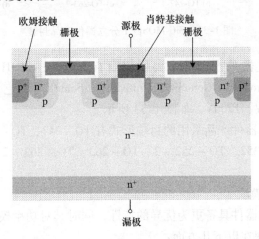

图 1-30　HestiaPower SiC MOSFET 结构

1. 2. 2. 2　SiC 功率分立器件产品

SiC MOSFET 分立器件产品的主要供应商有 Infineon、ROHM、Wolfspeed、ST、ON、Littelfuse、Microsemi、GeneSiC 等公司。它们提供的产品涵盖 650V、700V、900V、1000V、1200V、1700V，如图 1-31 所示。

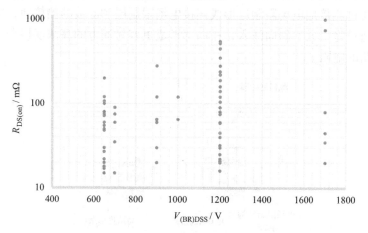

图 1-31　SiC MOSFET 分立器件产品

SiC MOSFET 分立器件产品采用的封装形式有 TO－247、TO－247－4、TO－263－7、TO－252 等，如图 1-32 所示。

a) TO-247　　　　b) TO-247-4　　　　c) TO-263-7　　　　d) TO-252

图 1-32　SiC MOSFET 分立器件产品封装

SiC 二极管分立器件产品的主要供应商有 Infineon、ROHM、Wolfspeed、ST、ON、Littelfuse、Microsemi、GeneSiC、UnitedSiC、SemiQ 等。它们提供的产品涵盖 600V、650V、1200V、1700V，如图 1-33 所示。

SiC 二极管分立器件产品采用的封装形式有 TO－247、TO－247－2、TO－220、TO－220－2、TO－252、TO－252－2、TO－263、TO－263－2、DFN8x8、DDPAK 等，如图 1-34 所示。

1. 2. 2. 3　SiC 功率模块

SiC 功率半导体器件具备更为优异的特性，同时其对功率模块封装也提出新的期望，具体主要体现在以下几方面：

首先 SiC 器件开关速度快，对功率模块封装的寄生参数有更高的要求。更高的

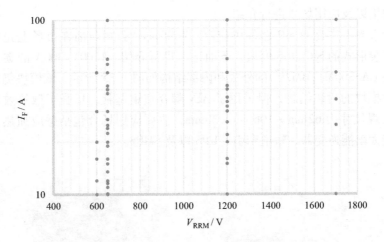

图 1-33　SiC 二极管分立器件产品

a) TO-247-2 　　b) TO-220 　　c) TO-220-2 　　d) TO-252-2

e) TO-263 　　f) TO-263-2 　　g) DFN8?8 　　h) DDPAK

图 1-34　SiC 二极管分立器件产品封装（部分）

$\mathrm{d}i/\mathrm{d}t$ 要求更小的主回路寄生电感，防止产生过高的电压过冲和振荡，威胁器件本身的安全运行，影响模块的电气可靠性，并引发系统电磁干扰问题；更高的 $\mathrm{d}v/\mathrm{d}t$ 要求更小的寄生电容，防止产生过大的共模电流，干扰驱动或控制信号。

其次，SiC 器件芯片面积更小、通流能力更强，对功率模块封装的散热能力要求更高，因此期望芯片散热路径上的封装材料具备更好的散热能力。

最后，SiC 器件的高温特性对功率模块封装材料体系有更高温度的要求。学术界研究表明，SiC 器件可以在 200℃以上稳定运行，而现有针对 Si 器件的封装材料体系只能保证最高工作到 175℃（接近 Si 器件的理论最高工作温度），还不能发挥 SiC 器件的高温特性。

一代器件，一代封装。产业界结合具体应用需求，推出了一系列针对 SiC 器件的商用功率模块。接下来将选取其中的典型代表对其封装主要的技术形式、特点、优势、规格以及应用场景进行介绍。

作为世界上主要的 SiC 器件供应商，Wolfspeed 公司目前在市场上先后主要推出多种封装形式的 SiC 功率模块，下面逐一进行介绍。1200V/300A 的碳化硅半桥功率模块 CAS300M12BM2[7] 的外观和内部结构如图 1-35 所示。该模块仍沿用标准 Si 基功率模块的封装结构，但采用了 AlN 陶瓷覆铜基板，增强了散热效果。该模块整体外观尺寸为 62mm × 106mm × 30mm，主要应用场合包括感应加热、电机驱动、风能太阳能逆变器、轨道牵引、UPS 以及 SMPS。

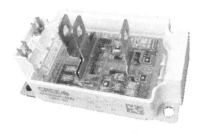

图 1-35　Wolfspeed CAS300M12BM2

1200V/325A 的高性能 SiC 半桥模块 CAS325M12HM2[8] 的外观和内部结构如图 1-36 所示。模块采用 AlSiC 底板和 Si_3N_4 活性金属钎焊（Active Metal Bonding，AMB）基板，极大地提高了模块整体的散热特性和可靠性，因此可降低对散热系统的要求，进而有助于减小整个系统的重量和体积。模块内部每一个开关位置上包含 7 颗 SiC MOSFET 和 6 颗 SiC SBD，整体的引出端子采用宽铜端子，同时尽可能压缩模块整体高度至 10mm，因此整体回路的寄生电感只有 5nH。模块的驱动源极采用开尔文连接，所有的栅极和驱动源极均通过 PCB 外接，而且每一个 SiC MOS-FET 的栅极上都串联一个小阻值的电阻，从而避免并联芯片的栅极之间出现振荡。该模块的整体外观尺寸为 65mm × 110mm × 10mm，主要应用于电机驱动、高效率变换器及分布式电能系统等。

图 1-36　Wolfspeed CAS325M12HM2

1200V/450A 的 SiC 半桥功率模块 CAB450M12XM3[9] 采用的封装形式外观如图 1-37所示。该模块内部同样采用 Si_3N_4 AMB 基板，以增强散热能力并提升可靠性。外接功率端子将主流母线从上一版模块的两侧调整至就近排布，便于用户在外部采用叠层母排实现连接，总体功率回路的寄生电感 6.7nH。同时内部集成了隔离式温度传感器，允许芯片的最高结温达到 175℃。此外模块设计了专用的漏极开尔文连接，可以用于直接的管压降测量，用于实现过电流保护。该模块的整体外观尺寸为 80mm×53mm×19mm，比上一代模块面积降低近 40%，其主要应用场合包括电机驱动、电动汽车快速充电、UPS 以及分布式电能系统。

图 1-37　Wolfspeed CAB450M12XM3

ROHM 公司的 1200V/300A SiC 半桥功率模块 BSM300D12P2E001[10]，其外观和内部结构如图 1-38 所示。该模块沿用标准 IGBT 功率模块的封装结构，和 Wolfspeed 将功率端子直接焊接在基板上不同，功率端子与外壳注塑一体成型，可避免应用时端子受力导致焊料的可靠性风险。整体外观尺寸为 60mm×152mm×17mm，主要应用于感应加热、电机驱动以及风能太阳能逆变器等场合。

图 1-38　ROHM BSM300D12P2E001

Microsemi 公司的 1200V/700A SiC 半桥功率模块 MSCMC120AM02CT6LIAG[11] 的外观和内部结构如图 1-39 所示。该模块可采用 AlN 陶瓷覆铜基板或 Si_3N_4 AMB 基板，有效增强 SiC 模块的散热性能。同时模块内部集成了直流母排结构，极大减小了回路寄生电感，外接功率端子到芯片构成的功率回路寄生电感小于 10nH。该模块的整体外观尺寸为 62mm×108mm×15mm，主要应用于电机驱动。

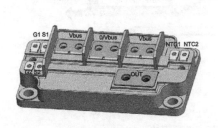

图 1-39　Microsemi MSCMC120AM02CT6LIAG

Infineon 公司采用自产的新一代 CoolSiC™ MOSFET 设计了一款 1200V/500A 的三相桥功率模块[12,13]，该模块的外观和内部结构如图 1-40 所示，该模块采用 Infineon 公司定义开发的 Hybrid-

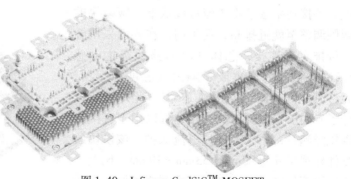

图 1-40　Infineon CoolSiC™ MOSFET HybridPACK™模块

PACK™ Drive 封装形式，底板直接带有水冷散热结构，比如 Pin – Fin 结构，在底板和散热结构之间消除了热阻大的热界面导热材料（比如导热硅脂、相变导热材料等），从而极大地减小了模块至冷却液的总热阻，有效提升模块散热性能。同时，模块内部每一个开关位置上包含 8 颗并联芯片，电路设计采用了一种对称布局设计方法，保证不同并联芯片的导通电流均匀分布。而且直流母线的 DC 正负功率端子在同侧引出，在内部布局上采用电流方向有去有回的电路设计，将功率回路的寄生电感降低至 8nH，提高电气可靠性并减小电磁干扰等问题。该模块包含 Pin – Fin 散热结构的整体外观尺寸为 126.5mm×154.5mm×21.7mm，主要应用于电动汽车的电机驱动。

Semikron 公司开发了一款适用于中等容量电力设备以及兆瓦级光伏逆变器的 SiC 模块封装结构[14]。模块的截面示意图如图 1-41 所示。该模块采用双层柔性 PCB 取代传统铝线键合技术，作为芯片电气互连方式以及 DC 正负母线的出端，整个换流回路在模块水平方向的投影重叠，电流方向相反，实现寄生电感的相互抵消，极大减小了功率回路的寄生电感，总回路电感低至 4.5nH，提高了电气可靠性。该模块采用 Si_3N_4 AMB 基板，具有良好的导热性能和机械可靠性。同时采用压

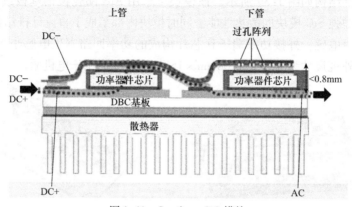

图 1-41　Semikron SiC 模块

接的方式实现基板与散热器之间的连接，中间添加热界面导热材料来提高散热性能，从而减小了基板承受的热机械应力，提高了模块的整体可靠性。此外，芯片与顶层柔性 PCB 以及底层基板之间都通过纳米银烧结技术实现互连，进一步提高模块整体的散热性能和可靠性。

Fuji 公司为 SiC 功率模块开发了一种新的封装结构[15,16]，该结构采用功率 PCB 和铜柱代替键合线技术，实现芯片上表面的电气互连，有效缩减模块整体体积，并降低回路的寄生电感。同时采用纳米银烧结技术将芯片连接至厚铜 Si_3N_4 AMB 基板，一方面提高模块的散热性能，另一方面提高了模块的可靠性和耐高温特性。此外，采用高温环氧树脂作为灌封材料，提高了模块机械可靠性，确保模块可以运行在 200℃ 的高温环境下。采用该新型封装结构的 1200V/100A 全 SiC 半桥功率模块如图 1-42 所示，模块的整体尺寸为 24mm × 62mm × 12mm。

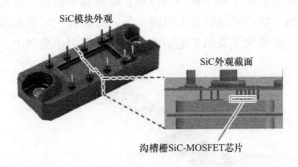

SiC模块外观

SiC外观截面

沟槽栅SiC-MOSFET芯片

图 1-42　Fuji 1200V/100A 全 SiC 半桥功率模块[17]

Danfoss 公司开发了适用于 SiC 功率模块的 DCM™1000 封装技术[18,19]，其基本的外观和内部结构如图 1-43 所示。模块内部采用 DBB（Danfoss Bond Buffer）的互连技术，具体而言，首先采用银烧结技术将薄的铜缓冲层与芯片顶层连接，再在铜缓冲层上采用粗铜线键合的方式实现芯片的电气连接。这种互连方式的电流承载能力相较于传统的铝键合线的方式大大提高，同时模块的可靠性和短路能力也得到了提升。在散热设计上，Danfoss 推出 ShowerPower® 水冷技术，将弯曲水冷散热流道直接集成在模块底板上，去除了常规的热界面散热材料，降低了模块热阻。弯曲的流道使流过的冷却剂形成湍流，增强了冷却剂与模块发热部位的接触效果，提高了散热性能。Pin – Fin 的散热结构，该结构采用并行散热的方式，可以减小温度梯度；同时采用这种散热结构，通过优化设计可以增强对于局部热点的散热效果；该散热结构中流道的金属壁增强了散热器的机械强度，允许散热器承受更大的压力和冲击。模块采用塑封结构，能有效提高机械可靠性。该模块主要应用于电动汽车的电机驱动，该封装平台具有很强的可扩展性和兼容性，其电压等级范围为 750 ~ 1200V，输出电流范围为 350 ~ 600A，可满足不同电动汽车中对于逆变器母线电压和功率的要求。

图 1-43　Danfoss DCM[TM]1000 模块[20]

Delphi 采用双面可焊接的 650V SiC MOSFET 开发了一款双面散热的 SiC 模块[21]，如图 1-44 所示。该模块中包括 5 颗并联的 SiC MOSFET 芯片，构成单个开关，额定电流为 750A。芯片的栅极上集成了较大的电阻，避免了在模块中引入外接的栅极电阻，从而有助于减小模块的体积，提高功率密度。模块整体采用双面结构，一方面可以减小功率回路的寄生电感，另一方面可以实现双面散热，提高模块整体的散热能力。该模块主要用于电动汽车的电机牵引逆变器中。

图 1-44　Delphi 双面结构 650V/750A 碳化硅模块[22]

Tesla Model 3 的电驱逆变器中采用的 SiC 功率模块来自 ST 公司，其内部结构如图 1-45所示，包含两颗双面可焊接的并联 SiC MOSFET 器件，芯片表面采用引线框架替代引线键合技术，实现更高电流输出能力和机械可靠性。芯片采用银烧结技术连接至 Si_3N_4 AMB 基板，提高模块散热能力和机械可靠性。功率模块采用塑封结构对功率器件进行保护，能进一步提高机械可靠性。

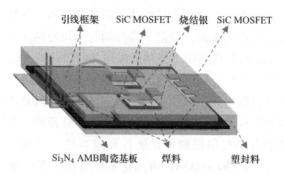

图 1-45　Tesla Model 3 SiC 模块

综上，结合 SiC 器件特性对封装技术的要求，以及系统应用的需求，越来越多功率模块公司，甚至系统和终端公司，都创新性地推出 SiC 封装结构，在提高 SiC 器件的散热能力的同时，降低新器件应用带来的电气和机械可靠性风险。随着 SiC 器件的性能进一步提升和价格走低，越来越多的应用将会采用 SiC 功率模块方案，由此衍生的系统需求也会更多样，相信未来 SiC 功率模块封装技术仍有进一步提升的机会和空间。

参 考 文 献

[1] LINDER STEFAN. Power Semiconductors [M]. 1st ed. Swiss：EPFL Press，2006.

[2] CASADY J, PALA V, BRUNT E V, et al. Ultra – low (1. 25mΩ) On – Resistance 900V SiC 62mm Half – Bridge Power Modules Using New 10mΩ SiC MOSFETs [C]. PCIM Europe 2016 International Exhibition and Conference for Power Electronics, Intelligent Motion, Renewable Energy and Energy Management，2016：34 – 41.

[3] NAKAMURA T, NAKANO Y, AKETA M, et al. High Performance SiC Trench Devices with Ultra – Low Ron [C]. 2011 International Electron Devices Meeting，2011：26. 5. 1 – 26. 5. 3.

[4] PETERS D, BASLER T, ZIPPELIUS B, et al. The New CoolSiC™ Trench MOSFET Technology for Low Gate Oxide Stress and High Performance [C]. PCIM Europe 2017，International Exhibition and Conference for Power Electronics, Intelligent Motion, Renewable Energy and Energy Management，2017：168 – 174.

[5] MITSUBISHI ELECTRIC CORPORATION. Mitsubishi Electric Develops Trench – type SiC – MOSFET with Unique Electric – field – limiting Structure [Z/OL]. News，September 2019. https：// us. mitsubishielectric. com/en/news/releases/global/2019/0930 – a/index. html

[6] HSU F J, YEN C T, HUNG C C, et al. High Efficiency High Reliability SiC MOSFET with Monolithically Integrated Schottky Rectifier [C]. 2017 29th International Symposium on Power Semiconductor Devices and IC's (ISPSD)，2017：45 – 48.

[7] CREE, INC. CAS300M12BM2 [Z]. Datasheet, Rev. A, 2014.

[8] CREE, INC. CAS325M12HM2 [Z]. Datasheet, Rev. C, April 2018.

[9] CREE, INC. CAB450M12XM3 [Z]. Datasheet, Rev. A, June 2019.

[10] ROHM CO. , LTD. BSM300D12P2E001 [Z]. Datasheet, Rev. C, February 2018.

[11] BONTEMPS S, DOUMERGUE L. Very Low Stray Inductance, High Frequency 1200V 2mOhms Full SiC MOSFET Phase Leg Module [C]. PCIM Europe 2018，International Exhibition and Conference for Power Electronics, Intelligent Motion, Renewable Energy and Energy Management，2018：988 – 995.

[12] JAKOBI W, UHLEMANN A, SCHWEIKERT C, et al. Benefits of New CoolSiC™ MOSFET in HybridPACK™ Drive Package for Electrical Drive Train Applications [C]. CIPS 2018，10th International Conference on Integrated Power Electronics Systems，2018：585 – 593.

[13] Mark Münzer. Going the extra mile：HybridPACK! Drive CoolSiC! [Z]. Infineon Technologies AG，2021.

[14] BERBERICH S E, KASKO I, GROSS M, et al. High Efficient Approach to Utilize SiC MOSFET

Potential in Power Modules [C]. 2017 29th International Symposium on Power Semiconductor Devices and IC's (ISPSD), 2017: 258 – 262.

[15] HORIO MASAFUMI, IIZUKA YUJI, IKEDA YOSHINARI. Packaging Technologies for SiC Power Modules [J]. Fuji Electric Co., Ltd, Fuji Electric Review 58 (2): 75 – 78.

[16] IKEDA Y, NASHIDA N, HORIO M, et al. Ultra Compact, Low Thermal Impedance and High Reliability Module Structure with SiC Schottky Barrier Diodes [C]. 2011 Twenty – Sixth Annual IEEE Applied Power Electronics Conference and Exposition (APEC), 2011: 1298 – 1300.

[17] FUJI ELECTRIC CO., Ltd. 1. 2kV SiC Trench MOSFETs for All – SiC Modules [Z/OL]. https://www. fujielectric. com/company/research_development/theme/sic_device. html.

[18] SHAJARATI OMID, STREIBEL ALEXANDER, APFEL NORBERT. DCM^{TM} 1000X – Designed to Meet the Future SiC Demand of Electric Vehicle Drive Trains [J]. Danfoss Silicon Power GmbH, Bodos Power Magazine, 2018 (June): 80 – 83.

[19] STREIBEL ALEXANDER. Danfoss Silicon Power Introduces DCM 1000X (Full – SiC) Next Gen Automotive Traction Inverter Power Modules [R]. WBG Power Conference, December 2018.

[20] DCM^{TM} 1000 Power Module Technology Platform [Z/O]. https://www. danfoss. com/en/about – danfoss/our – businesses/silicon – power/danfoss – dcm – 1000 – power – module – technology – platform/

[21] HAYES M, et al. 650V, 7mOhm SiC MOSFET Development for Dual – Side Sintered Power Modules in Electric Drive Vehicles [C]. PCIM Europe 2017; International Exhibition and Conference for Power Electronics, Intelligent Motion, Renewable Energy and Energy Management, 2017: 579 – 584.

[22] DELPHI TECHNOLOGIES. Delphi Technologies' New Industry Leading 800V SiC Inverter to Cut EV Charging Time in Half [Z \ OL]. News Release, September 2019. https://www. delphi. com/ newsroom/press – release/delphi – technologies – new – industry – leading – 800 – volt – sic – inverter – cut – ev.

延 伸 阅 读

[1] NEAMEN D A. Semiconductor Physics and Devices: Basic Principles [M]. 4th ed. New York: McGraw – Hill, 2011.

[2] BALIGA B J. Fundamentals of Power Semiconductor Devices [M]. 2nd ed. New York: Springer, 2018.

[3] VAN WYK J D, LEE F C. On a Future for Power Electronics [J]. IEEE Journal of Emerging and Selected Topics in Power Electronics, 2013, 1 (2): 59 – 72.

[4] SZE S M, NG K K. Physics of Semiconductor Devices [M]. 3rd ed. Hoboken: Wiley – Interscience, 2006.

[5] LUTZ JOSEF, SCHLANGENOTTO HEINRICH, SCHEUERMANN UWE. Semiconductor Power Devices: Physics, Characteristics, Reliability [M]. 2nd ed. New York: Springer, 2018.

[6] DEBOY G, KAINDL W, KIRCHNER U, et al. Advanced Silicon Devices—Applications and Technology Trends [R]. Proceedings of IEEE Applied Power Electronics Conference (APEC), 2015.

［7］ TSIVIDIS YANNIS, MCANDREW COLIN. Operation and Modeling of the MOS Transistor ［M］. 3rd ed. Oxford: Oxford University Press, 2010.

［8］ BALIGA B J. Advanced High Voltage Power Device Concepts ［M］. New York: Springer, 2011.

［9］ BALIGA B J. Advanced Power MOSFET Concepts ［M］. New York: Springer, 2010.

［10］ KOREC JACEK. Low Voltage Power MOSFETs: Design, Performance and Applications ［M］. New York: Springer, 2011.

［11］ WILLIAMS R K, DARWISH M N, BLANCHARD R A, et al. The Trench Power MOSFET: Part I – History, Technology, and Prospects ［J］. IEEE Transactions on Electron Devices, 2017, 64 (3): 674 – 691.

［12］ WILLIAMS R K, DARWISH M N, BLANCHARD R A, et al. The Trench Power MOSFET—Part II: Application Specific VDMOS, LDMOS, Packaging, and Reliability ［J］. IEEE Transactions on Electron Devices, 2017, 64 (3): 692 – 712.

［13］ BALIGA B J. The IGBT Device: Physics, Design and Applications of the Insulated Gate Bipolar Transistor ［M］. New York: William Andrew, 2015.

［14］ IWAMURO N, LASKA T. IGBT History, State – of – the – Art, and Future Prospects ［J］ IEEE Transactions on Electron Devices, 2017, 64 (3): 741 – 752.

［15］ SHENAI KRISHNA. The Invention and Demonstration of the IGBT ［J］. IEEE Power Electronics Magazine, 2015, 2 (2): 12 – 16.

［16］ BALIGA B J. IGBT: The GE Story ［J］. IEEE Power Electronics Magazine, 2015, 2 (2): 16 – 23.

［17］ BALIGA B J. Advanced Power Rectifier Concepts ［M］. New York: Springer, 2009.

［18］ KIMOTO TSUNENOBU, COOPER J A. Fundamentals of Silicon Carbide Technology: Growth, Characterization, Devices and Applications ［M］. Singapore: Wiley – IEEE Press, 2014.

［19］ BALIGA B J. Gallium Nitride and Silicon Carbide Power Devices ［M］. New Jersey: World Scientific Pub Co. Inc, 2016.

［20］ BALIGA B J. Wide Bandgap Semiconductor Power Devices: Materials, Physics, Design, and Applications ［M］. Duxford: Woodhead Publishing, 2018.

［21］ ADAN A O, TANAKA D, BURGYAN L, et al. The Current Status and Trends of 1, 200 – V Commercial Silicon – Carbide MOSFETs: Deep Physical Analysis of Power Transistors from a Designer's Perspective ［J］. IEEE Power Electronics Magazine, 2019, 6 (2): 36 – 47.

［22］ IEEEITRW. International Technology Roadmap for Wide Bandgap Power Semiconductors ［Z］. 2019 Edition, Version 1.0, September 2019.

［23］ LIU YONG. Power Electronic Packaging: Design, Assembly Process, Reliability and Modeling ［M］. New York: Springer, 2012.

［24］ SHENG W W, COLINO R P. Power Electronic Modules: Design and Manufacture ［M］. Boca Raton: CRC Press, 2004.

［25］ SUGANUMA KATSUAKI. Wide Bandgap Power Semiconductor Packaging: Materials, Components, and Reliability ［M］. Duxford: Woodhead Publishing, 2018.

［26］ CHEN C, LUO F, KANG Y. A Review of SiC Power Module Packaging: Layout, Material System and Integration [J] . CPSS Transactions on Power Electronics and Applications, 2017, 2 (3): 170 – 186.

[27] SEAL S, MANTOOTH H. High Performance Silicon Carbide Power Packaging—Past Trends, Present Practices, and Future Directions [J] . Energies, 2017, 10 (3): 341.

[28] LEE H, SMET V, TUMMALA R. A Review of SiC Power Module Packaging Technologies: Challenges, Advances, and Emerging Issues [J] . IEEE Journal of Emerging and Selected Topics in Power Electronics, 2019, 8 (1): 239 – 255.

[29] HOU FENGZE, WANG WENBO, CAO LIQIANG, et al. Review of Packaging Schemes for Power Module [J]. IEEE Journal of Emerging and Selected Topics in Power Electronics, 2020, 8 (1): 223 – 238.

[30] IRADUKUNDA A C, HUITINK D R, LUO F. A Review of Advanced Thermal Management Solutions and the Implications for Integration in High – Voltage Packages [J] . IEEE Journal of Emerging and Selected Topics in Power Electronics, 2020, 8 (1): 256 – 271.

[31] LUO Fang. A Review of Advanced Power Module Packaging and Thermal Management in WBG Era [R/OL]. Webinar, PELS, November 2019. https://resourcecenter.ieee – pels.org/webinars/ PELSWEB071824v.html.

第 2 章

SiC MOSFET 参数的解读、测试及应用

SiC MOSFET 具有几十种参数来表征其特性，这些参数不仅是器件选型的参考，还可以帮助工程师更精细地完成变换器设计，如根据 FOM 值进行器件评估和对比、完成器件建模和仿真、进行器件损耗计算。

各厂商对 SiC MOSFET 参数的分类并不相同，在本章中将其主要参数按照最大值、静态特性和动态特性三大类进行划分。最大值是与 SiC MOSFET 极限工作点相关的参数，包含击穿电压、热阻抗、最大耗散功率、最大漏极电流和安全工作域。静态特性表征了 SiC MOSFET 工作点的电压和电流关系，包含传递特性、阈值电压、输出特性、导通电阻、二极管导通特性和第三象限导通特性。动态特性指 SiC MOSFET 的开关过程和体二极管反向恢复过程。由于结电容、栅电荷与开关过程关系密切，故将其归到动态特性部分进行讲解，与部分厂商的分类方法不同。需要注意的是，虽然划分为动态特性，但开关过程实际仍然受到静态参数的影响的，两者之间并不是完全独立的。

接下来在对 SiC MOSFET 各项参数进行介绍的过程中，所展示的数据来源于实测或数据手册，不作特别的区分说明。

2.1 最大值

2.1.1 击穿电压

当 $V_{GS} = 0V$，SiC MOSFET 处于关断状态并承受外加电压 V_{DS} 时，会存在从源极到漏极的微小电流，称为漏电流 I_{DSS}。I_{DSS} 受外加电压 V_{DS} 和芯片结温 T_J 的影响，如图 2-1 所示。当 V_{DS} 较低时，I_{DSS} 仅有几百 pA 到几十 nA，此时 SiC MOSFET 处于可靠关断状态；随着 V_{DS} 的升高，I_{DSS} 也逐渐缓慢增大；当 V_{DS} 大于 1650V 左右后，I_{DSS} 迅速增大，此时 SiC MOSFET 已无法继续有效阻断电压。另外，在有效关断时，I_{DSS} 随着 T_J 的升高而增大；在有效关断的临界点，I_{DSS} 的转折电压随着 T_J 的升高而升高。

  一般定义在 $V_{GS} = 0V$ 下，SiC MOSFET 能够承受的使 I_{DSS} 不超过击穿漏电流 $I_{(BR)DSS}$ 的最大电压为击穿电压 $V_{(BR)DSS}$。$I_{(BR)DSS}$ 取值一般在 $100\mu A \sim 5mA$ 之间，由各厂商自行定义，部分厂商遵循器件电流等级越大，$I_{(BR)DSS}$ 越大的规律，部分厂商取 $I_{(BR)DSS}$ 为恒定值。根据图 2-1 可知，标称耐压 1200V 的 SiC MOSFET 实际 $V_{(BR)DSS}$ 为 1650V 左右，这是在考虑器件离散性和实际应用要求后留出的裕量。这就解释了为什么当 SiC MOSFET 承受短时略微超过数据手册标称 $V_{(BR)DSS}$ 的关断电压尖峰后不会立刻损坏，但即便如此，在使用时也需要避免其端电压超过数据手册中的标称 $V_{(BR)DSS}$。

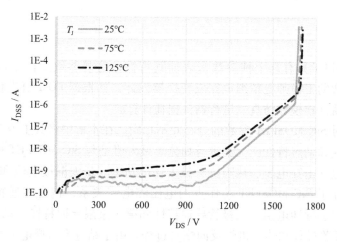

图 2-1 $I_{DSS} - V_{DS}$ 特性

  根据图 2-1 和 $V_{(BR)DSS}$ 的定义可知，$V_{(BR)DSS}$ 同样受结温 T_J 的影响，$V_{(BR)DSS}$ 随 T_J 升高而升高，如图 2-2 所示。这是因为随着 T_J 上升，载流子的迁移率会随着晶格散射和杂质散射增加而下降，从而使击穿难度增加，击穿电压就会升高。

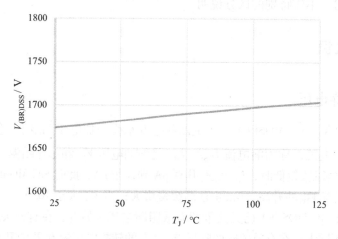

图 2-2 $V_{(BR)DSS} - T_J$ 特性

2.1.2　热阻抗

热阻抗包括热容和热阻两部分，热阻代表材料阻碍热量传递的能力，是传热系数的倒数，热容代表材料对热能储存的能力。热域物理量与电域物理量具有类比关系，能够帮助电源工程师理解和记忆：温度 T、热流量 P、热阻抗 Z_{th}、热阻 R_{th} 和热容 C_{th} 分别类比于电压 V、电流 I、阻抗 Z、电阻 R 和电容 C。

SiC MOSFET 在工作时产生损耗，热量从芯片依次传递到封装外壳、散热器、环境，基于此可以建立 Cauer 模型，其中各层材料热阻依次连接，热容全部连接到环境参考温度，如图 2-3 所示。因此，Cauer 模型的节点能表示各层材料的温度，具有物理意义。

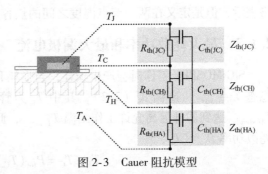

图 2-3　Cauer 阻抗模型

但是由于各层材料的热容和热阻难以获得，数据手册给出单脉冲和连续方波热激励下测量得到的热阻抗曲线，如图 2-4 所示，其横轴为脉冲宽度 t_p，纵轴为热阻抗值 $Z_{th(JC)}$。在脉冲加热阶段，各层材料吸收热量温度升高；在脉冲间歇阶段，材料向环境散热冷却。$Z_{th(JC)}$ 是以利用升温阶段结束时材料的最高温度定义。

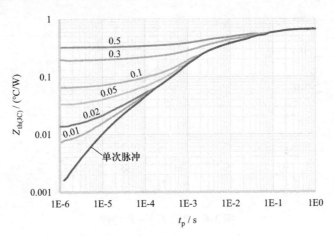

图 2-4　SiC MOSFET 热阻抗曲线

单脉冲下的热阻抗曲线位于最下端，t_p 越短，材料加热时间较短，温升较少，则 $Z_{th(JC)}$ 越小。$Z_{th(JC)}$ 随着 t_p 增大而增大，最终趋于稳定，此时的热阻抗就是热阻值。其余曲线为脉宽为 t_p 的连续方波热激励下热阻抗曲线，为一簇不同占空比 D 下的阻抗曲线。在相同 t_p 下，D 越高，加热时间所占比例越高，材料温升越高，

则 $Z_{th(JC)}$ 越高。同时随着 t_p 的增加，不同 D 下的 $Z_{th(JC)}$ 曲线也逐渐收敛至热阻值。

部分厂商的数据手册还会基于热阻抗曲线提供 Foster 模型参数，如图 2-5 所示。Foster 模型的表达式为式 (2-1)，可以利用其进行热仿真分析。

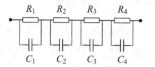

图 2-5　Foster 热阻抗模型

$$Z_{th} = \sum_{i=1}^{4} R_i (1 - e^{-\frac{t}{\tau_i}}) \qquad \tau_i = R_i C_i \qquad (2\text{-}1)$$

需要注意的是，Foster 模型是对热阻抗曲线的数值拟合，尽管仍由热阻热容网络表示，但是定义在两个节点温度之间的热容并不具备物理意义。

2.1.3　最大耗散功率和最大漏极电流

SiC MOSFET 工作时会产生损耗，当损耗和散热条件一定时，结温升高并达到稳态 $T_{J(steady)}$，遵循式 (2-2)，其中 T_C 为管壳温度，$R_{th(JC)}$ 为结 - 壳热阻。当 $T_{J(steady)}$ 达到器件最高允许工作结温 $T_{J(max)}$，此时的损耗为对应管壳温度下的最大耗散功率 $P_{tot}(T_C)$。

$$T_J - T_C = P_{tot}(T_C) R_{th(JC)} \qquad (2\text{-}2)$$

由 (2-2) 可知，$P_{tot}(T_C)$ 受 T_C 的影响，数据手册提供两者关系如图 2-6 所示。当 T_C 低于 25℃ 时，$P_{tot}(T_C)$ 保持不变。当 T_C 高于 25℃ 时，$P_{tot}(T_C)$ 按照式 (2-2)线性下降。

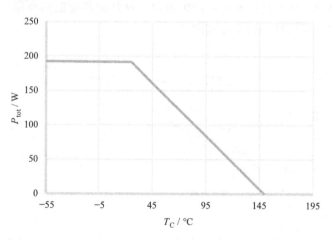

图 2-6　$P_{tot}(T_C)$ - T_C 特性

在实际应用中，器件通过散热器将热量传递到环境中，遵循式 (2-3)，其中 T_A 为环境温度，$R_{th(JA)}$ 为结 - 环境热阻，$R_{th(CH)}$ 为壳 - 散热器热阻，$R_{th(HA)}$ 为散热器 - 环境热阻。当 T_J 为最高允许工作结温 $T_{J(max)}$ 时，此时的损耗 P_D 为对应环境温度下的最大耗散功率 $P_{tot}(T_A)$。数据手册中一般不会提供 $P_{tot}(T_A)$ 数据，这是因为 $R_{th(CH)}$ 和 $R_{th(HA)}$ 需要基于具体的变换器设计得到。

$$T_J - T_A = P_{tot}(T_A)R_{th(JA)} = P_{tot}(T_A)(R_{th(JC)} + R_{th(CH)} + R_{th(HA)}) \quad (2\text{-}3)$$

最大漏极电流分为最大连续漏极电流 I_D 和最大脉冲漏极电流 $I_{D(pulse)}$，都受到最大损耗功率的限制，一般是基于 $P_{tot}(T_C)$ 定义。

器件电流等级一般由特定 T_C 下的 I_D 定义，由式（2-4）计算，其中 $R_{DS(on)}$ $(T_{J(max)})$ 为最高允许工作结温下的导通电阻：

$$I_D = \sqrt{\frac{P_{tot}(T_C)}{R_{DS(on)}(T_{J(max)})}} \quad (2\text{-}4)$$

数据手册都会提供 $I_D - T_C$ 特性曲线，如图 2-7 所示。当 T_C 低于 25℃时，I_D 保持不变；当 T_C 高于 25℃时，I_D 按照式（2-4）呈曲线下降。

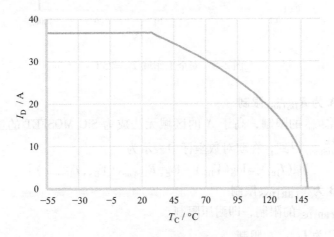

图 2-7　$I_D - T_C$ 特性

由于是单次脉冲电流，$I_{D(pulse)}$ 往往是 I_D 的 2~4 倍。$I_{D(pulse)}$ 不仅受 $P_{tot}(T_C)$ 限制，还与脉冲电流的脉宽 t_p 和 V_{DS} 有关，由式（2-5）计算：

$$I_{D(pulse)}(V_{DS}, t_p) = \frac{P_{tot}(T_C)}{V_{DS}} = \frac{T_{J(max)} - T_C}{V_{DS}Z_{th(JC)}(t_p)} \quad (2\text{-}5)$$

需要注意的是，$I_{D(pulse)}$ 不会随着 t_p 和 V_{DS} 的减小而无限制地增大，而是在任何情况下都受限于键合线的通流能力。

2.1.4　安全工作域

安全工作域即 SOA（Safe Operating Area），SiC MOSFET 可在其区域内安全工作，其边界是 SiC MOSFET 在工作时能够承受漏 - 源电流 I_{DS} 和漏 - 源电压 V_{DS} 的上限，具体由上文中介绍的 $V_{(BR)DSS}$、I_D 和 $I_{D(pulse)}$ 加以限制。SiC MOSFET 必须工作在安全工作域内，否则会导致寿命缩短或直接损坏。数据手册一般提供 T_C 为 25℃时的安全工作域，以双对数坐标图呈现，如图 2-8 所示。

安全工作域的边界由 4 条线段组成，分别为 A、B、C、D。

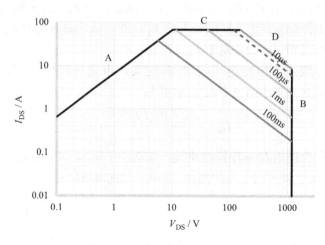

图 2-8   安全工作域 $T_C = 25℃$

1. 线段 A 为 $R_{DS(on)}$ 限制

A 代表 $R_{DS(on)}$ 的限制，高于 A 的区域无法成为 SiC MOSFET 的工作点，利用 $T_{J(max)}$ 下的 $R_{DS(on)}$ 得到，在双对数坐标中表示为

$$\log(I_{DS}) = \log(V_{DS}) - \log[R_{DS(on)}(V_{DS}, T_{J(max)})] \tag{2-6}$$

2. 线段 B 为 $V_{(BR)DSS}$ 限制

B 代表 $V_{(BR)DSS}$ 的限制，即耐压限制。

3. 线段 C 为 $I_{D(pulse)}$ 限制

C 代表由键合线通流能力所确定的 $I_{D(pulse)}$ 的限制。

4. 线段 D 为 $P_{tot}（T_C）$ 限制

D 代表 $P_{tot}（T_C）$ 的限制，由根据式（2-5）得到的不同 t_p 下的一簇 $I_{D(pulse)}$ (V_{DS}, t_p) 线段表示，在双对数坐标中表示为

$$\log(I_{DS}) = -\log(V_{DS}) + \log(T_{J(max)} - T_C) - \log[Z_{th(JC)}(t_p)] \tag{2-7}$$

在实际工作中，SiC MOSFET 的 T_C 远高于 25℃，图 2-8 中的安全工作域不再适用，需要进行换算后再用于设计。T_C 对 A、B、C 这三个限制条件没有影响，仅需要对 D 进行换算，接下来以将 $t_p = 10\mu s$ 从 $T_C = 25℃$ 换算至 $T_C = 100℃$ 为例。

由图 2-8 可知，$P_{tot}（25℃）= 8.5A \times 1200V = 10.2kW$。当 t_p 固定时，$Z_{th(JC)}(t_p)$ 不受 T_C 的影响，则

$$P_{tot}(100℃) = P_{tot}(25℃)\frac{150℃ - 100℃}{150℃ - 25℃} = 6.8kW \tag{2-8}$$

进而由（2-5）得到在 $T_C = 100℃$ 时，$t_p = 10\mu s$ 限制条件与 B 和 C 的交点分别为（97V，70A）和（1200V，5.67A），将两点连接即为换算后的 D 限制条件，在图 2-8 中用虚线表示。

2.2　静态特性

2.2.1　传递特性和阈值电压

传递特性表示 V_{GS} 对 SiC MOSFET 能够输出的最大 I_{DS} 的影响，用 $I_{DS} - V_{GS}$ 曲线表示，如图 2-9 所示。I_{DS} 随着 V_{GS} 的升高而增大，这是因为 V_{GS} 越高，SiC MOSFET 的沟道开通得越充分，电子更容易通过。当 V_{GS} 小于 11V 左右时，I_{DS} 呈正温度系数；当 V_{GS} 大于 11V 左右时，I_{DS} 呈负温度系数。这就要求在并联使用时，开通驱动电压 $V_{GS(on)}$ 要足够高，使 SiC MOSFET 工作在负温度系数区域。

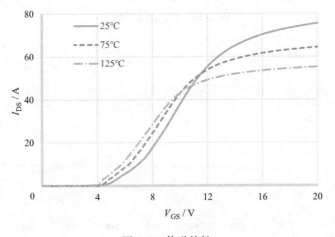

图 2-9　传递特性

在图 2-9 中，当 V_{GS} 大于某一电压后才有电流输出，此电压就是 SiC MOSFET 的阈值电压 $V_{GS(th)}$。一般将 I_{DS} 大于某一给定阈值 $I_{DS(th)}$ 时对应的 V_{GS} 定义为 $V_{GS(th)}$，与 $I_{(BR)DSS}$ 类似，具体标准也由各厂商给出，往往遵循器件电流等级越大 $I_{DS(th)}$ 越大的规律。$V_{GS(th)}$ 的温度特性如图 2-10 所示，T_J 越高 $V_{GS(th)}$ 越低。

SiC MOSFET 具有显著的漏致势垒降低（Drain Induced Barrier Lowering，DIBL）效应，导致 $V_{GS(th)}$ 随着 V_{DS} 的升高而下降。$T_J = 25℃$ 时，在 V_{DS} 为 50V 下，$V_{GS(th)}$ 为 2.04V；在 V_{DS} 为 800V 下，$V_{GS(th)}$ 降低至 1.74V，如图 2-11 所示。

SiC MOSFET 的开关速度快，加之结温升高和 V_{DS} 升高都导致 $V_{GS(th)}$ 进一步降低，非常容易导致桥臂短路，故在进行变换器设计时一定要特别注意。

2.2.2　输出特性和导通电阻

不同 V_{GS} 下的一簇 $I_{DS} - V_{DS}$ 曲线描述了 SiC MOSFET 的输出特性，如图 2-12 所示。可以看到在相同的 V_{DS} 下，V_{GS} 越高则 I_{DS} 越大，与传递特性一致。这就要求驱

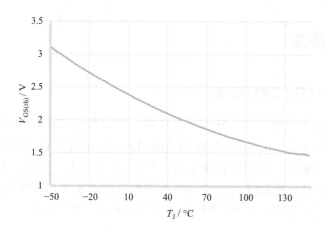

图 2-10　$V_{GS(th)}$ 温度特性

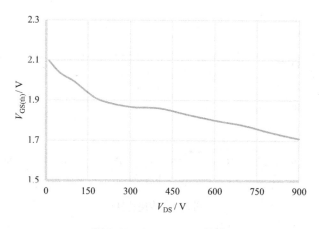

图 2-11　$V_{GS(th)} - V_{DS}$ 特性

动电路提供的开通驱动电压 $V_{GS(on)}$ 要足够高，充分利用芯片面积、降低导通损耗。当 V_{GS} 小于 11V 左右时，结温 150℃下 $I_{DS} - V_{DS}$ 曲线比 25℃下高；当 V_{GS} 大于 11V 时，结温 150℃下 $I_{DS} - V_{DS}$ 曲线比 25℃下低，这一特征也与传递特性一致。

　　利用图 2-12 中的数据可以了解到 $R_{DS(on)}$ 的特性。在相同的 V_{GS} 和 T_J 下，I_{DS} 越大则 $R_{DS(on)}$ 越高。在相同 I_{DS} 和 T_J 下，V_{GS} 越高则 $R_{DS(on)}$ 越低。当 V_{GS} 小于 11V 时，$R_{DS(on)}$ 呈负温度系数；当 V_{GS} 大于 11V 时，$R_{DS(on)}$ 呈正温度系数。

　　在相同的 I_{DS} 下，$R_{DS(on)}$ 的温度特性呈 U 形曲线，如图 2-13 所示。在低温下 $R_{DS(on)}$ 为负温度特性，在高温下 $R_{DS(on)}$ 为正温度特性。这是因为构成 $R_{DS(on)}$ 的各个部分具有不同的温度特性；R_{ch} 为负温度系数，温度升高导致 $V_{GS(th)}$ 降低、沟道迁移率升高；R_{JFET} 和 R_{drift} 为正温度系数，温度升高导致晶格震动加剧，对电子的阻碍作用更加明显。在低温时，随着温度的升高，R_{ch} 减小的速度比 R_{JFET} 和 R_{drift} 增加的速度快，总体体现为 $R_{DS(on)}$ 降低；在高温时，随着温度的升高，R_{JFET} 和 R_{drift} 增加的速度比 R_{ch} 减小的速度快，总体变现为 $R_{DS(on)}$ 增加。另外，R_{ch} 还受 V_{GS} 的影响，故 $R_{DS(on)}$ 的形态随着 V_{GS} 而变化。V_{GS} 越小，$R_{DS(on)}$ 中 R_{ch} 的占比越大，能在更大温度范围内影响 $R_{DS(on)}$，故 $R_{DS(on)}$ 谷底对应的 T_J 也更高；V_{GS} 越小，R_{ch} 受温度的影响越大，故在低温时 $R_{DS(on)}$ 随 T_J 降低而增加得更明显。

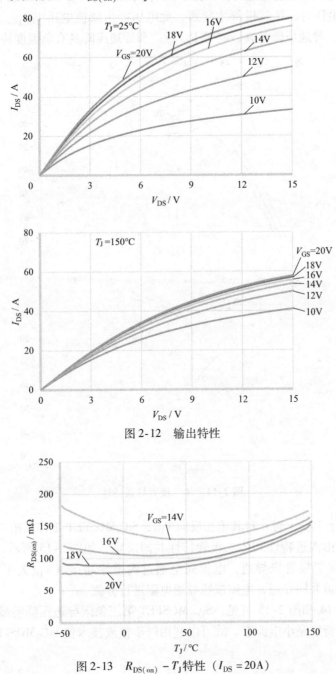

图 2-12　输出特性

图 2-13　$R_{DS(on)} - T_J$ 特性（$I_{DS} = 20A$）

2.2.3 体二极管和第三象限导通特性

与 Si MOSFET 相同，SiC MOSFET 也具有体二极管，属于 pn 结二极管。当 V_{GS} 小于 0V 时，SiC MOSFET 处于关断状态，对其施加反向 V_{DS}，其体二极管导通。如图 2-14 所示为体二极管导通特性，由不同 V_{GS} 下的一簇 $I_{DS} - V_{DS}$ 曲线表示。当反向 V_{DS} 大于某一电压时，体二极管才导通，此电压即为阈值电压 $V_{th(Diode)}$。V_{GS} 越负，$V_{th(Diode)}$ 越大，导通压降越高，同时 $V_{th(Diode)}$ 和导通压降具有负温度特性。

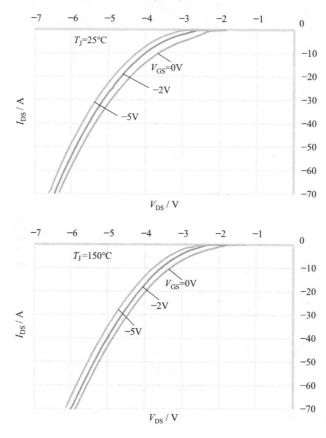

图 2-14　体二极管导通特性

当 V_{GS} 高于 $V_{GS(th)}$ 时，对其施加反向 V_{DS}，SiC MOSFET 工作在第三象限导通状态，导通特性由沟道特性和体二极管特性共同决定，如图 2-15 所示。当 V_{DS} 小于 $V_{th(Diode)}$ 时，体二极管未导通，电流完全通过沟道导通；当 V_{DS} 大于 $V_{th(Diode)}$ 时，体二极管和沟道共同导通，电流按照导通电阻进行分流。

通过图 2-14 和图 2-15 可见，SiC MOSFET 第三象限导通压降明显小于体二极管导通压降，特别是小电流下。故可以利用同步整流技术使 SiC MOSFET 工作在第三象限，避免由于体二极管导通压降过大而导致损耗偏高。

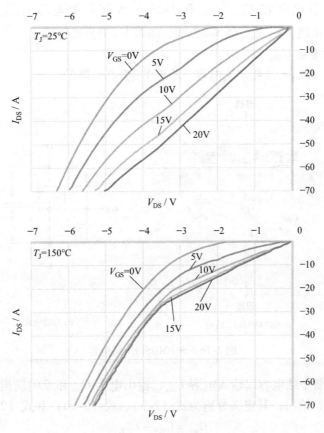

图 2-15　第三象限导通特性

2.3　动态特性

2.3.1　结电容

SiC MOSFET 的结构如图 2-16 所示，在其栅极、漏极、源极之间存在寄生电容。

1. 栅 – 源电容 C_{GS}

由沟道 – 栅极氧化物电容 $C_{channel}$ 和栅极 – 源极平行结构电容 C_{pp} 并联构成。C_{pp} 受栅 – 源极间绝缘材料、距离、交叠面积的影响，为典型平行板电容，不受端电压的影响。$C_{channel}$ 受 V_{DS}、沟道长度的影响，为非线性电容。沟道耗散区随着 V_{DS} 的升高而扩展，$C_{channel}$ 也随之减小，但变化非常微小。

2. 栅－漏电容 C_{GD}

由氧化层静电电容 $C_{\text{field}-\text{oxide}}$ 和 MOS 分界面耗散电容 $C_{\text{depletion}}$ 串联构成。$C_{\text{field}-\text{oxide}}$ 为恒定值，$C_{\text{depletion}}$ 受 V_{DS} 影响，随着 V_{DS} 升高而降低。

3. 漏－源电容 C_{DS}

主要为漏－源 pn 结耗散层电容，随着 V_{DS} 升高而降低。

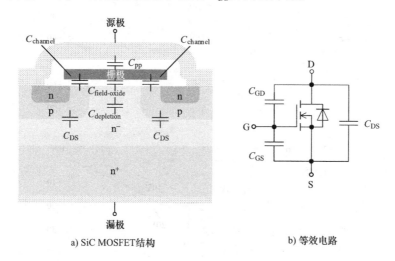

a) SiC MOSFET结构   b) 等效电路

图 2-16　SiC MOSFET 结电容

在数据手册中结电容以输入电容 C_{iss}、输出电容 C_{oss} 和反向输出电容 C_{rss}（也称为米勒电容）给出，其定义分别为式（2-9）、式（2-10）和式（2-11）

$$C_{\text{iss}} = C_{GS} + C_{GD} \tag{2-9}$$

$$C_{\text{oss}} = C_{DS} + C_{GD} \tag{2-10}$$

$$C_{\text{rss}} = C_{GD} \tag{2-11}$$

由于 C_{iss}、C_{oss} 和 C_{rss} 都具有受 V_{DS} 的影响的成分，呈现出非线性电容的特征，如图 2-17 所示。当 V_{DS} 较低时，结电容随着 V_{DS} 升高而减小，其中 C_{oss} 和 C_{rss} 减小得更加明显；当 V_{DS} 较高时，结电容基本保持不变，耗散区在 V_{DS} 达到一定值后不再变化。同时 $C_{GS} \gg C_{GD}$，C_{iss} 由 C_{GS} 主导；$C_{DS} \gg C_{GD}$，C_{oss} 由 C_{DS} 主导。

需要注意的是，在数据手册中给出的结电容数据和 $C-V$ 特性曲线都是在 $V_{GS}=0$V 时测得的，即 SiC MOSFET 在关断状态下的 $C-V$ 特性。而当 V_{DS} 小于 V_{GS} 时，C_{GS} 和 C_{GD} 将随着 V_{GS} 的升高显著增大。故仅利用数据手册给出的 $C-V$ 曲线表述 SiC MOSFET 的开关过程是不充分的。

2.3.2　开关特性

在大部分功率变换器中，SiC MOSFET 的开关换流过程都可以基于电感负载电路进行描述，如图 2-18 所示。L 为负载电感，C_{Bus} 为母线电容，R_G 为驱动电阻，

L_{Loop} 为主功率换流回路电感，L_{DRV} 为驱动回路电感，Q_H 和 Q_L 为 SiC MOSFET，VD_H 和 VD_L 为 Q_H 和 Q_L 的体二极管。为了简化对开关过程的分析，需要将 L_{DRV} 忽略，但为了获得更有意义的波形，通过仿真获取波形时将 L_{DRV} 考虑在内。

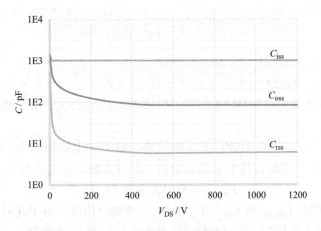

图 2-17　$C-V$ 特性

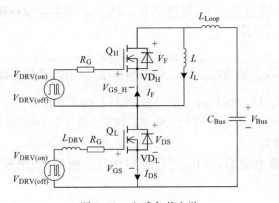

图 2-18　电感负载电路

2.3.2.1　开通过程和体二极管反向恢复过程

SiC MOSFET 开通过程和体二极管反向恢复过程的仿真波形和 SiC MOSFET 开通过程电路分别如图 2-19 和图 2-20 所示。

1.　$\sim t_0$

Q_L 的 V_{GS} 为关断驱动电压 $V_{DRV(off)}$，处于关断状态，I_{DS} 为零，V_{DS} 承受母线电压 V_{Bus}；Q_H 的 V_{GS_H} 为 $V_{DRV(off)}$，负载电流 I_L 通过 VD_H 和 L 进行续流，压降为 V_F。

2.　$t_0 \sim t_1$

t_0 时刻驱动电压由 $V_{DRV(off)}$ 迅速变为开通驱动电压 $V_{DRV(on)}$，驱动电路通过驱动电流 I_G 向 C_{iss} 充电，可细分为 $I_{C_{GS}}$ 向 C_{GS} 充电和 $I_{C_{GD}}$ 向 C_{GD} 充电。

$$V_{\mathrm{DRV(on)}} = V_{\mathrm{GS}} + I_{\mathrm{G}}R_{\mathrm{G}} \tag{2-12}$$

$$I_{\mathrm{G}} = I_{C_{\mathrm{GS}}} + I_{C_{\mathrm{GD}}} = C_{\mathrm{GS}}|\mathrm{d}V_{\mathrm{GS}}/\mathrm{d}t| + C_{\mathrm{GD}}|\mathrm{d}V_{\mathrm{GD}}/\mathrm{d}t| \tag{2-13}$$

由于此时 SiC MOSFET 仍然处于关断状态，V_{DS} 保持 V_{Bus} 不变，故 C_{GS} 和 C_{GD} 保持恒定，且 $\mathrm{d}V_{\mathrm{GS}}/\mathrm{d}t$ 和 $\mathrm{d}V_{\mathrm{GD}}/\mathrm{d}t$ 相等，联立式（2-12）和式（2-13）可得

$$V_{\mathrm{DRV(on)}} = V_{\mathrm{GS}} + C_{\mathrm{iss}}\mathrm{d}V_{\mathrm{GS}}/\mathrm{d}t R_{\mathrm{G}} \tag{2-14}$$

解得

$$V_{\mathrm{GS}}(t) = V_{\mathrm{DRV(on)}} - (V_{\mathrm{DRV(on)}} - V_{\mathrm{DRV(off)}})e^{-\frac{t-t_0}{R_{\mathrm{G}}C_{\mathrm{iss}}}} \tag{2-15}$$

t_1 时刻 V_{GS} 达到 SiC MOSFET 的阈值电压 $V_{\mathrm{GS(th)}}$，$t_0 \sim t_1$ 称为开通延时 $t_{\mathrm{d(on)}}$。

3. $t_1 \sim t_2$

V_{GS} 超过 $V_{\mathrm{GS(th)}}$，SiC MOSFET 开始导通，由于处于饱和状态，I_{channel} 受 V_{GS} 控制并由式（2-16）得到，其中 K 为由器件半导体参数决定的系数

$$I_{\mathrm{channel}} = K(V_{\mathrm{GS}} - V_{\mathrm{GS(th)}})^2 \tag{2-16}$$

需要注意的是 I_{channel} 由 I_{DS}、$I_{C_{\mathrm{GD}}}$ 和 $I_{C_{\mathrm{DS}}}$ 三个部分构成。由于此时 V_{DS} 仍然较高，故 C_{GS} 和 C_{GD} 较小，同时 $\mathrm{d}V_{\mathrm{DS}}/\mathrm{d}t$ 较低，故在 I_{channel} 中 I_{DS} 占主导

$$I_{\mathrm{DS}} \approx I_{\mathrm{channel}} \tag{2-17}$$

随着 I_{L} 不断换流至 $\mathrm{Q_L}$，I_{DS} 迅速上升，$\mathrm{d}I_{\mathrm{DS}}/\mathrm{d}t$ 在主功率换流回路电感 L_{Loop} 上产生压降，导致 V_{DS} 下跌

$$\Delta V_{\mathrm{DS}} = L_{\mathrm{Loop}}\mathrm{d}I_{\mathrm{DS}}/\mathrm{d}t \tag{2-18}$$

由于 $C_{\mathrm{GD}} \ll C_{\mathrm{GS}}$，故 ΔV_{DS} 对 V_{GS} 的影响很小，V_{GS} 仍然基本遵循式（2-14）

$$V_{\mathrm{GS}}(t) = (V_{\mathrm{DRV(on)}} - V_{\mathrm{GS(th)}})(1 - e^{-\frac{t-t_1}{\tau}}) + V_{\mathrm{GS(th)}} \tag{2-19}$$

结合式（2-16）、式（2-17）、式（2-18）、式（2-19）可知 $\mathrm{d}I_{\mathrm{DS}}/\mathrm{d}t$ 越来越大，ΔV_{DS} 也随之增大。

当 I_{DS} 超过负载电流后，$\mathrm{VD_H}$ 进行反向恢复，使得 I_{DS} 出现过冲，V_{GS} 也持续升高。

4. $t_2 \sim t_3$

t_2 时刻，I_{DS} 达到峰值附近，$\mathrm{VD_H}$ 开始关断，V_{DS} 快速下降，I_{channel} 仍然由 I_{DS}、$I_{C_{\mathrm{GD}}}$ 和 $I_{C_{\mathrm{DS}}}$ 三个部分构成。由于 $\mathrm{d}V_{\mathrm{DS}}/\mathrm{d}t$ 较高，同时当 V_{DS} 较低时，C_{DS} 和 C_{GD} 显著增大，导致 $I_{C_{\mathrm{GD}}}$ 和 $I_{C_{\mathrm{DS}}}$ 接近甚至超过 I_{DS}，此时测试得到的 I_{DS} 明显小于实际的 I_{channel}

$$I_{\mathrm{channel}} = I_{\mathrm{DS}} + C_{\mathrm{GD}}|\mathrm{d}V_{\mathrm{GD}}/\mathrm{d}t| + C_{\mathrm{DS}}|\mathrm{d}V_{\mathrm{DS}}/\mathrm{d}t| \tag{2-20}$$

由于 SiC MOSFET 具有显著的 DIBL，导致 $V_{\mathrm{GS(th)}}$ 随着 V_{DS} 的下降而升高。根据式（2-16），为了确保流过 I_{channel}，就需要对 C_{GS} 进行充电，抬高 V_{GS}。这一点与 Si SJ-MOSFET 明显不同，在此阶段，其 V_{GS} 保持恒定，I_{G} 仅对 C_{GD} 充电，称为米勒平台（Miller Plateau）。由于 SiC MOSFET 的 V_{GS} 缓慢上升，故称为米勒斜坡（Miller Ramp）。

由于 $|\mathrm{d}V_{\mathrm{DS}}/\mathrm{d}t| \gg |\mathrm{d}V_{\mathrm{GS}}/\mathrm{d}t|$，则

$$I_{C_{GD}} = C_{GD} \mathrm{d}V_{GD}/\mathrm{d}t = C_{GD}\mathrm{d}(V_{GS} - V_{DS})/\mathrm{d}t \approx C_{GD}|\mathrm{d}V_{DS}/\mathrm{d}t| \tag{2-21}$$

这说明 $\mathrm{d}V_{DS}/\mathrm{d}t$ 受 $I_{C_{GD}}$ 对 C_{GD} 充电速度的控制。当 V_{DS} 较高时，C_{GD} 基本不变，当 V_{DS} 较低时，C_{GD} 随着 V_{DS} 的降低显著迅速增大，特别是 $V_{GD} < 0\mathrm{V}$ 时。这就导致 $\mathrm{d}V_{DS}/\mathrm{d}t$ 在 V_{DS} 较高时基本不变，在 V_{DS} 较低时显著变缓。

同时，I_{DS} 进行衰减振荡，在 V_{DS} 产生对应的波动，进而通过 C_{GD} 的耦合作用使得 V_{GS} 发生振荡，三者振荡频率相同。

5. $t_3 \sim$

t_3 时刻，V_{DS} 下降至导通压降 $V_{DS(on)}$，开通过程结束。V_{GS} 在驱动电路的作用下达到 $V_{DRV(on)}$。

Q_L 开通过程中，VD_H 由正向导通切换为反向阻断时，由于需要复位载流子以恢复空间电荷区，二极管电流的导通电流会先降至零，随后产生反向电流再衰减为零，即 SiC MOSFET 二极管反向恢复过程，具体如下：

1. $\sim t_1$

VD_H 正向导通，导通电流 I_F 为 I_L，端电压 V_F 为 VD_H 的导通压降。

2. $t_1 \sim t_1'$

t_1 时刻 Q_L 开通，I_F 以 $\mathrm{d}i/\mathrm{d}t$ 的速度从 I_L 下降至零，V_F 随着 I_F 的降低而升高，此时体二极管中仍有大量载流子。

3. $t_1' \sim t_2$

I_F 反向并增大，起到扫除电荷的作用，载流子浓度开始降低。由于载流子浓度依旧很高，体二极管保持导通状态。

4. $t_2 \sim t_3'$

载流子浓度继续降低，二极管不足以维持导通状态，开始承受反向电压，I_F 变化率逐渐减小。

5. t_3'

I_F 达到反向峰值 I_{RRM}。

6. $t_3' \sim t_4'$

由于载流子浓度不足以维持反向电流，I_F 由 I_{RRM} 逐渐降低至零。在此过程中，V_F 发生振荡。

$t_1' \sim t_3'$ 时长为 t_d，$t_3' \sim t_4'$ 时长为 t_f，反向恢复时间为 t_{rr}，反向恢复电荷为 Q_{rr}

$$t_{rr} = t_d + t_f \tag{2-22}$$

$$Q_{rr} = \int_{t_1'}^{t_4'} |I_F| \mathrm{d}t \tag{2-23}$$

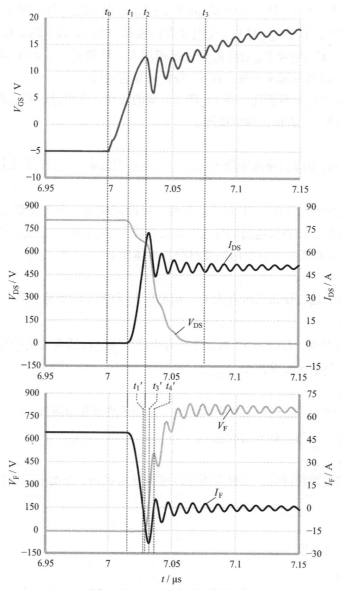

图 2-19　SiC MOSFET 开通过程

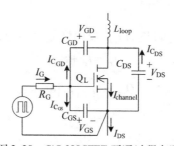

图 2-20　SiC MOSFET 开通过程电路

2.3.2.2　关断过程

SiC MOSFET 关断过程的仿真波形和关断过程电路分别如图 2-21 和图 2-22 所示。

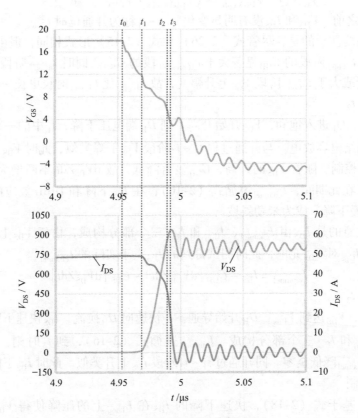

图 2-21　SiC MOSFET 关断过程

1.　~ t_0

Q_L 的 V_{GS} 为 $V_{DRV(on)}$，处于导通状态，I_{DS} 为负载电流 I_L，V_{DS} 为导通压降 $V_{DS(on)}$；D_H 处于关断状态，承受母线电压 V_{Bus}。

2.　t_0 ~ t_1

t_0 时刻驱动电压由 $V_{DRV(on)}$ 迅速变为 $V_{DRV(off)}$，驱动电路通过驱动电流 I_G 对 C_{iss} 放电，可细分为 $I_{C_{GS}}$ 对 C_{GS} 放电和 $I_{C_{GD}}$ 对 C_{GD} 放电

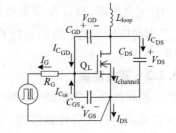

图 2-22　SiC MOSFET 关断过程电路

$$V_{DRV(off)} = V_{GS} - I_G R_G \tag{2-24}$$

$$I_G = I_{C_{GS}} + I_{C_{GD}} = C_{GS} \left| dV_{GS}/dt \right| + C_{GD} \left| dV_{GD}/dt \right| \tag{2-25}$$

由于此时 Q_L 仍然处于导通状态，I_{DS} 保持 I_L 不变，V_{GS} 下降导致 $R_{DS(on)}$ 增加，

使得 $V_{DS(on)}$ 有所上升。由于 $V_{DS(on)}$ 变化很小，故 C_{GS} 和 C_{GD} 保持恒定，且 dV_{GS}/dt 和 dV_{GD}/dt 相等，可得

$$V_{GS}(t) = V_{DRV(off)} - (V_{DRV(off)} - V_{DRV(on)}) e^{-\frac{t-t_0}{R_G C_{iss}}} \tag{2-26}$$

t_1 时刻之前，V_{DS} 和 I_{DS} 没有明显变化，$t_0 - t_1$ 称为开通延时 $t_{d(on)}$。

这里需要注意的是，尽管式（2-26）和式（2-15）形式相同，但由于 Q_L 处于导通状态，$t_{d(off)}$ 阶段的 C_{GD} 显著大于 $t_{d(on)}$ 阶段的 C_{GD}。同时 $t_{d(off)}$ 阶段 V_{GS} 下降幅度往往接近或大于 $t_{d(on)}$ 阶段 V_{GS} 上升幅度，故 $t_{d(off)}$ 比 $t_{d(on)}$ 时长更长一些。

3. $t_1 \sim t_2$

t_1 时刻，Q_L 进入饱和，V_{DS} 开始升高。则 D_H 端电压下降，I_L 中的一部分换流至 VD_H，对其结电容放电。与开通过程 $t_2 \sim t_3$ 阶段 V_{DS} 下降类似，此时 V_{DS} 上升速度同样受 $I_{C_{GD}}$ 的控制。随着 V_{DS} 的升高，C_{GD} 显著降低，故 dV_{DS}/dt 不断增大，故 I_{DS} 也不断降低。在此期间，$I_{channel}$ 遵循式（2-16），在 I_{DS} 下降和 DIBL 效应的共同作用下，V_{GS} 缓慢下降，成为米勒斜坡。

需要注意的是 I_{DS} 由 $I_{channel}$、$I_{C_{GD}}$ 和 $I_{C_{DS}}$ 三个部分构成，由于 V_{DS} 上升，$I_{C_{GD}}$ 对 C_{GD} 放电、$I_{C_{DS}}$ 对 C_{DS} 充电，此时测试得到的 I_{DS} 大于实际的 $I_{channel}$

$$I_{channel} = I_{DS} - C_{GD}|dV_{GD}/dt| - C_{DS}|dV_{DS}/dt| \tag{2-27}$$

4. $t_2 \sim t_3$

t_2 时刻，V_{DS} 达到 V_{Bus}，D_H 开始导通。I_L 快速向 D_H 换流，I_{DS} 快速下降，依然由 $I_{channel}$、$I_{C_{GD}}$ 和 $I_{C_{DS}}$ 三个部分构成。$I_{channel}$ 遵循式（2-16），到 t_3 时刻，V_{GS} 降低至 $V_{GS(th)}$，$I_{channel}$ 降低至零。同开通过 $t_1 \sim t_2$ 阶段 I_{DS} 上升类似，此时 I_{DS} 下降速度同样受 $I_{C_{GS}}$ 的控制。

同时，基于式（2-18），快速下降的 I_{DS} 在 L_{Loop} 上的压降使得 V_{DS} 出现电压过冲。

5. $t_3 \sim$

Q_L 完全关断，V_{GS} 在驱动电路的作用下达到 $V_{DRV(off)}$。I_{DS} 衰减振荡至零，在 V_{DS} 产生对应的波动，进而通过 C_{GD} 的耦合作用使得 V_{GS} 发生振荡，故三者振荡频率相同。

2.3.2.3　开关能量

一般认为开关能量是 SiC MOSFET 在开关过程中 I_{DS} 和 V_{DS} 的交叠产生的，通过对两者乘积进行积分计算得到。然而在开关过程中，只有沟道电流 $I_{channel}$ 才会产生损耗。根据之前对开关过程的讲解，I_{DS} 和 $I_{channel}$ 并不是相等的，在开通和关断过程中分别为式（2-28）和式（2-29），其中 $I_{C_{oss}}$ 为 C_{oss} 的充放电电流

$$I_{channel} = I_{DS} + I_{C_{oss}} \tag{2-28}$$

$$I_{channel} = I_{DS} - I_{C_{oss}} \tag{2-29}$$

故用 I_{DS} 计算开关能量会使开通能量 E_{on} 偏小，使关断能量 E_{off} 偏大。由于

I_{channel} 和 I_{DS} 的偏差电流 $I_{C_{\text{oss}}}$ 用于对 C_{oss} 充放电，对应能量 E_{oss} 即为开关能量计算偏差[10]。则开关能量可由以下公式计算

$$E_{\text{oss}}(V_{\text{Bus}}) = \int_0^{V_{\text{Bus}}} C_{\text{oss}}(V)V_{\text{DS}}(V)\,\mathrm{d}V \tag{2-30}$$

$$E_{\text{on}} = \int_{t_{E_{\text{on}},\text{start}}}^{t_{E_{\text{on}},\text{end}}} I_{\text{DS}}(t)V_{\text{DS}}(t)\,\mathrm{d}t + E_{\text{oss}}(V_{\text{Bus}}) \tag{2-31}$$

$$E_{\text{off}} = \int_{t_{E_{\text{off}},\text{start}}}^{t_{E_{\text{off}},\text{end}}} I_{\text{DS}}(t)V_{\text{DS}}(t)\,\mathrm{d}t - E_{\text{oss}}(V_{\text{Bus}}) \tag{2-32}$$

$t_{E_{\text{on}},\text{start}}$ 和 $t_{E_{\text{on}},\text{end}}$、$t_{E_{\text{off}},\text{start}}$ 和 $t_{E_{\text{off}},\text{end}}$ 分别为开通能量和关断能量积分起始点，各厂商使用的起始点并不统一。E_{on} 的积分边界有 $0.1V_{\text{GS}} \sim 0.03V_{\text{DS}}$ 和 $0.1I_{\text{DS}} \sim$ $0.1V_{\text{DS}}$，E_{off} 的积分边界有 $0.9V_{\text{GS}} \sim 0.01I_{\text{DS}}$ 和 $0.1V_{\text{DS}} \sim 0.1I_{\text{DS}}$，两者的主要区别在于是否把开通、关断延时阶段的能量看作开关损耗的一部分。由于在此阶段能量很小，故两种边界的计算结果相差很小。另外需要注意，各厂商数据手册中提供的开关能量并未利用 E_{oss} 进行修正。

2.3.3　栅电荷

对 SiC MOSFET 进行开关控制时驱动电路需要对其 C_{iss} 充放电，充放电的电荷量为栅电荷 Q_{G}，可通过对开关过程中的栅极驱动电流 I_{G} 积分得到。Q_{G} 代表对驱动能量的需求，Q_{G} 越小，驱动损耗越小。

为了提高测试精度、简化积分计算，通常使用恒流源 I_{con} 对被测试管进行驱动。由于是恒流源驱动，将 V_{GS} 波形横轴时间 t 乘以 I_{con}，就得到了 $V_{\text{GS}} - Q_{\text{G}}$ 曲线。如图 2-23 所示采用恒流源驱动时 SiC MOSFET 的 Q_{G} 测试波形和对应的 $V_{\text{GS}} - Q_{\text{G}}$ 曲线。

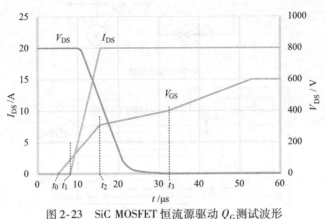

图 2-23　SiC MOSFET 恒流源驱动 Q_{G} 测试波形

1. $t_0 \sim t_1$

I_{G} 对 C_{iss} 恒流充电，由于 V_{DS} 不变，C_{iss} 保持恒定，V_{GS} 由 0V 线性上升

至 $V_{GS(th)}$。

2. $t_1 \sim t_2$

V_{GS} 超过 $V_{GS(th)}$，I_{DS} 由 0A 增大，V_{DS} 下降，C_{iss} 保持不变，V_{GS} 保持线性上升。

3. $t_2 \sim t_3$

当 I_{DS} 达到 I_{set} 后，V_{DS} 下降至较低值，由于 DIBL 效应，SiC MOSFET 进入米勒斜坡，V_{GS} 缓慢上升。故在此阶段 I_G 不仅需要对 C_{rss} 充电，还需要同时对 C_{GS} 充电。

4. $t_3 \sim$

SiC MOSFET 处于开通状态，V_{GS} 线性上升至 $V_{GS(on)}$。此阶段 V_{GS} 上升的斜率小于 $t_0 \sim t_2$ 阶段，这是由于 SiC MOSFET 在开通状态下 C_{GS} 和 C_{GD} 随着 V_{GS} 的升高显著增加。

2.4 参数测试

2.4.1 $I - V$ 特性测试

测试的主要资源是源/测量单元，即 SMU（Source and Monitor Unit），可以同时提供和测量电压或者电流，图 2-24a 所示为 SMU 等效电路。SMU 模块能够提供开尔文测量，通过把电力线和感测线分开，消除了电缆电阻对参数测试带来的影响。所以为了便于测试，现代的 SMU 都提供电力线（force line）和感测线（sense line）输出，图 2-24b 所示为开尔文 SMU 的输出配置。

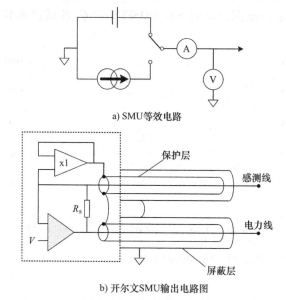

a) SMU 等效电路

b) 开尔文 SMU 输出电路图

图 2-24　源/测量单元

$I-V$ 特性测试电路如图 2-25 所示，栅极和漏极连接 SMU 模块，提供测试所需要的电压或者电流信号。一般栅极 SMU 模块功率较小，电压小于 30V，电流小于 1A；漏极的 SMU 模块是高功率模块，电压大于 20V，电流大于 500A。

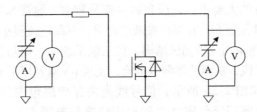

图 2-25　$I-V$ 特性测试电路

在进行测试时有以下注意事项：

1）栅极通常是非开尔文连接，而漏极 – 源极之间是采用开尔文结构连接。

2）为了防止器件热效应，SMU 模块需要提供 pulse Ⅳ 测试能力。

3）漏极和源极的电流会高达 100A 以上，为了减小测试电缆引入额外的寄生电阻和电感，尽可能采用短而粗的线缆。

4）栅极需要提供可选择的串联电阻，防止出现振荡情况。

各项 $I-V$ 特性曲线测试的具体方法如下：

1. 传递特性曲线

传递特性测试是固定漏 – 源电压 V_{DS}，扫描测试 $I_{DS}-V_{GS}$ 的 $I-V$ 曲线。

2. 门限电压

方法一：固定 V_{DS}，扫描测试 V_{GS}，当 I_{DS} 达到设定值时进行判定，读取 V_{GS} 作为栅极电压。

方法二：V_{DS} 和 V_{GS} 同步扫描，当 I_{DS} 达到设定值时进行判定，读取 V_{GS} 作为栅极电压。

3. 输出特性曲线

实现输出特性曲线测试，需要在栅极施加不同的 V_{GS} 电压，扫描测试漏 – 源之间 $I_{DS}-V_{DS}$ 的 $I-V$ 曲线。

4. 导通电阻

导通电阻测试是设置固定 V_{GS} 电压，漏极输出额定电流 I_{DS}，测试对应的电压 V_{DS}，通过欧姆定律计算得到导通电阻。导通电阻的数值都是在毫欧量级，测试连接要采用开尔文连接。

5. 体二极管特性曲线

现代 SMU 模块都是双向输出，只要参照输出特性曲线测试进行连接，设置 V_{DS} 为负值、V_{GS} 为零或负值就可以测试得到体二极管的曲线。

6. 第三象限特性曲线

与体二极管特性曲线测试类似，设置 V_{DS} 为负值，而 V_{GS} 为正值。

7. 击穿电压

击穿电压测试时将栅-源之间短路，漏-源之间逐步增大电压，当 I_{DS} 达到击穿条件时，在此时的 V_{DS} 就是击穿电压 $V_{(BR)DSS}$。

击穿电压测试有两大要求：高压和高电流分辨率。通常 SiC 的典型击穿电压是 900V 或者 1200V，甚至更高。在器件关断的时候，其漏电流很小，在 pA 级别或者更低，那么 SMU 就必须采用三轴测试结构。在三轴系统中，用与信号线等电位的有源驱动导体包围着信号线，从而消除漏电电流，实现 pA 级及以下的小电流测试。

三轴电缆结构如图 2-26 所示，信号线先由保护层包围（之间用绝缘材料隔离），然后再由接地屏蔽层包围（之间也用绝缘材料隔离）。在屏蔽层与保护层、保护层与信号线之间都是存在寄生电容效应的，通过对信号线与屏蔽层的隔离，保护层也能有效地消除寄生电容的影响。

在三轴输出电路中，保护层是通过缓冲电路的有源驱动与中心导体（信号）线保持同等的电位，如图 2-27 所示。显然，如果将保护线与信号线或者屏蔽线短路，都会存在使输出电路受损的风险。

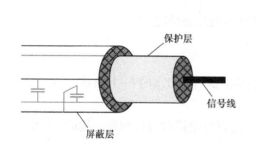

图 2-26　三轴电缆的剖面

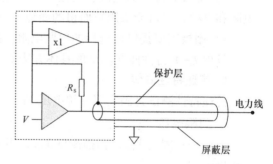

图 2-27　提供保护的三轴输出电路

2.4.2　结电容测试

电容表的测量原理是自动平衡电桥法，如图 2-28 所示。可以把自动平衡电桥看成是一个运算放大器电路，它适用于欧姆定律 $V = I \times R$。当器件受交流信号激励，在 H 端（高端）监测施加到器件上的实际电压，在 L 端（低端）由运放虚拟 0V 驱动。通过电阻器的电流 I_2 等于通过被测件的电流。因此，输出电压正比于流过器件的电流就可以得到被测件的交流电阻，对应频率可以换算电容值。为了覆盖频率范围，真实电路中会用检流计和调制器代替运算放大器。一般电容表有四个端口，H_c（信号源）、H_p（电位计）、L_c（电流表）、L_p（锁定测量信号相位的电位计）。

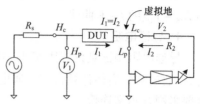

图 2-28　自动平衡电桥电容测试方法

使用自动平衡电桥法的电容表采用 4TP 测量方法，如图 2-29 所示。H_p 和 H_c 端通常用作 CMH（电容表高）连接，L_p 和 L_c 端通常用于 CML（电容表低）。在整个测试电路中，不仅存在测量路径（电缆）的残余电感和电阻，还存在电缆间及 DUT 与地之间的杂散电容。用户必须先通过测量路径（电缆）补偿来消除这些寄生参数的影响，否则会极大降低测量的准确性。

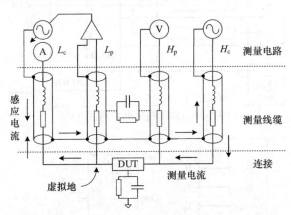

图 2-29　4TP 测量方法

4TP 方案中 CML 端为虚地，绝不要把该点接地，否则将破坏自动平衡电桥电路中的平衡，而造成测量误差。电容电缆的外导体（屏蔽）由于与虚拟地同样的电位，同样需要把它浮置起来。另外，应将四个外屏蔽在带短电缆的探头前段连接到一起，这样就能为屏蔽中的感应电流建立返回路径，从而稳定电缆中的串联电感。

为了消除测试夹具残余参数的影响，需要分别在开路和短路条件下进行校准测量。

对于高压偏置电容测试来说，需要电容表和高压 SMU 模块一起工作，通过高压偏置三通进行连接，然后连接被测件的两端，图 2-30 所示为简化的高压偏置电容测试电路图。

1. C_{GD}/C_{rss} 测试

对于 C_{GD} 测试，也就是 C_{rss} 测试来说，需要在测量 C_{GD} 的同时在漏极施加高压的直流偏置。源极是不可以直接悬空的，需要将其连接到交流短路。

2. C_{oss} 测试

C_{oss} 测试也同样比较简单，只需要将栅极和源极短接。

3. C_{iss} 测试

C_{iss} 的测试存在一定难度，因为需要把将漏极和源极交流短路的同时施加高压偏置。如图 2-31 所示，会使用电容作为 DC Blocking 去短路漏 – 源极，用 $100\text{k}\Omega$ 电阻去作为 AC Blocking 连接高压偏置。

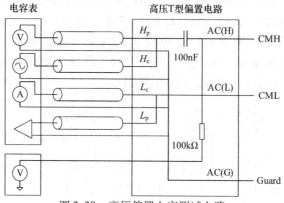

图 2-30 高压偏置电容测试电路

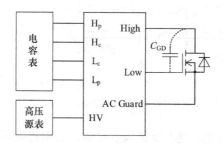

a) C_{rss}测试电路

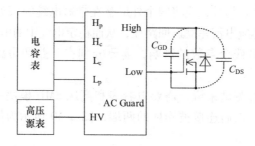

b) C_{oss}测试电路

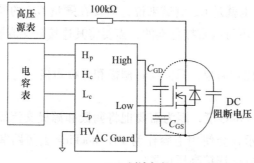

c) C_{iss}测试电路

图 2-31 高压偏置结电容测试电路

2.4.3　栅电荷测试

常见的栅电荷 Q_G 测量电路有电流源负载电路、电阻负载电路和电感负载电路，如图 2-32 所示。在三种测试方式中，分别利用陪测管的 $V_{GS(on)}$、负载电阻 R_L 和脉宽长度 t_p 设置测试电流，测试电压由 V_{Bus} 给定。

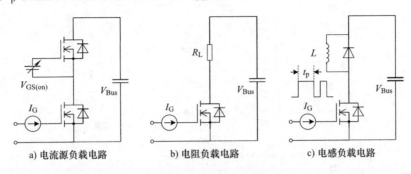

a) 电流源负载电路　　　　b) 电阻负载电路　　　　c) 电感负载电路

图 2-32　Q_G 测试电路

Keysight 公司的 B1506A 采用了全新的 Q_G 测量方式，分别测量高压小电流（H. V）、低压大电流（H. C）下的 Q_G 特性，将两条曲线分别体现器件关断和开通状态下的 Q_G 特性的部分拼接、拟合，从而得到了完整的 Q_G 曲线。图 2-33 所示为使用 B1506A 进行 Q_G 测量的波形和结果，图 2-33a 为高压下的测试波形，图 2-33b 为高流下的测试波形，图 2-33c 为 Q_G 曲线。

2.4.4　测试设备

曲线追踪仪是进行功率半导体参数测试的主要设备，常见型号有 Keysight B1506A[2] 和 Keithley 2600 - PCT[3]，如图 2-34 和图 2-35 所示。

B1506A 功率器件分析仪/曲线追踪仪是完整的功率电路设计解决方案，支持电路设计人员根据应用选择适合的功率器件，以便充分发挥功率电子产品的价值。B1506A 可以在不同工作条件下评测所有的功率器件参数，包括：$I - V$ 参数（击穿电压和导通电阻）、在高压偏置下的三端电容、栅极电荷和功率损耗。B1506A 用于电路设计的功率器件分析仪/曲线追踪仪提供所有曲线追踪仪功能并具有更出色的特性。B1506A 的性能十分出众，包括广泛的电压和电流（3kV 和 1500A）与温度（-50 ~ +250℃）测量范围、快速脉冲功能以及 Sub - nA 电流测量分辨率，能够识别在实际电路工作条件下的不合格器件。其独特的软件界面提供用户熟悉的器件技术资料格式，使用户无须经过正式培训即可轻松表征器件。测试夹具内的转换集成电路支持全自动测试功能，并能自动切换高电压和高电流测试以及 $I - V$ 测量和 $C - V$ 测量。

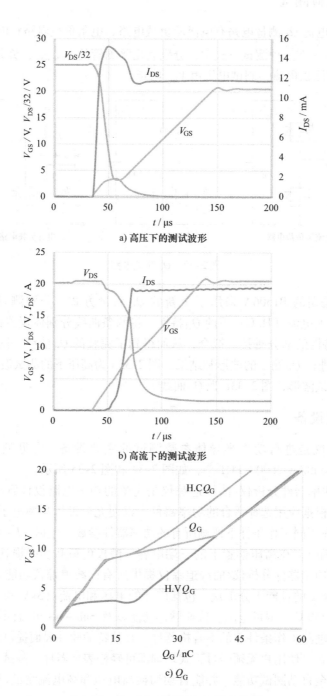

a) 高压下的测试波形

b) 高流下的测试波形

c) Q_G

图 2-33 Keysight B1506A Q_G 测量结果

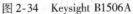

图 2-34　Keysight B1506A

图 2-35　Keithley 2600 – PCT

Keithley 2600 – PCT 高功率参数化波形记录器系列的配置支持所有的设备类型和测试参数。Keithley 参数化波形记录器配置包括检定工程师快速开发全面测试系统所需的一切。完善的解决方案，价格实惠且性能优异，可现场升级和重新配置，将 PCT 转换成可靠性或晶片分类测试仪，可配置功率电平：200V ~ 3kV、1 ~ 100A 宽动态范围：μV ~ 3kV、10^{-15}A ~ 100A 全量程容 – 电压（C – V）能力：10^{-15}F ~ μF，支持 2、3 和 4 端器件，高达 3kV DC 偏移高性能测试夹具支持一系列软件包类型，探头测试台接口支持最常见的探头类型，包括 HV 同轴三线电缆、SHV 同轴电缆、标准同轴三线电缆等。

对 SiC MOSFET 的开关过程和体二极管反向恢复特性进行测试是对其进行评估的重要方面，由于器件开关速度快，又需要同时兼顾高压高流，对原有的设备提出了更高的要求，这些内容将在下一章详细介绍。

2.5　FOM 值

工程师通过器件参数能够对器件特性有基本了解，基于此可以进行器件对比，辅助进行变换器设计阶段的器件选型。在器件选型中需要考虑器件的极限值、驱动电压、导通电阻、结电容、体二极管特性等参数。降低损耗、提高效率一直是功率半导体器件和电力电子技术发展追求的目标，故器件损耗是器件选型中的核心关注点之一，是多个器件参数的综合体现。为了快速、简单地对器件损耗特性进行评估，FOM 值被提出并广泛应用。

1. BHFFOM[4]

J. Baliga 认为器件的导通损耗受导通电阻 $R_{DS(on)}$ 影响，开关损耗是由于对输入电容 C_{iss} 充放电产生的，则器件的总损耗 P_{loss} 由式（2-33）表示

$$P_{loss} = I_{rms}^2 \frac{R_{DS(on),sp}}{A} + C_{iss,sp} \cdot A \cdot V_{DRV}^2 \cdot f_s \qquad (2-33)$$

其中，I_{rms} 为流过器件的电流有效值，$R_{DS(on),sp}$ 为单位面积导通电阻，$C_{iss,sp}$ 为

单位面积输入电容，A 为器件的面积，V_{DRV} 为驱动电压，f_s 为开关频率。基于式 (2-33)，J. Baliga 提出 BHFFOM

$$\text{BHFFOM} = \frac{1}{R_{DS(on),sp} C_{iss,sp}} \tag{2-34}$$

由于工程师不能轻易获得 $R_{DS(on),sp}$ 和 $C_{iss,sp}$ 数值，故 BHFFOM 并不实用。但 $R_{DS(on),sp}$ 与 $R_{DS(on)}$、$C_{iss,sp}$ 与 C_{iss} 同器件面积 A 刚好具有相反的关系

$$R_{DS(on)} = R_{DS(on),sp}/A \tag{2-35}$$

$$C_{iss} = C_{iss,sp}A \tag{2-36}$$

同时 Q_G 又来源于 C_{iss}，故将 BHFFOM 引申为最为熟知的 FOM

$$\text{FOM} = R_{DS(on)} Q_G \tag{2-37}$$

2. NHFFOM[5]

Il – Jung Kim 认为还应该考虑由 C_{oss} 而导致的开关损耗，则器件的总损耗由式 (2-38) 表示

$$P_{loss} = I_{rms}^2 R_{DS(on)} + C_{iss,sp} A V_{DRV}^2 f_s + N C_{oss} V_{in}^2 f_s \tag{2-38}$$

其中，V_{in} 为变换器的输入电压，N 为与变换器拓扑相关的系数。同时研究表明，C_{oss} 对损耗的影响更大。基于式 (2-38)，Il – Jung Kim 提出 NHFFOM

$$\text{NHFFOM} = \frac{1}{R_{DS(on),sp} C_{oss,sp}} \tag{2-39}$$

其中，$C_{oss,sp}$ 为器件单位面积输出电容。同样由于无法轻易获得 $R_{DS(on),sp}$ 和 $C_{oss,sp}$ 的数值，NHFFOM 也不实用。利用 $C_{oss,sp}$ 与 C_{oss} 的关系，并引入等效输出电容 $C_{oss,eq}$

$$C_{oss} = C_{oss,sp}A \tag{2-40}$$

$$\frac{1}{2} C_{oss,eq} V^2 = \int_0^V C_{oss}(V_{DS}) dV_{DS} \tag{2-41}$$

2009 年，J. W. Kolar 提出 KFOM[6]

$$\text{KFOM} = \frac{1}{R_{DS(on)} C_{oss,eq}} \tag{2-42}$$

3. HDFOM[7]

Alex Q Huang 将 MOSFET 的开通过程分成若干阶段进行讨论，如图 2-36 所示。

（1）t_d

驱动电流向 C_{iss} 充电，V_{GS} 由 0V 上升至阈值电压 $V_{GS(th)}$，V_{DS} 和 I_{DS} 保持不变。定义这一段的时长为 t_d、栅电荷为 Q_{th}。

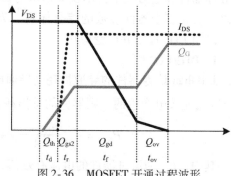

图 2-36 MOSFET 开通过程波形

（2）t_r

驱动电流继续向 C_{iss} 充电，V_{GS} 由 $V_{GS(th)}$ 上升至米勒平台电压 V_{plt}，V_{DS} 保持不变，I_{DS} 由 0A 上升至 I_L。定义这一段的时长为 t_r、栅电荷为 Q_{gs2}。

（3）t_f

V_{DS} 由 V 下降，驱动电流向米勒电容 C_{GD} 充电，V_{GS} 维持在 V_{plt}。定义这一段的时长为 t_f、栅电荷为 Q_{gd}。

（4）t_{ov}

驱动电流向 C_{iss} 充电，V_{GS} 上升至 V_{DRV}，V_{DS} 下降至导通状态。定义这一段的时长为 t_{ov}、栅电荷为 Q_{ov}。则器件的总损耗由式（2-43）表示

$$P_{loss} = I_{rms}^2 R_{DS(on)} + VI_L(t_r + t_f)f_s \tag{2-43}$$

对于高压器件，t_f 远大于 t_r，即 t_f 对开通损耗起主导作用。基于式（2-43），Alex Q. Huang 提出 HDFOM

$$HDFOM = \sqrt{R_{DS(on)}Q_{gd}} \tag{2-44}$$

4. YFOM[8]

HDFOM 中认为 t_f 对开关损耗起主导作用，忽略了 t_r 这一段的损耗。这就导致损耗评估不够准确，特别是对于低压器件和速度越来越快的高压器件，t_r 这部分损耗占比已经不能忽略。

Yucheng Ying 对器件的开关过程进行了更为详细的分析，如图 2-37 所示。

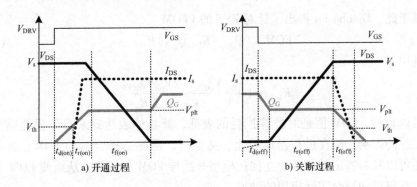

图 2-37　MOSFET 开关损耗分析

开通过程的 $t_{r(on)}$ 和 $t_{f(on)}$ 分别为式（2-45）和式（2-46），关断过程的 $t_{r(off)}$ 和 $t_{f(off)}$ 分别为式（2-47）和式（2-48），其中，V_s 和 I_s 分别为开关时的 V_{DS} 和 I_{DS}。

$$t_{r(on)} = \frac{Q_{gs2}R_G}{V_{DRV} - V_{plt}} \tag{2-45}$$

$$t_{f(on)} = \frac{Q_{gd}R_G}{V_{DRV} - V_{plt}} \tag{2-46}$$

$$t_{r(off)} = \frac{Q_{gd}R_G}{V_{plt}} \tag{2-47}$$

$$t_{f(off)} = \frac{Q_{gs2}R_G}{V_{plt}} \tag{2-48}$$

这样就可以得到器件的总损耗为式（2-49），多项式的第一～四项分别为开通损耗、关断损耗、导通损耗和驱动损耗。

$$P_{loss} = \frac{V_s I_s}{2} \frac{(Q_{gd} + Q_{gs2})R_g}{V_{DRV} - V_{plt}} f_s + \frac{V_s I_s}{2} \frac{(Q_{gd} + Q_{gs2})R_g}{V_{plt}} f_s + I_{rms}^2 R_{DS(on)} + Q_G V_{DRV} f_s$$

$$\tag{2-49}$$

基于式（2-49），Yucheng Ying 提出了 YFOM

$$YFOM = (Q_{gd} + K_{gs2}Q_{gs2})R_{DS(on)} \tag{2-50}$$

其中

$$K_{gs2} = 1 + \frac{V_{DRV}}{V_{plt} - V_{th}} \frac{2V_{plt}(V_{DRV} - V_{plt})}{V_s \cdot I_s \cdot R_g} \tag{2-51}$$

5. FFOM[9]

YFOM 是针对硬开关工况，而在 ZVS 下器件的开通损耗被忽略，则器件的总损耗为式（2-52），多项式的第一～三项分别为关断损耗、导通损耗、驱动损耗。

$$P_{loss} = \frac{V_s I_s}{2} \frac{(Q_{gd} + Q_{gs2})R_g}{V_{plt}} f_s + I_{rms}^2 R_{DS(on)} + Q_G V_{DRV} f_s \tag{2-52}$$

基于此，Dianbo Fu 提出了针对 ZVS 的 FFOM

$$YFOM = (Q_{gd} + K_{loss}Q_{gs2})R_{DS(on)} \tag{2-53}$$

其中

$$K_{loss} = 1 + \frac{V_{DRV}}{V_{plt} - V_{th}} \frac{2V_{plt}V_{DRV}}{V_s I_s R_g} \tag{2-54}$$

可以看到，FOM 值是对器件损耗的表征，其具体表达式来自于损耗模型，受器件工况的影响。故在进行器件对比、选型时，需要选择合适的 FOM。必要时工程师还可以针对特定的拓扑建立损耗模型并推导 FOM 表达式，从而使 FOM 更有针对性，获得更加符合实际应用的结果。

2.6 器件建模与仿真

在传统的变换器设计流程中，使用的是较为简单的电路仿真器，搭配简化的器件模型。这就要求工程师必须具有丰富的设计经验，才能合理使用简化模型获得准确的仿真结果。而大多数的情况，工程师倾向于直接制作样机，测试后再进行优化设计。这样就会花费较多的时间，在多次迭代后才能得到最终的设计，同时样机电路板失效还会导致工程师花费更多的时间进行排查和修正。

　　虽然精准的器件模型没有被广泛使用来指导变换器设计，但工程师也都能够按照指标要求完成产品设计。这是因为传统功率器件的开关速度对设计的要求并不严苛，工程师利用经验就能够解决绝大多数问题。相比于传统器件，SiC MOSFET 具有更快的开关速度，开关过程中的高 dv/dt 和高 di/dt 对电路设计提出了严苛的要求，同时导致了更为突出的电磁兼容问题。如果依旧采用"试错"的方法，很可能花费大量资源后也无法完成设计。这迫切需要引入更加准确的模型和先进的仿真技术来预测器件在实际电路的开关瞬态特性，从而实现缩短设计周期、缩减成本的目标。

　　器件模型有物理模型和数学模型两类，其中数学模型是利用一系列公式对器件参数进行描述，可以看作是器件参数的一种应用。同时，数学模型不需要已知一些工艺相关的参数，如栅氧厚度等，故电力电子工程师主要使用的是器件数学模型。为了使器件模型发挥预想的作用，必须要满足两个前提：模型精度高和建模速度快。模型精度不高，则仿真结果反而会误导设计；建模速度太慢，严重影响设计进度。

　　接下来以 Keysight 公司的先进功率半导体建模和仿真解决方案 PD1000A[11] 为例介绍 SiC MOSFET 器件建模和仿真，它能够同时满足以上两个要求。Keysight 公司的解决方案包括参数测量、模型提取和仿真三个部分，即器件建模和仿真的三个步骤，如图 2-38 所示。

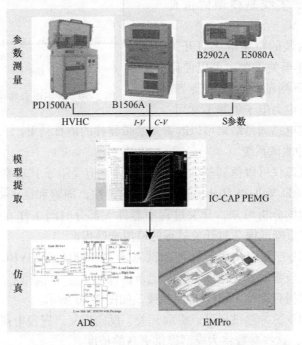

图 2-38 　Keysight 先进功率半导体建模和仿真解决方案

1. 参数测量

获得全面、准确的器件参数是获得精确模型的基础，这依赖于可靠的测量手段。Keysight 解决方案中参数测量系统包含曲线跟踪仪、S 参数测量系统、双脉冲测试系统三部分。

（1）曲线跟踪仪

曲线跟踪仪为上文介绍过的 B1506A，测量器件 $I-V$ 曲线和 $C-V$ 曲线。$I-V$ 曲线用于明确器件的电流－电压工作点。测得的 $C-V$ 曲线是器件在关闭状态（off - state）下的电容，与 V_{DS} 相关，可以用于很好地重现从关闭到导通的瞬态波形。

（2）S 参数测量系统

与器件关闭状态下的电容不同，通态（on - state）下的电容会显著影响从导通到关闭瞬态的开关特性。如果不考虑器件的通态电容特性，器件模型就无法准确模拟器件的关断过程。然而通态电容是无法使用常规的电容表测量的，需要通过 S 参数的测量实现。

Keysight 解决方案中使用网络分析仪 E5080A、高精度源表 B2902A 和高电流 Bias - Tee 对器件导通状态下的 S 参数值进行测量。通态电容与频率相关，测量结果如图 2-39 所示，虚线为测量数据，实线是模型的仿真结果。

另外器件封装的寄生电感对开关过程的影响同样至关重要，可以使用器件关断状态下测量的 S 参数得到。尽管这种方法在电力电子中并不常用，

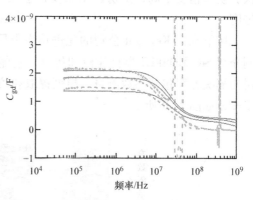

图 2-39　开态电容测量结果[12]

但实践证明寄生电感测量结果可以改善宽禁带器件的仿真结果。

（3）双脉冲测试系统

使用曲线跟踪仪可以得到器件的 $I-V$ 特性，但受限于其功率输出能力，无法获得 HVHC（Hight Voltage High Current）下的特性，即饱和区 $I-V$ 特性。而根据上文对开关过程的分析可知，开关过程中器件大部分时间工作在饱和区，故缺少 HVHC 特性将严重降低模型对开关过程的模拟准确程度。

Keysight 解决方案中使用双脉冲测试系统 PD1500A 对 HVHC 特性进行测量，其基本原理是在较慢的开关速度下同时记录器件的 V_{GS}、V_{DS} 和 I_{DS}，经过不同工况下的测量就可以得到完整 HVHC 特性曲线，如图 2-40 所示。

同时，利用双脉冲测试还可以提取开关、反向恢复、栅极电荷以及许多其他参数（动态特征），这些参数将为模型提供更高的精度。

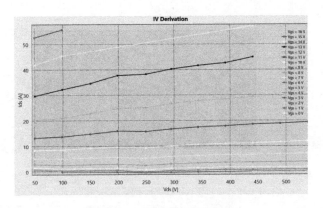

图 2-40　HVHC 特性测量结果

2. 模型提取

基于以上获得的 SiC MOSFET 参数就可以进行数学模型提取,其本质是利用数学公式对器件参数进行表述。需要注意的是,MOSFET 的数学模型不是唯一的,不同模型的等效电路和对应的数学公式也不同。以 SiC MOSFET 厂商提供的模型为例,ST 提供的模型基于 LEVEL1 模型,Wolfspeed 第二代器件的模型基于 EKV 模型,Wolfspeed 第三代器件的模型基于 Curtice 模型,ROHM 提供的模型综合了 EKV 模型和 Curtice 模型[13]。Angelov – GaN 模型[14] 最早是针对 GaN HEMT 器件开发的,基于此进行改进得到 Keysight SiC MOSFET 模型[12],如图 2-41 所示。

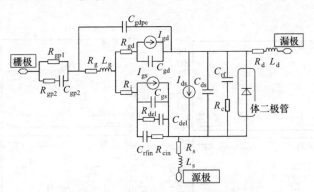

图 2-41　Keysight SiC MOSFET 模型

Keysight SiC MOSFET 模型对应的数学公式分为漏极电流公式、电荷公式和体二极管公式,数量多达 20 多个,加上大量的器件参数数据,依靠工程师手工提取模型是不现实的。为了能够快速提取模型,Keysight 提供了 W8536EP IC – CAP SiC PowerMOS PEMG,将之前获得的器件参数导入,在人为辅助修正之下就能够快速完成模型提取,如图 2-42 所示。

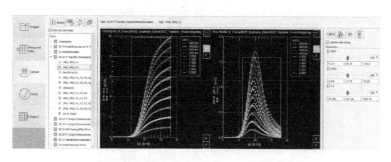

图 2-42　Keysight IC – CAP PEMG 界面

3. 仿真

提取好的模型可以在 ADS 中进行前仿（pre – layout simulation）及后仿（post – layout simulation）验证。在前仿的部分可直接使用 PEMG 提取的模型参数，搭配内建的行为级模型，建立电路原理图。接着在同一平台上，可以直接进行版图的设计，并抽取版图的寄生电路，直接导回原理图仿真，完成后仿的流程。运用电路 – 电磁联合仿真的方法，可以同时考虑本征器件以及由于版图引起的寄生电容等对器件电路实际的影响。通过引入电磁场分析，可以准确地模拟寄生参数所引起的效应，从而实现对实际的过冲、振铃以及电磁兼容效应的准确仿真。

通过图 2-43 可以看到，基于 Keysight 先进功率半导体建模和仿真解决方案的 SiC MOSFET 开关过程仿真波形与实测波形吻合度很高，完全可以用来指导变换器设计。

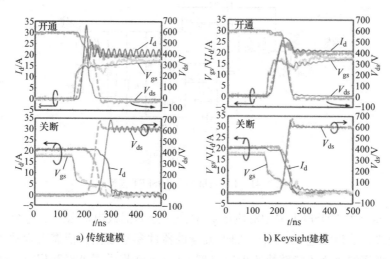

a) 传统建模　　　　b) Keysight建模

图 2-43　SiC MOSFET 开关过程仿真结果（实线为仿真结果，虚线为实测结果）[12]

2.7　器件损耗计算

利用 FOM 值可以非常方便、简单地对比不同器件损耗的高低，但这样的对比结果精度低，还不能得到对变换器效率影响的具体数值。如果需要更精准的结果，就需要进行器件损耗计算。

在变换器的设计阶段就进行损耗分析可以帮我们很合理地进行拓扑选择、器件选型、变换器参数设计和热设计，提高工作效率和开发速度。随着功率变换器设计向着越来越精细的方向不断前进，特别是 ETH 的 J. W. Kolar 教授提出了多目标优化的变换器设计方法，损耗分析越来越被大家重视。变换器的损耗主要包括功率器件损耗、驱动损耗、磁性器件损耗和控制电路损耗，在这里我们只讨论功率器件的损耗。

2.7.1　损耗计算方法

器件损耗包含导通损耗、开关损耗和反向恢复损耗三部分，以损耗功率的形式表示。

1. 导通损耗

器件导通时的导通电流乘以对应的导通压降就是器件的瞬时导通损耗功率，由于变换器一般为周期性运行的，故以一个稳态周期内的瞬时导通损耗功率平均值代表器件的导通损耗。其中导通电流是由变换器的工况决定的，导通压降是导通电流、器件结温和门极驱动电压的函数，变换器工作周期为 T_s。接下来给出各类器件导通损耗的计算方法。

SiC MOSFET 正向导通损耗 P_C^{MOS} 由式（2-55）给出，I_{DS} 为导通电流，T_J 为结温，$V_{DRV(on)}$ 为开通驱动电压，V_{DS} 为导通压降，是以上三者的函数。

$$P_C^{MOS}(I_{DS}(t),T_J,V_{DRV(on)}) = \frac{1}{T_s}\int_0^{T_s} V_{DS}(I_{DS}(t),T_J,V_{DRV(on)}) \cdot I_{DS}(t)\mathrm{d}t$$

$$(2\text{-}55)$$

由于 SiC MOSFET 导通时可以看作一个电阻，故 P_C^{MOS} 还可通过式（2-56）计算，导通电阻 $R_{DS(on)}$ 同样为 I_{DS}、T_J 和 $V_{DRV(on)}$ 的函数。

$$P_C^{MOS}(I_{DS}(t),T_J,V_{DRV(on)}) = \frac{1}{T_s}\int_0^{T_s} R_{DS(on)}(I_{DS}(t),T_J,V_{DRV(on)}) I_{DS}(t)^2\mathrm{d}t$$

$$(2\text{-}56)$$

SiC MOSFET 体二极管导通损耗 $P_C^{MOS,BD}$ 由式（2-57）给出，I_F 为导通电流，T_J 为结温，$V_{DRV(off)}$ 为关断门极驱动电压，V_F 为导通压降，是以上三者的函数。

$$P_C^{MOS,BD}(I_F(t),T_J,V_{DRV(off)}) = \frac{1}{T_s}\int_0^{T_s} V_F(I_F(t),T_J,V_{DRV(off)})I_F(t)\mathrm{d}t \quad (2\text{-}57)$$

SiC MOSFET 第三象限导通损耗 $P_C^{MOS,3rd}$ 由式（2-58）给出，I_{SD} 为导通电流，T_J 为结温，$V_{DRV(on)}$ 为开通门极驱动电压，V_{SD} 为导通压降，是以上三者的函数。由于第三象限特性由 SiC MOSFET 沟道和体二极管共同决定，仅能通过 V_{SD} 计算 $P_C^{MOS,3rd}$。

$$P_C^{MOS,3rd}(I_{SD}(t),T_J,V_{DRV(on)}) = \frac{1}{T_s}\int_0^{T_s} V_{SD}(I_{SD}(t),T_J,V_{DRV(on)})I_F(t)\,dt$$

(2-58)

二极管导通损耗 P_C^{Diode} 由式（2-59）给出，导通压降 V_F 为 I_F 和 T_J 的函数

$$P_C^{Diode}[I_F(t),T_J] = \frac{1}{T_s}\int_0^{T_s} V_F[I_F(t),T_J]I_F(t)\,dt \qquad (2-59)$$

2. 开关损耗

开关损耗由电压和电流的交越产生，单次开通能量和单次关断能量分别为 E_{on} 和 E_{off}，其大小由开关过程中电压和电流波形决定。以一个稳态周期内所有单次开通能量和单次关断能量的平均值分别代表器件的开通损耗 P_{on} 和关断损耗 P_{off}，计算公式分别为式（2-60）和式（2-61），其中 $\sum_{i=1}^{N_{on}} E_{on}$、$\sum_{i=1}^{N_{off}} E_{off}$ 对一个稳态周期内产生的所有单次开关能量叠加

$$P_{on}(I_{on},V_{on},T_J,V_{DRV(on)},V_{DRV(off)},R_{G(on)},L_{DRV},L_{Loop}) =$$
$$\frac{1}{T_s}\left[\sum_{i=1}^{N_{on}} E_{on}(I_{on,i},V_{on,i},T_J,V_{DRV(on)},V_{DRV(off)},R_{G(on)},L_{DRV},L_{Loop})\right] \quad (2-60)$$

$$P_{off}(I_{off},V_{off},T_J,V_{DRV(on)},V_{DRV(off)},R_{G(off)},L_{DRV},L_{Loop}) =$$
$$\frac{1}{T_s}\left[\sum_{i=1}^{N_{off}} E_{off}(I_{off,i},V_{off,i},T_J,V_{DRV(on)},V_{DRV(off)},R_{G(off)},L_{DRV},L_{Loop})\right] \quad (2-61)$$

E_{on} 和 E_{off} 受很多参数的影响，包括开通电流 I_{on}、开通电压 V_{on}、关断电流 I_{off}、关断电压 V_{off}、T_J、$V_{DRV(on)}$、$V_{DRV(off)}$、$R_{G(on)}$、$R_{G(off)}$、L_{DRV}、L_{Loop}。

3. 反向恢复损耗

与开关损耗类似，以一个稳态周期内所有单次反向恢复能量 E_{rr} 的平均值代表二极管的反向恢复损耗 P_{rr}，通过式（2-62）计算，其中 $\sum_{i=1}^{N_{rr}} E_{rr}$ 表示对一个稳态周期内产生的所有单次反向恢复损耗能量叠加

$$P_{rr}(I_F,V_R,T_J,di_F/dt) = \frac{1}{T_s}\left[\sum_{i=1}^{N_{rr}} E_{rr}(I_{F,i},V_{R,i},T_J,di_F/dt_i)\right] \qquad (2-62)$$

E_{rr} 受工况影响很大，包括 I_F、反向耐压 V_R、T_J、换流速度 di_F/dt。当二极管

与开关管组成开关对时，$\mathrm{d}i_\mathrm{F}/\mathrm{d}t$ 就取决于开关管的开通速度，则 P_rr 还可通过式 (2-63) 计算

$$P_\mathrm{rr}(I_\mathrm{on},V_\mathrm{on},T_\mathrm{j},V_\mathrm{DRV(on)},V_\mathrm{DRV(off)},R_\mathrm{G(on)},L_\mathrm{DRV},L_\mathrm{Loop}) =$$

$$\frac{1}{T_\mathrm{s}}\Big[\sum_{i=1}^{N_\mathrm{rr}}E_\mathrm{rr}(I_\mathrm{on},_i,V_\mathrm{on},_i,T_\mathrm{J},V_\mathrm{DRV(on)},V_\mathrm{DRV(off)},R_\mathrm{G(on)},L_\mathrm{DRV},L_\mathrm{Loop})\Big] \quad (2\text{-}63)$$

SiC MOSFET 体二极管反向恢复损耗 $P_\mathrm{rr}^\mathrm{MOS,BD}$ 和 SiC 二极管反向恢复损耗 $P_\mathrm{rr}^\mathrm{Diode}$ 均按照上述公式计算。

4. 损耗计算

将器件实际发生的损耗叠加起来就是器件的总损耗

$$P_\mathrm{MOS} = P_\mathrm{C}^\mathrm{MOS} + P_\mathrm{C}^\mathrm{MOS,BD} + P_\mathrm{C}^\mathrm{MOS,3rd} + P_\mathrm{on} + P_\mathrm{off} + P_\mathrm{rr}^\mathrm{MOS,BD} \quad (2\text{-}64)$$

$$P_\mathrm{Diode} = P_\mathrm{C}^\mathrm{Diode} + P_\mathrm{rr}^\mathrm{Diode} \quad (2\text{-}65)$$

通常需要关注的是变换器在热稳定下稳态运行时的器件损耗，故确定热稳定下的器件结温就十分重要。基本方法是利用前一时间段内产生的损耗，通过热阻抗计算此刻新的结温，并使用更新后的结温来计算下一时间段内产生的损耗。如此往复循环，结温逐渐收敛至热稳态。达到热稳定后，对一个稳态周期内的能量取平均就完成了损耗计算。

以 Buck 电路为例，图 2-44 为 MOSFET 的 V_DS 和 I_DS 波形，将时间等间隔划分。

（1）t_1 时刻

MOSFET 结温为 $T_\mathrm{J,1}$。

（2）$t_1 \sim t_2$

MOSFET 导通，以 $T_\mathrm{J,1}$ 计算 $t_1 \sim t_2$

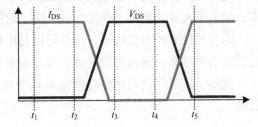

图 2-44　Buck 电路损耗计算

内 MOSFET 的导通损耗，并通过热阻计算出 t_2 时刻结温 $T_\mathrm{J,2}$。

（3）$t_2 \sim t_3$

MOSFET 由导通变为关断，以结温 $T_\mathrm{J,2}$ 计算期间的导通损耗和关断损耗，计算出 t_3 时刻结温为 $T_\mathrm{J,3}$。

（4）$t_3 \sim t_4$

MOSFET 关断，不产生损耗，计算出 t_4 时刻结温为 $T_\mathrm{J,4}$。

（5）$t_4 \sim t_5$

MOSFET 由关断变为开通，以结温 $T_\mathrm{J,4}$ 计算期间的开通损耗和导通损耗，计算出 t_5 时刻结温为 $T_\mathrm{J,5}$。

器件损耗受器件自身特性、结温和外电路的共同影响，故损耗计算对完成变换器设计很有帮助。例如提供损耗数据、对比散热方案的差异以辅助热设计，对比不同器件的差异作为器件选型的依据，对比外电路参数的影响从而确定合适的驱动电压、驱动电路和线路电感。

显然，进行器件损耗计算必须要有大量基础损耗数据作为支撑，包括导通压降－导通电流数据或导通电阻数据、开关能量数据以及反向恢复能量数据。数据越密集、覆盖工作点越多，则损耗计算精度越高。一般可以通过厂商提供的数据手册或实验测试的方式获得所需的基础数据。

利用数据手册获得基础损耗数据成本低、方法简单、速度快。同时，数据手册的数据是基于大量测试样本的典型值，故基于此的计算结果也更具有统计意义。已经有很多资料讲解了利用数据手册进行损耗计算的方法，这里就不再复述了。美中不足的是数据手册提供的数据涵盖的工作点有限，需要进行插值和拟合对数据进行补充，带来了一定的偏差。另外数据手册提供的开关损耗能量和反向恢复损耗能量是基于厂商的测试电路获得的，但这部分损耗又受外电路影响很大，进一步扩大了偏差。

通过实验测试的方式能够获得更多工作点的损耗数据，开关损耗能量和反向恢复损耗能量也是基于实际电路参数的，这就提升了损耗计算的精度。导通压降－导通电流数据或导通电阻数据通过器件分析仪测量，开关能量和反向恢复能量通过双脉冲测试获得，这就要求相应设备匹配。为了获得典型值，则需要足够的测试样本，带来了大量的测试工作量，成本高、速度慢。

综合两种方式的优缺点，通常可以利用数据手册获得导通压降－导通电流数据或导通电阻数据，通过实验测试获得开关能量和反向恢复能量。

此外，还可以利用热损耗测量和基于器件模型进行电路仿真的方法获得损耗数据。

2.7.2 仿真软件

损耗计算的方法是根据器件的工作状态，利用事先准备好的基础损耗数据，不断计算损耗并更新器件结温，这正是计算机程序擅长的工作。Plexim 的 PLECS 是系统级电力电子仿真软件，集成的器件热模型可以帮助我们快速完成损耗计算。

在 PLECS 中，功率器件、磁性元件、电容、电阻、控制模块构成了电回路；器件热阻、散热器热阻、热等效网络、环境构成了热回路；用户在热损耗编辑器录入器件的基本损耗数据将热与电连接起来。在仿真时 PLECS 对电回路和热回路同时进行求解，记录下开关时刻之前和之后的工况并从三维查表中读出开关损耗和反向恢复能量值，通过器件电流和结温获得导通损耗，将损耗注入热回路模型用于计算器件结温。PLECS 的这种电路 – 热损耗耦合仿真算法可以用图 2-45 表示。PLECS 热仿真既可以独立运行，也可以无缝嵌入 Matlab/Simulink 环境。

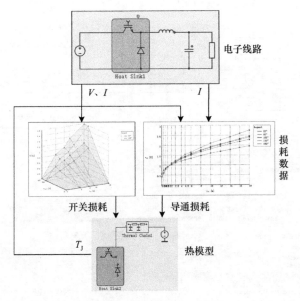

图 2-45　PLECS 电路 – 热损耗耦合仿真

　　PLECS 以其优异的性能得到了业界知名功率半导体企业的认可，ABB、Dynex、GaN System、Infineon、ROHM 和 Wolfspeed 都在其网站上提供其产品的 PLECS 器件热模型，可免费下载后直接用于变换器设计。为了让广大工程师更方便地享受到 PLECS 的热仿真功能，一些功率半导体厂商还免费提供基于 PLECS 的网页版仿真工具。

1. Infineon – IPOSIM

　　针对 Infineon IGBT 功率模块，实现对多达十几种常见拓扑完成损耗分析，同时支持设置驱动电阻。器件模型已包含 Infineon 的 SiC MOSFET 功率模块，并提供针对充电桩应用的单相逆变器和针对光伏和储能应用的三相 ANPC 示例。

2. Fuji – Web Simulation Tool

　　针对 Fuji IGBT 功率模块，实现对两电平和 T 型三电平逆变的损耗分析。

3. GaN System – Circuit Simulation Tool

　　针对 GaN System 的 GaN HEMT 器件，实现对近十种广泛使用 GaN 器件的拓扑的损耗分析。

4. Wolfspeed – SpeedFit Design Simulator

　　针对 Wolfspeed SiC 器件单管和功率模块，实现对多达十几种广泛使用 SiC 器件的拓扑的损耗分析，特别包含 LLC、Totem – Pole PFC、DNPC 电路，同样支持设置驱动电阻。以 Totem – Pole PFC 为例，SpeedFit Design Simulator 界面如图 2-46 所示，仿真结果给出运行波形、器件损耗、效率和结温。

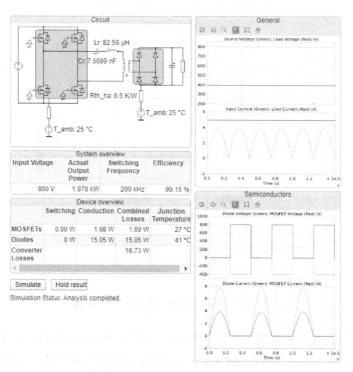

图 2-46　Wolfspeed SpeedFit Design Simulator[16]

需要注意的是，在使用各厂商提供的 PLECS 器件热模型或网页版仿真工具时，开关损耗数据只对各厂商的损耗测试平台负责，分析结果可以作为我们选择器件和变换器设计时的参考，但不能要求其预测的准确度。这是由于器件开关损耗受电路参数影响很大，厂商提供的损耗数据与我们自己设计出的变换器上器件开关损耗是不同的，往往差别还非常大。

除过 PLECS 外，Powersim 的仿真软件 PSIM 也具有相同功能的器件热模型[17]，其原理与功能与 PLECS 相近。

此外，Synopsys 公司的 Saber、MathWorks 公司的 Matlab/Simulink、SIMetrix 公司和 SIMPLS 公司的 SIMetrix/SIMPLS 可以利用器件模型进行行为仿真，进行获得损耗数据并完成热仿真。

参 考 文 献

[1] WADSWORTH ALAN. The Parametric Measurement Handbook [Z]. 5992 – 2508EN, 4th Edition,

Keysight Technologies，Inc.，2017.

［2］ KEYSIGHT TECHNOLOGIES，INC. B1506A Power Device Analyzer for Circuit Design ［Z］. Data Sheet，5991 – 4441EN，2017.

［3］ KEITHLEY INSTRUMENTS，INC. 2600 – PCT – xB Parametric Curve Tracer Configurations ［Z］. Datasheet，1KW – 60780 – 5，2012.

［4］ BALIGA B J. Power Semiconductor Device Figure of Merit for High – frequency Applications ［J］. IEEE Electron Device Lett，1989，10 （10）：455 – 457.

［5］ KIM I J，MATSUMOTO S，SAKAI T，et al. New Power Device Figure of Merit for High – Frequency Applications ［J］. Proceedings of International Symposium on Power Semiconductor Devices and IC′s：ISPSD′95，1995，104 （104）：309 – 314.

［6］ KOLAR J W，BIELA J，MINIBOCK J. Exploring the Pareto Front of Multi – Objective Single – Phase PFC Rectifier Design Optimization – 99. 2% Efficiency vs. 7kW/dm3 Power Density ［C］. IEEE International Power Electronics & Motion Control Conference. IEEE，2009.

［7］ HUANG A Q. New Unipolar Switching Power Device Figures of Merit ［J］. IEEE Electron Device Letters，2004，25 （5）：298 – 301.

［8］ YING YUCHENG. Device Selection Criteria – Based on Loss Modeling and Figure of Merit ［D］. Virginia Polytechnic Institute and State University，2008.

［9］ FU DIANBO. Topology Investigation and System Optimization of Resonant Converters ［D］. Virginia Polytechnic Institute and State University，2010.

［10］ LI X，ZHANG L，GUO S，et al. Understanding Switching Losses in SiC MOSFET：Toward Lossless Switching ［C］. 2015 IEEE 3rd Workshop on Wide Bandgap Power Devices and Applications （WiPDA）. IEEE，2015：257 – 262.

［11］ KEYSIGHT TECHNOLOGIES，INC. Keysight PD1000A Power Device Measurement System for Advanced Modeling ［Z］. Datasheet，5992 – 2700EN，2019.

［12］ SAKAIRI H，YANAGI T，OTAKE H，et al. Measurement Methodology for Accurate Modeling of SiC MOSFET Switching Behavior Over Wide Voltage and Current Ranges ［J］. IEEE Transactions on Power Electronics，2018，33 （9）：7314 – 7325.

［13］ STEFANSKYI A，STARZAK L，NAPIERALSKI A. Review of Commercial SiC MOSFET Models：Topologies and Equations ［C］. 2017 MIXDES – 24th International Conference "Mixed Design of Integrated Circuits and Systems". IEEE，2017：484 – 487.

［14］ ANGELOV I，DESMARIS V，DYNEFORS K，et al. On the Large – signal Modelling of AlGaN/GaN HEMTs and SiC MESFETs ［C］. European Gallium Arsenide and Other Semiconductor Application Symposium，2005：309 – 312.

［15］ Plexim GmbH. PLECS User Manual ［Z］. Rev. 4. 3，June 2019.

［16］ Wolfspeed Speedfit ［CP/OL］. https：//www. wolfspeed. com/speedfit/

［17］ PowerSim Inc. IGBT and MOSFET Loss Calculation in Thermal Module ［Z］. Tutorial，July 2019.

延 伸 阅 读

［1］ ROHM CO. , LTD. SiC Power Devices and Modules ［Z］. Application Note, 14103EBY01, 2014.

［2］ INFINEON TECHNOLOGIES AG. CoolSiC^{TM} 1200V SiC MOSFET Application Note ［Z］. Application Note, AN2017 - 46, Rev. 1.01, 2018.

［3］ INFINEON TECHNOLOGIES AG. CoolSiC^{TM} 650V M1 SiC Trench Power Device Infineon's First 650V Silicon Carbide MOSFET for Industrial Applications ［Z］. Application Note, AN_1907_PL52_1911_144109, Rev. 1.0, 2018.

［4］ BASLER T, HEER D, PETERS D, et al. Practical Aspects and Body Diode Robustness of a 1200V SiC Trench MOSFET ［C］. PCIM Europe 2018, 2018: 536 - 542.

［5］ FAIRCHILD SEMICONDUCTOR CORPORATION. MOSFET Basics ［Z］. Application Note, AN - 9010, Rev. 1.0.5, 2013.

［6］ FUJI ELECTRIC CO. LTD. Power MOSFET ［Z］. Application Note, AN - 080E Rev. 1.2, September 2016.

［7］ TOSHIBA ELECTRONIC DEVICES & STORAGE CORPORATION. Power MOSFET Electrical Characteristics ［Z］, Application Note, 2018.

［8］ INFINEON TECHNOLOGIES AG. Automotive MOSFETs Data Sheet Explanation ［Z］. Application Note, Rev. 1.2, 2014.

［9］ HUANG ALAN. Infineon OptiMOSTM Power MOSFET Datasheet Explanation ［Z］. Application Note, AN 2012 - 03, Rev. 1.1, Infineon Technologies AG, 2012.

［10］ FAIRCHILD SEMICONDUCTOR CORPORATION. Shielded Gate PowerTrench® MOSFET Datasheet Explanation ［Z］. Application Note, AN - 4163, Rev. 1.0.1, 2014.

［11］ BACKLUND BJÖRN, SCHNELL RAFFAEL, SCHLAPBACH ULRICH, et al. Applying IGBTs ［Z］. Application Note, 5SYA2053, Rev. 04, ABB Switzerland LTD Semiconductors, 2013.

［12］ FAIRCHILD SEMICONDUCTOR CORPORATION. IGBT Basics I ［Z］. Application Note 9016, 2001.

［13］ FAIRCHILD SEMICONDUCTOR CORPORATION. IGBT Basics II ［Z］. Application Note 9020, 2002.

［14］ TOSHIBA ELECTRONIC DEVICES & STORAGE CORPORATION. IGBTs (Insulated Gate Bipolar Transistor) ［Z］. Application Note, 2018.

［15］ INFINEON TECHNOLOGIES AG. Discrete IGBT Explanation of Discrete IGBTs' Datasheets ［Z］. Application Note, AN2015 - 13, Rev. 1.0, 2015.

［16］ STMICROELECTRONICS. IGBT Datasheet Tutorial ［Z］. Application Note, AN4544, DocID026535, Rev. 1, 2014.

［17］ ON SEMICONDUCTOR CORPORATION. Reading ON Semiconductor IGBT Datasheets ［Z］. Application Note, AND9068/D, Rev. 0, 2012.

［18］ INFINEON TECHNOLOGIES AG. Dynamic Thermal Behavior of MOSFETs Simulation and Calculation of High Power Pulses ［Z］. Application Note, AN_201712_PL11_001, Rev

1.0, 2017.

［19］ MELITO MAURIZIO, GAITO ANTONINO, SORRENTINO GIUSEPPE. Thermal Effects and Junction Temperature Evaluation of Power MOSFETs ［Z］. Application Note, DocID028570 Rev 1, ST-Microelectronics, 2015.

［20］ TOSHIBA ELECTRONIC DEVICES & STORAGE CORPORATION. Power MOSFET Maximum Ratings ［Z］. Application Note, 2018.

［21］ HAVANUR SANJAY. A Practical Look at Current Ratings ［Z］. Application Note, Alpha and Omega Semiconductor Inc. , 2009.

［22］ WANG FEI , LIU KAI, BHALLA ANUP. Power MOSFET Continuous Drain Current Rating and Bonding Wire Limitation ［Z］. Application Note, Rev. 01, Alpha and Omega Semiconductor Inc. , 2009.

［23］ STMICROELECTRONICS. Power Dissipation and Its Linear Derating Factor, Silicon Limited Drain Current and Pulsed Drain Current in MOSFETs ［Z］. Application Note, AN2385, Rev. 1, 2006.

［24］ BASCHNAGEL A, TSYPLAKOV E. IGBT Short Circuit Safe Operating Area (SOA) Capability and Testing ［ Z ］ . Application Note, 5SYA2095, Rev. 01, ABB Switzerland LTD Semiconductors, 2019.

［25］ TOSHIBA ELECTRONIC DEVICES & STORAGE CORPORATION. Derating of the MOSFET Safe Operating Area ［Z］. Application Note, 2018.

［26］ SCHOISWOHL J. Linear Mode Operation and Safe Operating Diagram of Power – MOSFETs ［Z］. Application Note, AP99007, Rev. 1. 1, Infineon Technologies AG, 2017.

［27］ CHEN Z. Characterization and Modeling of High – Switching – Speed Behavior of SiC Active Devices ［D］. Virginia Polytechnic Institute and State University, 2009.

［28］ ZOJER BERNHARD. CoolMOS^{TM} Gate Drive and Switching Dynamics ［Z］. Application Note, AN _1909_PL52_1911_173913, Rev. 1. 0, Infineon Technologies AG, 2020.

［29］ TOSHIBA ELECTRONIC DEVICES & STORAGE CORPORATION. Parasitic Oscillation and Ringing of Power MOSFETs ［Z］. Application Note, 2017.

［30］ IEC 60747 – 2: 2016: Semiconductor Devices – Part 2: Discrete Devices – Rectifier Diodes ［S］. 2016.

［31］ IEC 60747 – 8: 2010: Semiconductor Devices – Discrete Devices – Part 8: Field – effect transistors ［S］. 2010.

［32］ IEC 60747 – 9: 2019: Semiconductor Devices – Part 9: Discrete Devices – Insulated – gate Bipolar Transistors (IGBTs) ［S］. 2019.

［33］ XIONG Y, SUN S, JIA H, et al. New Physical Insights on Power MOSFET Switching Losses ［J］. IEEE Transactions on Power Electronics, 2009, 24 (2): 525 – 531.

［34］ NICOLAI ULRICH. Determining Switching Losses of SEMIKRON IGBT Modules ［Z］. Application Note AN – 1403, Rev. 00, SEMIKRON International GmbH, 2015.

［35］ TONG Z, PARK S. Empirical Circuit Model for Output Capacitance Losses in Silicon Carbide Power Devices ［C］. 2019 IEEE Applied Power Electronics Conference and Exposition（APEC）, 2019: 998 - 1003.

［36］ NIKOO M S, JAFARI A, PERERA N, et al. New Insights on Output Capacitance Losses in Wide - Band - Gap Transistors ［J］. IEEE Transactions on Power Electronics, 2020, 35（7）: 6663 - 6667.

［37］ TONG Z, ZULAUF G, XU J L, et al. Output Capacitance Loss Characterization of Silicon Carbide Schottky Diodes ［J］. IEEE Journal of Emerging and Selected Topics in Power Electronics, 2019, 7（2）: 865 - 878.

［38］ LIN Z. Study on the Intrinsic Origin of Output Capacitor Hysteresis in Advanced Superjunction MOSFETs ［J］. IEEE Electron Device Letters, 2019, 40（99）: 1297 - 1300.

［39］ NIKOO M S, JAFARI A, PERERA N, et al. Measurement of Large - Signal Coss and Coss Losses of Transistors Based on Nonlinear Resonance ［J］. IEEE Transactions on Power Electronics, 2019, 35（3）: 2242 - 2246.

［40］ FEDISON J B, HARRISON M J. Coss Hysteresis in Advanced Super Junction MOSFETs ［C］. 2016 IEEE Applied Power Electronics Conference and Exposition（APEC）, 2016: 247 - 252.

［41］ FEDISON J B, FORNAGE M, HARRISON M J, et al. Coss Related Energy Loss in Power MOSFETs Used in Zero - Voltage - Switched Applications ［C］. 2014 IEEE Applied Power Electronics Conference and Exposition（APEC）, 2014: 150 - 156.

［42］ ON SEMICONDUCTOR CORPORATION. MOSFET Gate - Charge Origin and its Applications ［Z］. Application Note, AND9083/D, Rev. 2, 2016.

［43］ BROW JESS. Power MOSFET Basics: Understanding Gate Charge and Using it to Assess Switching Performance ［Z］. Application Note, AN608, DocID - 73217, Vishay Intertechnology, Inc. , 2016.

［44］ KAKITANI HISAO, TAKEDA RYO. Selecting Best Device for Power Circuit Design Through Gate Charge Characterization ［Z］. White Paper, 5991 - 4405EN, Keysight Technologies, Inc. , 2014.

［45］ STMICROELECTRONICS. Power MOSFET: Rg Impact on Applications ［Z］. Application Note, AN4191, DocID023815, Rev. 01, 2012.

［46］ HAAF PETER, HARPER JON. Understanding Diode Reverse Recovery and its Effect on Switching Losses ［Z］. Fairchild Semiconductor Corporation, Fairchild Power Seminar, 2007.

［47］ STMICROELECTRONICS. Calculation of Turn - off Power Losses Generated by an Ultrafast Diode ［Z］. Application note, AN5028, DocID030470, Rev 1, 2017.

［48］ KASPER M, BURKART R M, Deboy G, et al. ZVS of Power MOSFETs Revisited ［J］. IEEE Transactions on Power Electronics, 2016, 31（12）: 8063 - 8067.

［49］ SCUTO ALFIO. Half Bridge Resonant LLC Converters and Primary Side MOSFET Selection ［Z］. Application Note, DocID027986, Rev. 01, STMicroelectronics, 2015.

［50］ INFINEON TECHNOLOGIES AG. Primary Side MOSFET Selection for LLC Topology ［Z］. Application Note, AN_20105_PL52_001, Rev. 01, 2014.

［51］ INFINEON TECHNOLOGIES AG. 600V CoolMOS™ CFD7 Latest Fast Diode Technology Tailored to Soft Switching Applications ［Z］. Application Note, AN_201708_PL52_024, Rev. 2. 1, 2019.

［52］ KEYSIGHT TECHNOLOGIES, INC. B1506A Power Device Analyzer for Circuit Design Operation and Demonstration Guide ［Z］. B1506 - 90500, Rev. 02, 2016.

［53］ KEYSIGHT TECHNOLOGIES, INC. B1506A Power Device Analyzer for Circuit Design User's Guide ［Z］. B1506 - 90000, Rev. 03, 2016.

［54］ KEITHLEY INSTRUMENTS, INC. Techniques for Proper and Efficient Characterization, Validation, and Reliability Testing of Power Semiconductor Devices ［Z］. 2017.

［55］ KEITHLEY INSTRUMENTS, INC. Series 2600 - PCT - xB Parametric Curve Tracer ［Z］. User's Manual, PCT - 900 - 01, Rev. A, 2015.

［56］ MANTOOTH H. A, PENG K, SANTI E, et al. Modeling of Wide Bandgap Power Semiconductor Devices—Part I ［J］. IEEE Transactions on Electron Devices, 2015, 62 (2)：423 - 433.

［57］ SANTI E, PENG K, Mantooth H A. Modeling of Wide - Bandgap Power Semiconductor Devices—Part II ［J］. IEEE Transactions on Electron Devices, 2015, 62 (2)：434 - 442.

［58］ STEFANSKYI A, STARZAK U, NAPIERALSKI A. Review of Commercial SiC MOSFET Models：Validity and Accuracy ［C］. International Conference Mixed Design of Integrated Circuits and Systems, 2017：488 - 493.

［59］ NAKAMURA Y, KURODA N, YANAGI T, et al. High - Voltage and High - Current Id - Vds Measurement Method for Power Transistors Improved by Reducing Self - Heating ［J］. IEEE Electron Device Letters, 2020, 41 (4)：581 - 584.

［60］ TAKEDA RYO, et al. Simulation of Wide - Bandgap Power Circuits Using Advanced Characterization and Modeling ［J］. Bodo's Power Systems, 2019 (12)：44 - 47.

［61］ BURKART R M. Advanced Modeling and Multi - Objective Optimization of Power Electronic Converter Systems ［D］. ETH Zurich, 2016.

［62］ FEIX G, DIECKERHOFF S, ALLMELING J, et al. Simple Methods to Calculate IGBT and Diode Conduction and Switching Losses ［C］. 2009 13th European Conference on Power Electronics and Applications, 2009：1 - 8 .

［63］ GRAOVAC DUŠAN, PÜRSCEL MARCO, KIEP ANDREAS. MOSFET Power Losses Calculation Using the Data - Sheet Parameters ［Z］. Application Note, Rev. 1. 1, Infineon Technologies AG, 2006.

［64］ GRAOVAC DUŠAN, PÜRSCEL MARCO. IGBT Power Losses Calculation Using the Data - Sheet

Parameters [Z]. Application Note, Rev. 1. 1, Infineon Technologies AG, 2009.

[65] ANURAG A, ACHARYA S, BHATTACHARYA S. An Accurate Calorimetric Loss Measurement Method for SiC MOSFETs [J]. IEEE Journal of Emerging and Selected Topics in Power Electronics, 2020, 8 (2): 1644 – 1656.

第3章

双脉冲测试技术

3.1 功率变换器换流模式

按照电能变换的形式，可将功率变换器分为 DC－DC 变换器、AC－DC 变换器、DC－AC 变换器和 AC－AC 变换器四大类，每一类变换器都包括多种电路拓扑，形成了庞大的拓扑体系。仅常用 DC－DC 变换器拓扑就有 Buck、Boost、Buck－Boost、Cuk、Flyback、Forward 和 Half－Bridge 等。在实际应用中，针对不同的应用场合、功率等级、指标和成本要求选择合适的拓扑完成变换器设计。

以 Buck 电路、三相全桥逆变电路、DNPC 和 LLC 分别作为 DC－DC 变换器、DC－AC 变换器、多电平变换器和软开关变换器的代表，其工作原理分别如图 3-1、图 3-2、图 3-3 和图 3-4 所示。

1. Buck 电路

$t_0 \sim t_1$ 阶段，开关管 S 导通，电感电流 I_L 通过 S 和电感 L 流向负载，同时 I_L 线性上升。t_1 时刻 S 进行关断，由于电感 I_L 不能突变，I_L 换流至二极管 VD 续流。$t_1 \sim t_2$ 阶段 I_L 通过 VD 和 L 向负载提供电流，I_L 线性下降。t_2 时刻 S 进行开通，I_L 换流至 S，VD 进行关断。可以将 Buck 电路看作由 S 和 VD 构成的半桥电路，L 从桥臂中点接出，其换流发生在 S 和 VD 之间，L 起到稳定电流的作用。

2. 三相全桥逆变电路

三相全桥逆变电路通过切换不同的导通组合，在交流侧输出三相三电平线电压，并利用 PWM 原理得到正弦电压。在接阻抗角 $\varphi < 60°$ 的感性负载下，t_0 时刻的开关组合为 (S_5, S_6, S_1)，$V_{AB} = V_d$，$V_{BC} = -V_d$，$V_{CA} = 0$。在 t_1 时刻向 (S_6, S_1, S_2) 切换，则 S_5 关断，S_2 导通，使 $V_{BC} = 0$，$V_{CA} = -V_d$。由于 I_C 不能突变，则 I_C 首先换流至 S_2 的反并联二极管 VD_2 进行续流，直到 t_2 时刻以后，I_C 反向，S_2 正向导通，VD_2 进行关断。由此可见，虽然开关管众多，但在进行换流时依旧

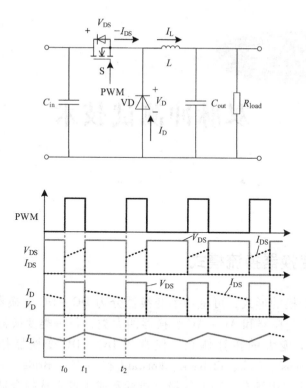

图 3-1 Buck 电路

在同一桥臂进行。

3. DNPC 逆变电路

DNPC 电路可进行四象限运行，具有四种换流模式。

1）I_{out} 为正、V_{out} 为正时，S_2 保持导通，S_1 进行开关动作，换流发生在 S_1 和 VD_n 之间；

2）I_{out} 为正、V_{out} 为负时，S_3 保持导通，S_2 进行开关动作，换流发生在 S_2 和 VD_4 之间；

3）I_{out} 为负、V_{out} 为负时，S_3 保持导通，S_4 进行开关动作，换流发生在 S_4 和 VD_p 之间；

4）I_{out} 为负、V_{out} 为正时，S_2 保持导通，S_3 进行开关动作，换流发生在 S_3 和 VD_1 之间。

4. LLC 谐振变换器

LLC 谐振变换器通过调节开关频率改变传输功率，其最优工作点是其开关频率等于谐振频率。t_0 时刻，开关管 S_1 和 S_4 进行关断，由于谐振电流 I_r 为正，故 I_r 换流至体二极管 VD_2 和 VD_3 续流。t_1 时刻死区时间结束后，S_2 和 S_3 收到开通信号，工作在第三象限导通状态。t_2 时刻 I_r 由正变负，S_2 和 S_3 正向导通，实现

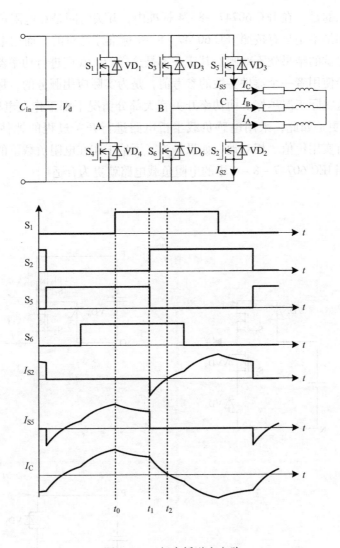

图 3-2　三相全桥逆变电路

了 ZVS。

　　通过以上介绍可以看出，虽然拓扑类型、工作原理不同，但开关管在开关过程中的换流模式具有共性，即换流过程都发生在电感负载半桥结构 – 开关管或开关管 – 二极管之间。故对开关管开关特性的测试、评估和对比都可以基于电感负载半桥电路进行，且当半桥电路参数与变换器实际参数相同时，基于半桥电路的结果可直接应用于变换器设计。

碳化硅功率器件：特性、测试和应用技术

需要注意的是，在 IEC 60747‐8‐4 标准中，开关时间是在电阻负载电路下测试得到的。那是不是只有按照 IEC 60747‐8‐4 标准才是对的，而用上述的电感负载半桥电路测试的结果就不对呢？其实并不是这样的。我们进行功率器件外特性测试的目的是给使用者一个器件特性的参考值，是为实际应用服务的，那么对应的测试条件越贴近实际工况越好。而功率开关管大部分情况下都工作在电感负载下的，SiC MOSFET 更是如此，采用电感负载半桥电路进行开关过程的评估更加贴近实际，也更具有实用价值。相对地，如果是为了评估工作在电阻负载下的功率开关管的特性，采用 IEC 60747‐8‐4 中的电阻负载电路就更为合适。

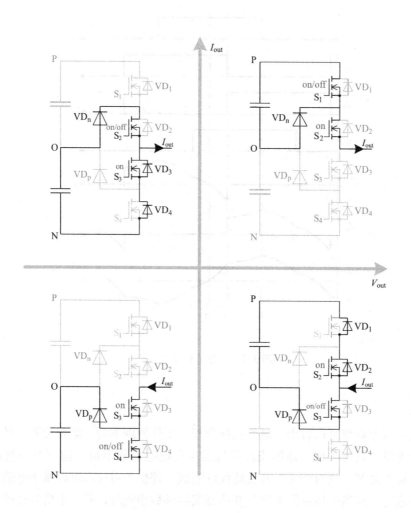

图 3-3　DNPC 工作原理

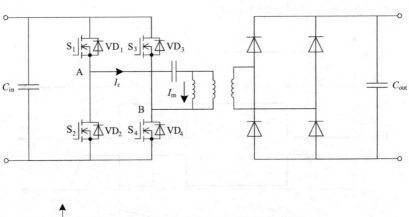

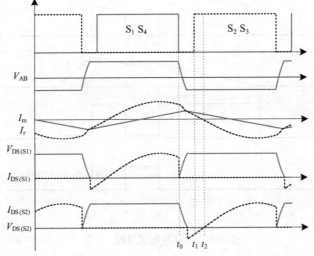

图 3-4　LLC 谐振变换器

3.2　双脉冲测试基础

3.2.1　双脉冲测试原理

以半桥电路为基础已经发展出了一套完善的开关管开关特性评估方法，即双脉冲测试。双脉冲测试电路由母线电容 C_{Bus}、被测开关管 Q_{L}、陪测二极管 VD_{H}、驱动电路和负载电感 L 组成，如图 3-5 所示。

测试中，向 Q_{L} 发送双脉冲驱动信号，就可以获得 Q_{L} 在指定电压 V_{set} 和电流 I_{set} 下

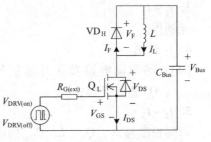

图 3-5　双脉冲测试电路

的开关特性，整个测试过程如图 3-6 所示。

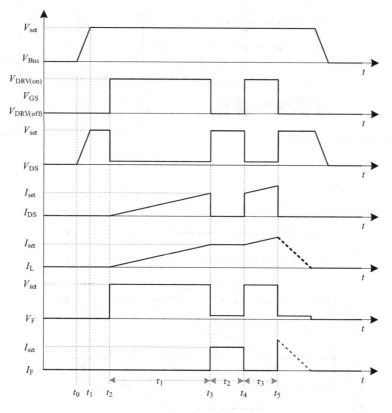

图 3-6　双脉冲测试过程

1.　~ t_0

母线电压 $V_{Bus} = 0V$，驱动板输出关断驱动电压 $V_{DRV(off)}$，Q_L 为关断状态。

2. $t_0 \sim t_1$

直流电源开启，V_{Bus} 逐渐达到设定电压 V_{set}，由于 D_H 被 L 短路，Q_L 承受母线电压。

3. $t_1 \sim t_2$

无动作。

4. t_2 时刻

向 Q_L 的驱动电路发送开通信号，驱动电压由 $V_{DRV(off)}$ 变为开通驱动电压 $V_{DRV(on)}$，Q_L 进行开通；

5. $t_2 \sim t_3$

时间长度为 τ_1，Q_L、L、C_{Bus} 构成回路，负载电流 I_L 按照式（3-1）开始爬升

$$\mathrm{d}I_L(t)/\mathrm{d}t = \frac{V_{Bus} - I_L(t)R_{es(L)}I_L(t) - I_L(t)R_{DS(on)}I_L(t)}{L} \tag{3-1}$$

其中，$R_{es(L)}$ 为负载电感的等效串联电阻。在实际测试电路中，C_{Bus} 足够大，V_{Bus} 保持 V_{set} 不变；同时，$R_{es(L)}$ 和 SiC MOSFET 的 $R_{DS(on)}$ 都很小，可将式（3-1）简化为式（3-2），I_L 保持线性增长

$$dI_L(t)/dt \approx V_{set}/L \tag{3-2}$$

6. t_3 时刻

I_L 到达指定电流 I_{set}

$$I_L(t_3) = I_{set} = \tau_1 V_{set}/L \tag{3-3}$$

此时向 Q_L 的驱动电路发送关断信号，驱动电压由 $V_{DRV(on)}$ 变为 $V_{DRV(off)}$，Q_L 在 I_{set} 下进行关断，I_L 通过 VD_H 续流。

7. $t_3 \sim t_4$

时间长度为 τ_2，VD_H、L 构成回路，I_L 按照式（3-4）缓慢下降，其中 V_F 为 VD_H 的导通压降

$$dI_L(t)/dt = \frac{V_F[I_L(t)] + I_L(t)R_{es(L)}}{L} \tag{3-4}$$

8. t_4 时刻

I_L 下降至 $I_L(t_4)$，当 I_L 下降很小时

$$I_L(t_4) = I_{set} - \int_{t_3}^{t_4} \frac{V_F[I_L(t)] + I_L(t)R_{es(L)}}{L} dt \tag{3-5}$$

此时向 Q_L 的驱动电路发送开通信号，Q_L 在 $I_L(t_4)$ 下开通，VD_H 进行反向恢复。

9. $t_4 \sim t_5$

时间长度为 τ_3，与 $t_2 \sim t_3$ 阶段电流回路相同，I_L 按照式（3-2）线性增长。

10. t_5 时刻

I_L 上升至 $I_L(t_5)$，

$$I_L(t_5) = I_L(t_4) + \tau_3 V_{set}/L \tag{3-6}$$

此时向 Q_L 的驱动电路发送关断信号，Q_L 在 $I_L(t_5)$ 下关断，I_L 通过 VD_H 续流。

11. $t_5 \sim$

与 $t_3 \sim t_4$ 阶段电流回路相同，I_L 按照式（3-4）缓慢下降至 0A，用时较长，以虚线表示。随后关闭直流电源，对 C_{Bus} 放电，V_{Bus} 降至 0V。

在整个测试过程中，Q_L 进行了两次开通和关断，形成了两个脉冲，$t_2 \sim t_3$ 为第一个脉冲，$t_4 \sim t_5$ 为第二个脉冲，$t_3 \sim t_4$ 为脉冲间隔，双脉冲测试因此得名。需要关注的是 t_3 时刻和 t_4 时刻，分别对应 Q_L 在指定电压 V_{set} 和电流 I_{set} 下的关断过程和开通过程，测量并保留 Q_L 的 V_{GS}、V_{DS}、I_{DS} 波形，就可以对其开关特性进行分析和评估了。

实际功率变换器的换流模式有 MOS - 二极管和 MOS - MOS 两种形式，进行双

脉冲测试时需要选择与实际变换器相同的形式和器件。对于 MOS – MOS 形式，只需要将二极管 VD_H 换成 SiC MOSFET Q_H，并在测试中一直施加关断信号即可，如图 3-7 所示。

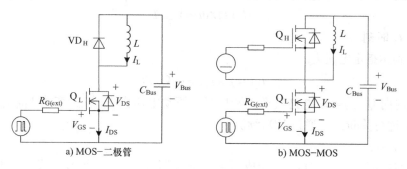

图 3-7　双脉冲测试电路

　　另外，在 t_4 时刻不仅是 Q_L 的开通过程，还是 VD_H 或 Q_H 体二极管的反向恢复过程。直接对上管的测量为浮地测量，会由于跳变的共模电压导致测量结果不精确。故在测试二极管反向恢复特性时往往使用如图 3-8 所示电路，被测管为下管，负载电感并联在其两端；陪测管为上管，测试中进行开通关断动作。

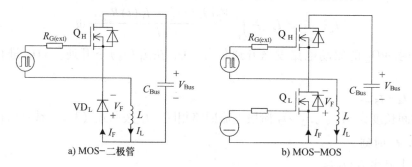

图 3-8　二极管反向恢复测试电路

3.2.2　双脉冲测试参数设定

3.2.2.1　脉宽时间

1. 第一脉冲脉宽 τ_1

　　双脉冲测试的目的是测试并评估器件在指定电压、电流下的开关特性。其中电压通过设置直流电源输出电压给定，电流是通过第一个脉冲建立的，为了较为准确地达到指定电流 I_{set}，τ_1 取值可利用式（3-7）计算。需要注意的是，式（3-7）是根据式（3-1）简化后的式（3-2）推导得到的，故实际达到的电流会有一定的偏差。但通过合理选取 C_{Bus}、控制 $R_{es(L)}$，可以尽量减小误差，同时还可以根据实测值对 τ_1 进行微调。

$$\tau_1 = I_{set} L / V_{set} \tag{3-7}$$

t_2 时刻 Q_L 开通，由于 L 的等效并联电容 $C_{ep(L)}$、陪测二极管的反向恢复以及结电容 C_{VD_H} 的影响，会产生电流尖峰和电流振荡。需要等电流振荡结束后再关断 Q_L，以免对 Q_L 在 t_3 时刻的关断造成影响。这就是对 τ_1 时长下限的要求，一般 τ_1 只要大于 $1 \sim 2\mu s$ 即可。

另一方面，过长的 τ_1 会导致器件产生明显的温升，使得测试结果不能反映指定温度条件下器件的开关特性，这就是对 τ_1 时长上限的要求。对于单管器件，τ_1 一般不超过 $10\mu s$ 为宜；对大功率模块，τ_1 一般不超过 $50\mu s$ 为宜。

2. 脉冲间隔 τ_2

t_3 时刻 Q_L 关断，需要关注从 Q_L 的 V_{GS} 开始下降到 V_{DS} 振荡结束的整个过程，这就是对 τ_2 时长下限的要求，一般 τ_2 只要大于 $1 \sim 2\mu s$ 即可。

另一方面，在脉冲间隔内，I_L 按照式（3-4）缓慢下降。如果下降幅度过大，则 $I_L(t_4)$ 与 I_{set} 相差太大，就无法满足 Q_L 在 t_4 时刻时在 I_{set} 进行开通的要求。这就是 τ_2 时长上限的要求，由 V_F、$R_{es(L)}$、L 以及允许的电流跌落幅度共同决定。

3. 第二脉冲脉宽 τ_3

t_4 时刻 Q_L 开通，需要关注从 Q_L 的 V_{GS} 开始上升到 I_{DS} 振荡结束的整个过程，这就是对 τ_3 时长下限的要求，一般 τ_3 只要大于 $1 \sim 2\mu s$ 即可。

另一方面，在第二脉冲期间，I_L 按照式（3-2）上升，在 t_5 时刻达到 $I_L(t_5)$。当 $I_L(t_4)$ 与 I_{set} 相差不大时，$I_L(t_5)$ 为

$$I_L(t_5) = (\tau_1 + \tau_3) V_{set} / L \tag{3-8}$$

过高的 $I_L(t_5)$ 时会导致关断电压尖峰过高，当超过器件耐压时会导致器件损坏，这就是对 τ_3 时长上限的要求。可以要求 τ_3 小于 τ_1 的 $0.1 \sim 0.5$ 倍，即 $I_L(t_5)$ 小于 I_{set} 的 1.5 倍，且越短越好，由具体情况确定。

3.2.2.2 负载电感

负载电感的电感量受以下几方面限制：

1. 换流通路

在变换器中负载电感 L 足够大，远远大于主功率换流回路电感 L_{Loop}，使得在开关过程中 I_L 基本不变，换流的高频电流基本完全通过主功率换流回路。在双脉冲测试中 L 也需要远大于 L_{Loop} 以达到同样的效果。L_{Loop} 一般在从几 nH 到 $200nH$ 的范围内，L 取值在几十 μH 和几百 μH 即可。

2. 第一脉冲脉宽 τ_1

第一脉宽 τ_1 由式（3-7）决定，当 V_{set} 和 I_{set} 确定时，L 越大则 τ_1 越大，L 越小则 τ_1 越小。L 的取值需要符合 τ_1 上下限的要求。

3. t_4 时刻开通电流 $I_L(t_4)$

$I_L(t_3) = I_{set}$，在脉冲间隔 I_L 按照式（3-4）缓慢下降，在 t_4 时刻 $I_L(t_4)$ 由式

（3-5）给出。双脉冲测试要求 $I_L(t_4)$ 与 I_{set} 相差不大，则在此前提下可由式（3-9）计算负载电感最小值 L_{min}

$$L \geqslant \tau_2 \frac{V_F(I_{set}) + I_{set}R_{es(L)}}{K_i I_{set}} \tag{3-9}$$

其中，K_i 为电流下降率，一般取 $0.5\% \sim 2\%$。

4. t_5 时刻关断电流 $I_L(t_5)$

为了避免关断电流过大，要求 $I_L(t_5)$ 小于等于 I_{set} 的 1.5 倍

$$(\tau_1 + \tau_3)V_{set}/L \leqslant 1.5 I_{set} \tag{3-10}$$

3.2.2.3 母线电容

在测试期间，需要保证 V_{Bus} 保持 V_{set} 不变。在第一脉冲期间，直流电源响应速度慢，I_L 由 C_{Bus} 提供，导致 V_{Bus} 会有一定的下降。为了避免 V_{Bus} 下降过多，C_{Bus} 需满足式（3-11），其中 K_v 为允许的电压下降比例，一般取 $0.5\% \sim 2\%$。

$$C_{Bus} \geqslant \frac{L I_{set}^2}{2 K_v V_{set}^2} \tag{3-11}$$

由式（3-11）可知，L 越大，则要求 C_{Bus} 越大。C_{Bus} 过大会导致对其充放电时间过长，测试电路发生故障时后果也更严重，故倾向于选择更小的负载电感以降低对 C_{Bus} 的要求。

3.2.2.4 参数设定方法

根据上述研究，脉宽时间、负载电感和母线电容之间是互相影响、互相制约的。例如，为了缩短 τ_1、减小 C_{Bus}，选择 L 越小越好；但为了确保 $I_L(t_4)$ 贴近 I_{set}，则要求 L 不能过小。故在设计双脉冲测试参数时，需要通过仔细计算才能确定各个参数的取值范围。

这里我们提供一种确定这三个参数的方法如下：

1. 第一步

规定 τ_1、τ_2、τ_3 的取值最小值分别 $\tau_{1,min}$、$\tau_{2,min}$、$\tau_{3,min}$，需满足

$$\tau_{1,min} \geqslant 2\tau_{3,min} \tag{3-12}$$

2. 第二步

预设 τ_1 备选取值范围 $\tau_{1,min} - \tau_{1,max}$，通过式（3-13）计算出对应的电感取值范围

$$L_{\tau_1,min} = \frac{\tau_{1,min} V_{set}}{I_{set}} \leqslant L \leqslant \frac{\tau_{1,max} V_{set}}{I_{set}} = L_{\tau_1,max} \tag{3-13}$$

根据以上 L 范围计算确定电感等效串联电阻 $R_{es(L)}$ 范围为 $R_{es(L),min} \sim R_{es(L),max}$。

3. 第三步

预设 τ_2 取值，将 $R_{es(L),min} \sim R_{es(L),max}$ 代入式（3-14），得到 L 取值范围 $L_{\tau_2,min} \sim L_{\tau_2,max}$

$$L = \tau_2 \frac{V_{\mathrm{F}}(I_{\mathrm{set}}) + I_{\mathrm{set}}R_{\mathrm{es(L)}}}{K_{\mathrm{i}}I_{\mathrm{set}}} \qquad (3\text{-}14)$$

4. 第四步

根据 $L_{\tau_1,\mathrm{min}} \sim L_{\tau_1,\mathrm{max}}$、$L_{\tau_2,\mathrm{min}} \sim L_{\tau_2,\mathrm{max}}$ 与 $R_{\mathrm{es(L)},\mathrm{min}} \sim R_{\mathrm{es(L)},\mathrm{max}}$ 的对应关系确定 L 的取值范围，并选取其最小值为 L，进入第五步；若 $L_{\tau_1,\mathrm{max}} \leqslant L_{\tau_2,\mathrm{min}}$，则返回第三步，减小 τ_2 预设，直到确定 L 为止；若 τ_2 减小至 $\tau_{2,\mathrm{min}}$ 还未确定 L，则返回第二步，增大 $\tau_{1,\mathrm{max}}$ 预设。

5. 第五步

确定 τ_3 取值满足式（3-15）

$$\tau_{3,\mathrm{min}} \leqslant \tau_3 \leqslant 0.5\tau_1 \qquad (3\text{-}15)$$

6. 第六步

按照式（3-11）计算 C_{Bus}。

3.2.3　双脉冲测试平台

如图 3-9 所示为双脉冲测试平台结构，包括测试板、负载电感、直流电源、辅助电源、信号发生器、示波器、电压探头和电流传感器。

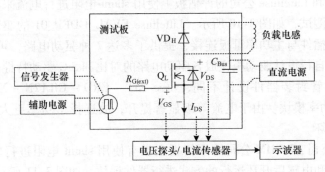

图 3-9　双脉冲测试平台结构

1. 测试板

测试板一般包含主功率电路、驱动电路、去耦电容、母线电容、对外接口，通常由测试者自行设计。对测试板的基本要求是在测量无误的前提下，在绝大多数测试条件下不出现异常波形，如误开通、误关断、电压尖峰超过器件极限值以及开关波形与理论严重不符等。当被测器件的一些特性超过测试板的极限而出现异常波形时，就需要对测试板进行有针对性的优化改进。

由第 2 章对 SiC MOSFET 开关过程的分析可知，其开关特性受外电路参数的影响极大，如主功率回路电感、驱动回路电感、驱动电路驱动能力等。故即使使用完全相同的测量仪器，仅测试板的差异就会导致测试结果的巨大差异，故对比不同测试板或测试设备的测试结果是没有意义的。进一步，数据手册上标注的开关时间、开关能量是基于器件厂商的测试板得到的，在其他测试电路或变换器产品中测得的结果与数据手册有偏差是正常的，且差异还会十分显著。也就是说，是否与数据手册数值吻合或接近，不能作为评价双脉冲测试设备性能或精度的标准。

符合 SiC MOSFET 特性要求的测试板和正确的测量手段是保障完成双脉冲测试的两大方面，其中测试手段主要通过选择合适的测试设备和测量点连接方式给予保障，而测试板通常需要工程师根据需求自行设计。

相较于 Si MOSFET 和 Si IGBT，SiC MOSFET 在特性上有明显的差异，对测试板提出了更加苛刻的要求，同时这也是在使用 SiC MOSFET 时面临的应用挑战。由于将在接下来几章中对 SiC MOSFET 的应用挑战及应对方法进行详细讨论，这里就不做过多介绍了。

为了方便工程师进行 SiC MOSFET 特性评估，有很多器件厂商推出了评估板。评估板并不是完整的功率变换器，通常只包含半桥电路和对应的驱动电路。当配置电感时就可以进行双脉冲测试，详细评估器件的开关特性；当配置电感和负载时，可以以开环运行的变换器来进行器件特性评估，如 Buck/同步 Buck、Boost/同步 Boost、单相逆变器、双向 DC – DC，这样就可以评价器件导通特性、开关特性和热特性的综合性能。

Cree 公司和 Littelfuse 公司的评估板上使用 shunt 电阻进行电流采样，可以进行完整的双脉冲测试，如图 3-10 所示。Littelfuse EVAL_GDEP_01 的驱动电路板作为卫星板通过接插件与主功率母板连接，提供了多达 7 种驱动电路，可以自由更换。工程师更可以自行设计驱动板完成各驱动电路的对比和 SiC 驱动特性的研究。与其他评估板为单管封装器件设计不同，Cree KIT – CRD – CIL12N – XM3 用于评估 1200V/450A 功率模块。由于电流等级显著提升，故选择了功率更大的 shunt 电阻以避免过热损坏。

Infineon 公司、ROHM 公司的评估板上没有使用 shunt 电阻进行电流采样，主要以搭配负载和电感后开环运行的方式进行器件评估，如图 3-11 所示。

与通常的评估板不同，ROHM P02SCT3040KR – EVK – 001 具有非常丰富的功能，具有以下主要特点[7]，可完成更全面的器件评估：

1）可评估 TO – 247 –4L 和 TO – 247 –3L；

2）单一电源（ +12V）工作；

3）最大 150A 的双脉冲测试；

4）最大 500kHz 的开关工作频率；

5）支持各种电源拓扑（Buck，Boost，Half – Bridge）；

6）内置栅极驱动用隔离电源，可通过可变电阻调整（ +12 ~ +23V）；

7）可通过跳线引脚切换栅极驱动用负偏压和零偏压；

8）可防止上下臂同时导通；

9）内置过电流保护功能（DESAT，OCP）。

a) Cree KIT8020-CRD-5FF0917P-2[1]

b) Cree KIT-CRD-CIL12N-XM3[2]

c) Littelfuse EVAL_DCP_01[3]

d) Littelfuse EVAL_GDEP_01[4]

图 3-10　带有 shunt 电阻的评估板

各厂商向客户开放了测试电路原理图、PCB 文件以及 BOM，工程师可以自行制作测试板，这也是学习掌握 SiC MOSFET 特性和使用方法非常好的资料。

2. 负载电感

在变换器中用于主功率电路的电感通常是带有磁心的，常见的磁心材料是铁氧体、磁粉心，以环形和 E 形居多。在设计电感时需要根据实际工况选择合适的磁心，避免磁心饱和，使电感值尽量保持恒定。对双脉冲测试中使用的负载电感也有同样的要求，否则测试中电流波形会出现异常，如图 3-12 所示。

通过合理的设计基本可以避免上述问题，但仍然存在一些不足。首先，完成设计后有可能无法在短时间内获得合适的磁心，耽误工作进度。其次，当测试发生异常时，实际的负载电流很可能工作在设计范围之外，发生电感饱和进而对测试电路造成危害，这一点在测试大功率模块时尤为突出。

为了解决带磁心电感的饱和问题，可以选择使用空心线圈作为负载电感。其磁介质为空气，不存在饱和的问题。但由于没有铁心，线圈匝数会明显增大，则需要选择较粗的线径，避免因电感内阻过大而导致的发热和压降问题。

3. 直流电源

在双脉冲测试中，直流电源为母线电容充电，起到提供母线电压的作用，对其

a) Infineon EVAL-1EDC20H12AH-SIC[5]   b) Infineon EVAL-PS-E1BF12-SiC[6]

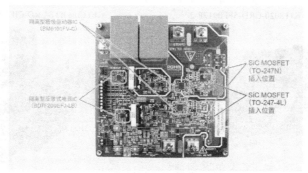

c) ROHM P02SCT3040KR-EVK-001[7]

图 3-11　不带有 shunt 电阻的评估板

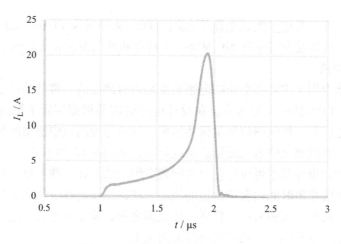

图 3-12　电感饱和导致电流波形异常

最基本要求是其输出电压能够满足测试要求。对于 1700V 及以下电压等级的 SiC MOSFET，考虑实际应用中母线电压范围，建议选择直流电源的电压输出能力见表 3-1。

表 3-1　直流电源输出电压要求

器件电压等级	直流电源输出电压
650V	500V
1200V	1000V
1700V	1500V

　　除输出电压外，输出电流能力是直流电源的第二个重要指标。在双脉冲测试中，为母线电容充电的速度不需要很快，同时建立电流和开关过程换流均通过母线电容完成，故对直流电源的电流输出能力要求不高。这样还带来了额外的好处，小功率电源价格较低，且运行时的噪声也很小。

　　根据输出电压和输出电流的要求很容易完成直流电源的选型，图 3-13 所示为部分适合 SiC MOSFET 双脉冲测试的直流电源[8-13]。

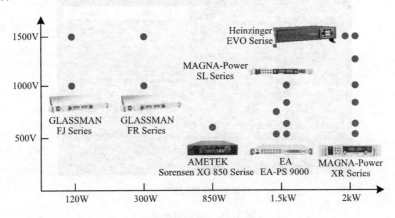

图 3-13　直流电源

4. 辅助电源

辅助电源用于为驱动电路供电，一般选择台式电源即可，如图 3-14 所示。

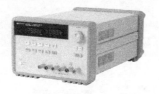

a) Keysight E363xA系列[14]　　　　　b) Tektronix 2220 系列[15]

图 3-14　辅助电源

5. 信号发生器

在双脉冲测试过程中需要向驱动电路发送双脉冲指令，由于发送的信号非常简单且没有特殊要求，可以由测试者使用 MCU 开发板完成，成本低、操作灵活。使用时需要格外注意其可靠性和稳定性，特别在器件开关过程中会产生强烈的电磁干扰，如果开发板或信号输出连线设计不当，很容易被干扰而发生输出错误。

为了避免上述问题，可以使用信号发生器，如图 3-15 所示。其中 Tektronix AFG31000 还配备有双脉冲测试应用程序，可以方便完成双脉冲脉宽设置。

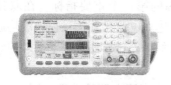

a) Keysight 33500B系列[16]

b) Tektronix AFG31000系列[17]

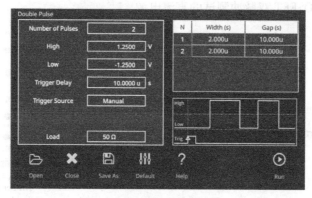

c) 双脉冲应用程序[18]

图 3-15　信号发生器

6. 示波器、电压探头、电流探头

双脉冲测试中需要对被测器件的端电压、驱动电压和电流进行测量，选择合适的示波器、电压探头和电流探头是完成精准测量的关键，接下来将详细讨论。

3.3　测量挑战

3.3.1　示波器

3.3.1.1　频率特性

1. 带宽

带宽是最常被提起的示波器重要指标，它决定了示波器测量高频信号的能力，主要由示波器的模拟前端决定。图 3-16 为示波器的频率 – 增益曲线示意图，增益从直流开始随着频率的升高而下降，将增益下降到 – 3dB 时对应的频率定义为带宽，即半功率点。

当示波器带宽不足时，被测信号的高频分量就会被衰减，降低了测量的准确度。例如，使用带宽为 100MHz 的示波器测量峰 – 峰值 V_{p-p} 为 1V 的 150MHz 正弦波，示波器上显示的 V_{p-p} 仅有 0.62V，而使用 500MHz 带宽的示波器测得 V_{p-p} 为 1V。这说明示波器带宽并不代表其能够准确测量的最高频率，为了确保测量准确度，需要使所关注被测信号的频率段都落在示波器增益接近 0dB 的区间。

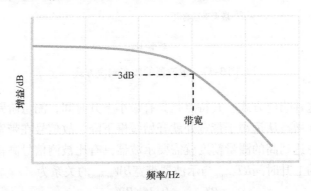

图 3-16　示波器频率 – 增益曲线示意图

2. 上升时间

上升时间是与带宽紧密联系的另一个示波器参数，两者之间存在近似的换算关系。示波器的上升时间是指测量理想的阶跃信号时，示波器测得波形的幅值从 10% 上升到 90% 所用时间。由于并不存在理想的阶跃信号，在实际中一般使用比示波器上升时间快 3~5 倍的快沿信号测量示波器的上升时间。需要注意的是，上升时间并不代表示波器能准确测量的最快边沿速度。示波器的上升时间是可以通过手册查到的，一般不需要去验证。而一般更关心的是已知上升时间（或者带宽）的示波器可以测量多快的信号，或者已知上升时间的信号需要用多少上升时间的示波器去做测试才能得到精确的结果。

幅值的误差必然会导致上升时间的出错，故当带宽不足时，被测信号看起来变"慢"了，信号上升时间的测量值比真实值偏大。故为了准确测量快沿信号，示波器的带宽要足够高、上升时间足够短。

3. 频率响应方式

根据以上分析，幅值测量精度和快沿信号上升时间测量精度都要求示波器有足够的带宽，是完成准确测量的基础，也是示波器选型的重要考虑因素。为了确定测量对带宽的要求，还需要考虑示波器的频率 – 增益曲线的特性，也就是其频率响应方式。示波器频率响应方式有高斯响应和最大平坦度响应两种，通过图 3-17 可以看到两者的差异。

高斯响应因其响应方式类似低通高斯滤波器特性而得名，带宽在 1GHz 以下的

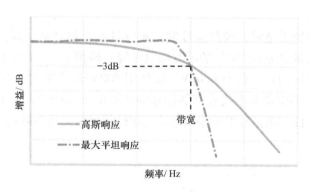

图 3-17　示波器的频率响应方式

示波器通常为这种响应方式。其特点是具有最小上升时间，测量阶跃信号时没有过冲。但是由于其增益从远小于带宽处就开始缓慢下降，故信号在带宽内就已经被严重衰减，所以想达到高的测量精度就需要示波器具有比被测信号高得多的带宽。高斯响应示波器的上升时间 RT_{scope} 与示波器带宽 BW_{scope} 的关系为

$$RT_{\text{scope}} \approx 0.35 / BW_{\text{scope}} \tag{3-16}$$

最大平坦度响应因其具有带宽范围内最大的增益平坦度而得名，带宽在 1GHz 以上的示波器通常为这种响应方式。最大平坦度响应与高斯响应具有明显的差异，其增益在带宽内具有更广的平坦范围，在接近带宽处才开始下降，具有更高的带内测量精度。同时其带外滚降速率也更快，具有更好的带外抑制能力。最大平坦响应示波器的上升时间为

$$RT_{\text{scope}} \approx (0.4 \sim 0.5) / BW_{\text{scope}} \tag{3-17}$$

需要注意的是，示波器的响应方式有两种类型，但这并不意味着同一响应类型且带宽相同的示波器拥有同样的频率响应曲线，不同厂商不同系列的示波器的频率响应曲线是有明显差异的。

信号最大频率 f_{max} 按照式（3-18）和式（3-19）进行估算，其中 $RT_{10\% \sim 90\%}$ 和 $RT_{20\% \sim 80\%}$ 分别为信号按照上升沿幅值 10%～90% 和 20%～80% 所定义的上升时间。

$$f_{\text{max}} \approx 0.4 / RT_{10\% \sim 90\%} \tag{3-18}$$

$$f_{\text{max}} \approx 0.5 / RT_{20\% \sim 80\%} \tag{3-19}$$

示波器带宽高于信号最大频率越多，信号上升沿时间的精度越高，具体数值见表 3-2。

表 3-2　上升时间测量精度

上升时间测量误差	高斯响应 BW_{scope}	最大平坦响应 BW_{scope}
约 20%	$1.0 f_{\text{max}}$	$1.0 f_{\text{max}}$
约 10%	$1.3 f_{\text{max}}$	$1.2 f_{\text{max}}$
约 3%	$1.9 f_{\text{max}}$	$1.4 f_{\text{max}}$

以上仅考虑了示波器的带宽，而测量系统由示波器和探头共同组成，需要关注测量系统整体的带宽。高斯响应示波器的系统带宽和上升时间由式（3-20）和式（3-21）计算，而使用最大平坦响应示波器时，一般需要由示波器厂商提供所使用的示波器 – 探头组合的系统带宽和上升时间。

$$\frac{1}{BW_{\text{sys}}} = \frac{1}{\sqrt{BW_{\text{scope}}^2 + BW_{\text{probe}}^2}} \tag{3-20}$$

$$RT_{\text{sys}} = \sqrt{RT_{\text{scope}}^2 + RT_{\text{probe}}^2} \tag{3-21}$$

通过数据手册只能获得示波器和探头的带宽和上升时间，而无法得到其频率响应曲线，故不能精确地计算幅值测量误差。在进行示波器和探头选型时，对于模拟信号测试，选择示波器和探头为被测信号最大频率 5 倍以上就比较稳妥了。结合 SiC MOSFET 的开关速度，要求示波器带宽和探头带宽达到 500MHz。

3.3.1.2　垂直特性

1. ADC 量化位数

在数字示波器中，ADC 是将连续的模拟信号转换为离散的数字信号的核心器件。量化位数是 ADC 最重要的参数，它决定了 ADC 的垂直分辨率。量化位数为 N 的 ADC 将满量程均分为 2^N 等份，其分辨率就是满量程的 $1/2^N$，故 ADC 的量化位数越高其分辨率也越高。

可以将 ADC 看作是一台特殊的天平，其所拥有的砝码都是等质量的。在所有砝码总质量一定（即 ADC 量程一定）的情况下，单个砝码的质量越小（即 ADC 量化位数越高，分辨率越高），则天平（ADC）的测量误差就越小、精度就越高。8 位 ADC 的分辨率分别是 6 位 ADC 和 4 位 ADC 分辨率的 4 倍和 16 倍，从图 3-18 中可以看到，随着 ADC 量化位数升高，测量结果也更加精准。

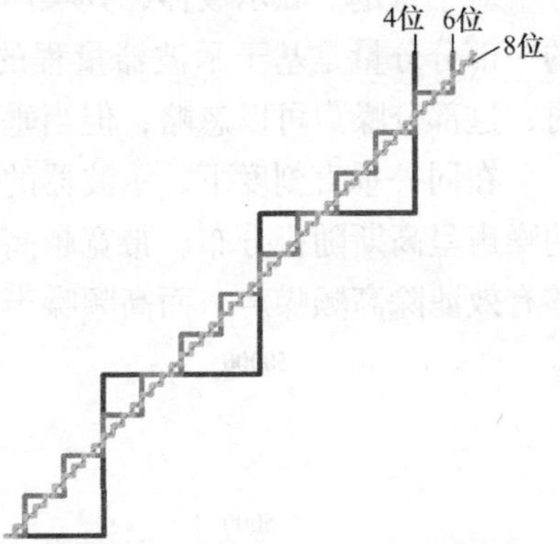

为了确保对高频信号的测量能力，数字示波器一般都采用 FLASH 型 ADC，其量化位数一般为 8 位。以对 1200V SiC MOSFET 进行测试为例，示波器垂直刻度设置为 150V/div，则满量程为 1200V，此时 8 位 ADC 的分辨率为 4.69V，而 12 位 ADC 的分辨率为 0.29V。

图 3-18　ADC 量化位数对测量的影响

2. 噪声

示波器上显示的波形是被测信号叠加上噪声的结果，使得波形看起来总是"毛茸茸"的，显得很"胖"。噪声的来源包括其模拟前端、ADC、探头、电缆等，对于示波器的总体噪声而言，ADC 的量化误差的贡献通常较小，模拟前端带来的噪声通常贡献较大。示波器在不接任何探头的情况下，可以观察到示波器噪声如图3-19所示，呈现出随机性的特点。

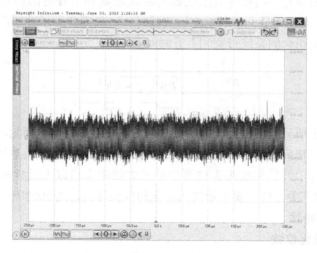

图 3-19 示波器的噪声

Keysight Infiniium S – Series 示波器从 500MHz 到 8GHz 共有 7 款产品，图 3-20 所示为输入阻抗为 50Ω 时的 RMS 噪声值[19]。

对于特定一款示波器，其噪声随垂直刻度的增大而增大。这是因为示波器噪声的一部分分量是基于示波器量程的相对噪声，由垂直刻度决定。当垂直刻度较小时，这部分噪声可以忽略；但当垂直刻度较大时，这部分噪声将占据主导地位。

在同一垂直刻度下，示波器的带宽越高，噪声越大。这是因为示波器模拟前端的噪声呈高斯随机分布，带宽越高，噪声频谱越宽，则噪声越大。低带宽示波器能够有效滤除高频噪声，而高频噪声会进入高带宽示波器的带宽内。

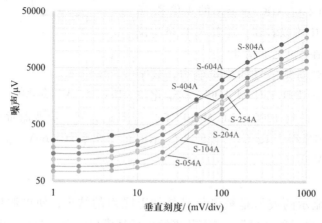

图 3-20 Keysight Infiniium S – Series 示波器 50Ω 输入阻抗噪声

在进行双脉冲测试时, 所使用的部分探头需要设置示波器输入阻抗为 $1M\Omega$。以 Keysight DSOS054A 为例, $1M\Omega$ 输入阻抗下噪声明显大于 50Ω 时, 如图 3-21 所示。此外, 示波器的噪声还受通道放大倍数的影响, 放大倍数越大, 噪声越大。这是因为整个测量系统的噪声有两个来源, 即探头和示波器模拟前端。衰减比为 $N{:}1$ 的探头会将信号衰减为 $1/N$ 送入示波器, 之后示波器会将信号放大 N 倍进行还原后再显示, 由于在对信号放大还原的同时也会将示波器的噪声一同放大, 使示波器噪声的影响更加严重。

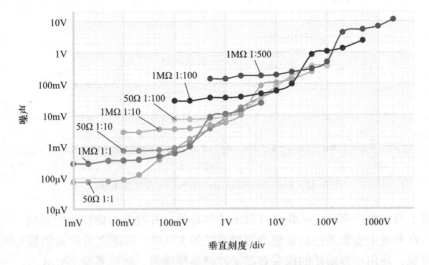

图 3-21　示波器输入阻抗和放大倍数对噪声的影响

3. ENOB

由于噪声及其他非理想因素的影响, 示波器实际的分辨率会小于 ADC 量化位数所对应的理想分辨率, 根据示波器能够达到的实际分辨率计算得到的量化位数被称为有效位数 (Effective Number of Bits, ENOB)。

具有 8 位 ADC 示波器的 ENOB 一般在 6 位左右, 那么之前举例测量 1200V SiC MOSFET 的 V_{DS} 的实际分辨率并达不到为 4.6875V, 而仅为 18.75V。由此可见, 噪声严重降低了示波器垂直分辨率, 故 ENOB 比 ADC 量化位数更准确表征了示波器的垂直分辨率, 为示波器选型和误差分析提供依据。

ENOB 是通过对固定幅值的正弦波扫频测试, 再通过时域分析法或频域分析法得到的, 由一条 ENOB 曲线描述。示波器的 ENOB 受采样率、垂直刻度和被测信号屏幕垂直方向占比的共同影响, 故在给出 ENOB 时需要同时标明对应的测试条件。

图 3-22 所示为 Keysight Infiniium S – Series 示波器的 ENOB[20], 是在采样率 20GS/s、垂直刻度 100mV/div、被测信号占据屏幕垂直方向 90% 下得到的。

同一款示波器的 ENOB 曲线并不是平坦的, 这说明其 ENOB 并不是固定值, 而是随频率的变化而有所起伏。示波器厂商不会提供 ENOB 曲线, 一般只在数据手册中提供 ENOB 值，为 ENOB 曲线的平均值。

同一系列示波器的 ENOB 随着示波器带宽的升高而降低，带宽为 1GHz、2GHz、4GHz、8GHz 的示波器其 ENOB 平均值分别为 7.8 位、7.5 位、7.2 位、6.4 位，这与噪声随带宽的升高而升高相吻合。结合图 3-20 可见在示波器选型时并不是带宽越高越好，带宽过高反而会带来噪声过大、ENOB 严重降低的问题。

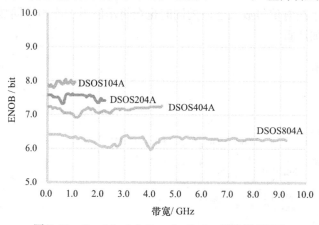

图 3-22　Keysight Infiniium S – Series 示波器 ENOB

以上所述的噪声和 ENOB 仅针对示波器自身，并没有考虑探头的影响。与带宽类似，在测量中需要关注的是整个测量系统的 ENOB。根据之前放大倍数对噪声的影响可见，使用小衰减比的探头有助于控制系统噪声、提高系统 ENOB。

4. 高分辨率示波器

从 20 世纪 80 年代中期第一款数字示波器问世以来，8 位 ADC 一直是示波器固定不变的特性，提高 ADC 的带宽和采样率一直是高速示波器所关注的主要问题。在 2010 年后，示波器在带宽和采样率方面已经达到瓶颈，同时电力系统、嵌入式系统和 EMC/EMI 测试要求测试设备具有更高的精度和更宽的动态范围，各厂商才把更多的精力投入到高分辨率示波器的研发和生产，陆续推出了多款高分辨率示波器，大大提高了示波器的垂直分辨率，如图 3-23 所示。

高分辨率示波器相比 8 位示波器的提升主要体现在采集芯片上，一方面需要位数更高的 ADC，另一方面需要低噪声的模拟前置，如图 3-24 所示。

如图 3-25 所示为 Keysight 的 3 款带宽为 2.5GHz 示波器的噪声，可以看到 10 位分辨率的 DSOS254A 的噪声明显小于其他两款 8 位示波器。示波器的噪声更小，才能更充分地利用 ADC 的位数，进而提高 ENOB。

使用同一台 Tektronix MSO64 6 – BW – 1000 示波器和相同的探头进行两次双脉冲测试，分别设置示波器为 8 位和 12 位分辨率，其他设置不变，测试结果如图 3-26 所示。可以看到，在 8 位分辨率模式下，得到的波形具有明显的锯齿状；而在 12 位分辨率模式下，波形十分平滑，这就是高分辨率带来的好处。

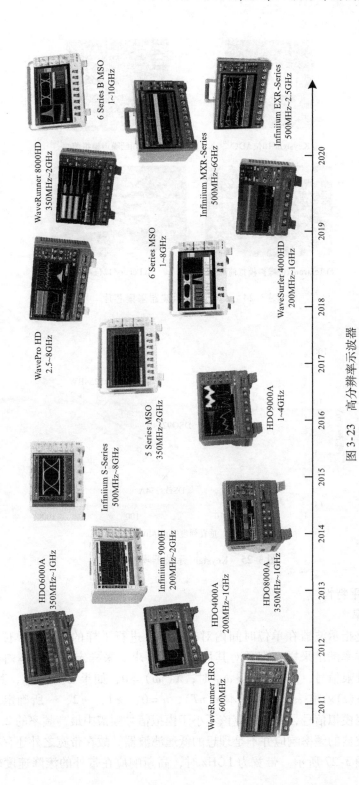

图 3-23　高分辨率示波器

a) Keysight 10位ADC[19]　　　　b) Keysight低噪声模拟前端[19]

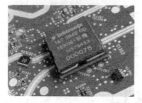

c) Tektronix低噪声模拟前端[21]　　　　d) Lecory 12位ADC

图 3-24　高分辨率示波器采集芯片

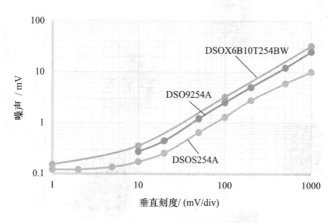

图 3-25　Keysight 示波器噪声对比

3.3.1.3　水平特性

1. 采样率

采样率是指示波器在单位时间内对被测信号进行采样的次数，单位为 GS/s，示波器的采样率满足采样定理是对其最基本的要求。采样定理的具体内容是：设 $x(t)$ 是一个带限信号，即在 $|\omega| > \omega_M$ 时，$X(j\omega) = 0$，如果 $\omega_s > 2\omega_M$，其中 $\omega_s = 2\pi/T$，那么 $x(t)$ 就唯一地由其样本 $x(nT)$，$n = 0$，± 1，± 2，…所确定。即为了不失真地恢复模拟信号，采样率应该不小于模拟信号频谱中最高频率的 2 倍。

由于示波器的频率响应并不是理想的低通滤波器，故在带宽之外还存在不少高频分量，如图 3-27 所示。带宽为 1 GHz 时，高斯响应在带外的滚降速度较慢，高

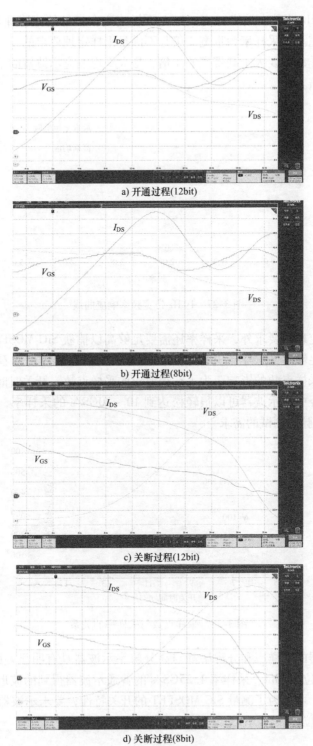

a) 开通过程(12bit)

b) 开通过程(8bit)

c) 关断过程(12bit)

d) 关断过程(8bit)

图 3-26　分辨率对测量的影响

频分量直到 3GHz 才基本被衰减完；最大平坦响应在带外的滚降速度快，在 2GHz 时已基本衰减完。故采样率为带宽 2 倍是不满足采样定理要求的，一般要求高斯响应示波器的采样率需要大于其带宽的 4 倍，最大平坦响应示波器的采样率需要大于其带宽的 2.5 倍。

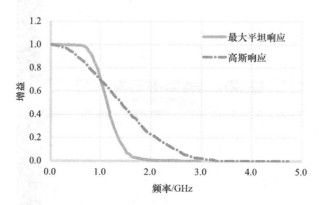

图 3-27   1GHz 带宽频率响应曲线

除过采样定理的要求外，采样率还需要足够高以捕获 SiC MOSFET 开关过程中的细节，获得足够多的采样点用于计算和分析。通过图 3-28 可以看到不同开关时间下采样率对采样点数的影响，为了获得要求的采样点数，开关时间越短则要求采样率越高。如今中端示波器可以很轻松达到 10 ~ 20GS/s 的采样率，完全可以满足 SiC MOSFET 双脉冲测试的需求。

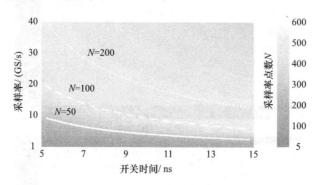

图 3-28   采样点数与采样率的关系

普通示波器的采样率和分辨率都与高分辨率示波器具有明显差距，图 3-29 所示为使用 ADC 位数 8bit、采样率 1.25GS/s 的普通示波器得到的波形，其波形的锯齿状更加明显。可见为了测量 SiC MOSFET 的开关特性，要求示波器具有足够高的采样率和 ADC 位数。

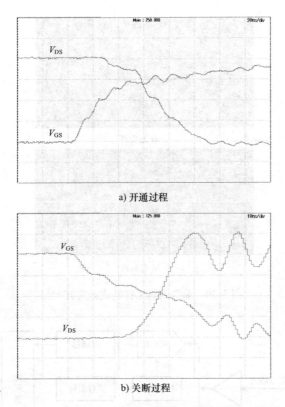

a) 开通过程

b) 关断过程

图 3-29　普通示波器测量结果

2. 固有抖动

示波器的内部电路缺陷会使 ADC 采样点水平偏移理想位置，这种偏移就是示波器自身固有的本底抖动。示波器抖动的来源有多个方面，包括：多片 ADC 进行交叉带来的误差、ADC 采样时钟输入信号的抖动以及其他内部抖动源。这种水平偏移误差源的集合会构成一个总的水平时间误差，即等效的采样时钟抖动（简称为采样时钟抖动），也可以叫做固有源抖动时钟（SJC）。

我们常常只注意到采样定律对采样率大于被测信号最高频率 2 倍的要求，而忽略了等间隔采样这一前提条件。当固有抖动较大时，示波器用 $\sin(x)/x$ 函数恢复出的信号将与实际的被测信号有明显偏差，如图 3-30 所示。

高采样率示波器往往是通过多片 ADC 交叉实现的，其原理如图 3-31 所示。被测信号被送到两片 ADC 上，这两片 ADC 的时钟信号相差 180°，之后再交由 CPU 对采样结果进行拼接，这样就实现了 2 倍等效采样率。

要控制多片 ADC 的采样时间精度难度较大，稍有不慎就会导致交叉失真。故在选择这类示波器时要格外关注其交叉失真的情况，而不是一味追求高采样率。

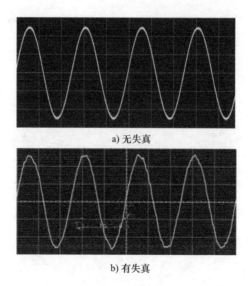

a) 无失真

b) 有失真

图 3-30　非等间隔采样造成的失真[22]

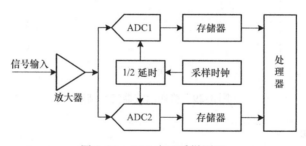

图 3-31　ADC 交叉采样原理

3.3.1.4　示波器选型

通过以上讨论，我们明确了 SiC MOSFET 双脉冲测试对示波器的性能要求，即高带宽、高采样率、高分辨率、低噪声、低抖动。其中带宽和采样率给出了量化要求，而分辨率、噪声、抖动给出量化指标要求的难度较大，可以采用横向对比取最优的方式。

全球主要的示波器厂商有 Keysight、Tektronix、Lecory，三大厂商通过持续的研发逐渐拉开与追随者的差距，垄断了大部分市场份额。故接下来将基于这三大厂商的产品完成示波器和探头的选型。

1. Keysight DSOS104A（见图 3-32）

Keysight 起源于 HP 公司，2014 年从 Agilent Technologies 独立上市。Keysight 是全球领先的测量仪器公司，拥有世界一流的测量平台、软件和一致性测量技术，为无线通信、航空航天与国防以及半导体等市场提供最先进的测量解决方案。

Infiniium S 系列示波器[19]带宽覆盖 500MHz ~ 8GHz，采样率最高可达 20GS/s，

具有出色的信号完整性，可以看到最真实显示的信号：10 位 ADC、低噪声前端、超稳时基、信号处理的硬件实现、灵敏的深存储器。采用业界最先进的平台，提供 240GB 可拆卸 SSD、高性能主板、快速数据卸载和电容触摸屏。

2. Keysight MXR10xA（见图 3-33）

除了 S 系列示波器之外，Keysight 在 2020 年刚发布了新的 MXR 系列中端示波器[23]，MXR 系列示波器和其最高端的示波器 UXR 使用相同的 ASIC 和架构，测试速度和性能显著提高。MXR 系列示波器最多能够提供 8 个模拟通道，同时覆盖 500MHz ~ 6GHz 的带宽，高达 9.0 的 ENOB 和最低 43μV 的噪声，非常适合高精度测试需求。

同时 MXR 系列示波器还是一款 8 合 1 综合型仪器，集成包括示波器、逻辑分析仪、协议分析仪、DVM、计数器、实时频谱分析仪、波特图仪、波形发生器等功能，实时频谱分析功能能够帮助电源工程师快速定位电磁兼容相关问题，另外 Keysight 也是最先提出使用示波器进行开关电源波特图测试的公司，MXR 搭配的波特图测试能够帮助工程师更好地了解产品特性，进一步提高产品的稳定性。

图 3-32　Keysight DSOS104A

图 3-33　Keysight MXR10xA

3. Tektronix MSO6xB 6 – BW – 1000（见图 3-34）

Tektronix 是一家全球领先的测试、测量和监测解决方案提供商，成立于 1946 年。如今 Tektronix 已成为全球主要的电子测试测量供应商之一，产品主要包括示波器、信号源、电源、逻辑分析仪、频谱分析仪和误码率分析仪，以及各种视频测试产品。

6 系列 B MSO 混合信号示波器[21]把中档示波器的性能标杆提升到 10GHz，实现 50GS/s 采样率，最多可提供 8 个 FlexChannel®输入通道，具有能够提供最高 16 位垂直分辨率的 12 位 ADC，采用新型低噪声放大器 ASIC—TEK061，大大降低了噪声。6 系列 B MSO 可以全面升级，并可以选配内置任意波形/函数发生器。具有支持掐动 - 缩放 - 滑动手势的 15.6in 容性触摸屏、全新工业设计及选配 Windows 10 操作系统。

4. LeCroy HDO6104A（见图 3-35）

LeCroy 是中高端示波器及协议分析仪开发、制造和分销的全球领导者，成立于 1964 年。Lecroy 有广泛的示波器产品线，覆盖了从 100MHz 到 100GHz 的带宽范围。主要应用于通信、计算机、消费电子、汽车电子和电源方面的研发、设计和生产制造，在中高端示波器市场处于具有不可替代的地位。

HDO6000A 系列示波器[24]是 LeCroy 高精度示波器的代表，它的垂直精度比常规示波器高 16 倍，底噪低约 10dB。350M ~ 1GHz 的带宽，10GS/s 的采样率，最高 250M 点的存储深度，16 路数字通道，可以应对各类电源和混合信号。小巧的"身材"，较低的价格，更高的垂直精度，以及丰富的探头选件，强大的运算工具，使得它一经问世就成了电源测试领域的"宠儿"。

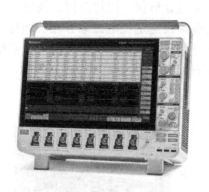

图 3-34　Tektronix MS6xB 6 – BW – 1000　　图 3-35　LeCroy HDO6104A

3.3.2　电压探头

3.3.2.1　电压探头分类

电压探头是电子工程师最熟悉的测量工具之一，在学习和工作中更是离不开它。三大厂商各自推出了多达几十款电压探头[25-27]，品类繁多的电压探头令人眼花缭乱。这些基于不同原理和结构的探头具有不同的带宽、测量范围和负载效应，应对不同的应用场合和测量需求。

按照电压探头是否需要供电，可将其简单分为无源探头和有源探头。无源探头仅由电阻、电容、线缆等无源器件构成，其本质是一个无源分压网络；而有源探头内部具有放大器，需要对其进行供电。进一步再根据测量范围、阻抗、单端或差分等，可对探头进行更细致的分类，如图 3-36 所示。

1. 通用无源探头

最常见的是具有 10:1 衰减比的探头，也就是俗称的十倍无源探头，是示波器的标配电压探头。其带宽可高达 500MHz ~ 1GHz，测量范围一般在 500V 以下。另外还有 1:1 分压比的探头，其带宽在 50MHz 以下。由于其价格便宜，使用简便，在

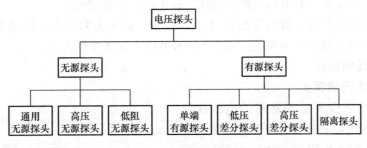

图 3-36 电压探头的分类

各个领域得到了广泛使用。

2. 高压无源探头

高压无源探头比通用无源探头具有更高的输入阻抗和更高的衰减比，最高带宽可达 800MHz，最大测量范围可达几千伏，主要应用于电源设计、功率半导体测试等。

3. 低阻无源探头

低阻无源探头的输入阻抗较低，一般为几百到几千欧姆，又称为传输线探头。其带宽可达数 GHz，是一种低成本、高可靠的高带宽探头。主要应用于计算机、通信、数据存储和其他高速设计。

高阻无源探头输入阻抗高，但带宽不高；低阻无源探头带宽很高，但输入阻抗低、负载效应大。放大器具有较高输入阻抗、高带宽，还具有足够驱动 50Ω 传输线的驱动能力。利用放大器的上述特点，有源探头克服了无源探头的弱点，能够同时满足高输入阻抗和高带宽。

4. 单端有源探头

其前端有一个高速放大器，输入端为单端输入。探头的带宽很高，可达到数 GHz；但单端有源探头动态范围很小，一般在几伏以内。主要应用于调试高速设计、信号完整性、抖动和定时分析。

5. 低压差分探头

与单端有源探头不同，差分有源探头前端是一个差分放大器，输入端为差分输入，故具有抗共模的能力。低压差分探头专为高速信号测试设计，带宽可达数十 GHz，动态范围一般在 10V 以内，少数带宽较低的探头动态范围能达到几十 V。

6. 高压差分探头

高压差分探头是电源工程师最常使用的探头，常被误认为是隔离探头，最明显的特征是它的“方盒子”外形。其带宽不高，通常在 200MHz 以下，但测量范围较大，可高达几千伏。主要应用于电源和低速差分总线测量。

7. 隔离探头

隔离探头利用隔离放大器或光隔离技术实现隔离采样，提供高隔离电压，保护人员和设备的安全，具有高共模抑制比、抗干扰能力强的优点。

通过以上的介绍，我们发现 10:1 无源探头、高压无源探头、高动态范围的低压差分探头以及隔离探头可能适用于 SiC MOSFET 双脉冲测试。

3.3.2.2 无源探头

1. 10:1 无源探头

10:1 无源探头是最常见的电压探头，其等效电路如图 3-37 所示。探头前端包含由输入电阻 R_{in} 和输入电容 C_{in} 构成的输入阻抗，以及接地线电感 L_{ground}。探头前端通过电缆连接探头末端，电缆有电容 C_{cable}，末端有补偿电

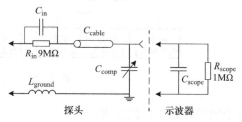

图 3-37　10:1 无源探头等效电路

容 C_{comp}。探头末端连接示波器输入，示波器输入阻抗为输入电阻 R_{scope} 和输入电容 C_{scope} 并联组成。R_{in} 为 9MΩ，R_{scope} 为 1MΩ，这样就实现了 10:1 的衰减比。

10:1 无源探头的带宽可高达 500MHz ~ 1GHz，测量范围一般在 500V 以下，可以用于 SiC MOSFET V_{GS} 的测量。

在使用无源探头时，需要使其与示波器实现阻抗匹配，以在带内获得平坦的增益，否则会严重影响其高频特性。阻抗匹配的条件是 $R_{in}C_{in} = R_{scope}C_{scope}$，由于每台示波器的 C_{scope} 会有略微不同，则需要调节 C_{comp} 进行补偿。具体的方法是使用探头测量示波器自带的低压方波信号，用探头配套的螺钉旋具旋转探头末端的补偿电容调节旋钮，观察到方波信号既无过冲又无过阻尼时即为正确补偿。此外，现在还有一些示波器可以识别探头型号并完成自动补偿。

使用 +15V/ −4V 对 SiC MOSFET 进行驱动，可以看到阻抗匹配对 V_{GS} 测量的影响如图 3-38 所示。当探头处于欠补偿时，测得的 V_{GS} 上升速度慢，需要更长的时间才能达到 +15V；当探头处于过补偿时，测得的 V_{GS} 出现明显的过冲，甚至达到了 +20V。无论是欠补偿还是过补偿，都会得到错误的测量结果，进而造成误导。

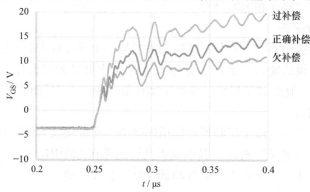

图 3-38　阻抗匹配对 V_{GS} 测量的影响

此外，探头接地线电感 L_{ground} 也会影响探头的高频特性。首先，L_{ground} 会引起振铃，使波形振荡看起来比实际更加严重；另外，L_{ground} 起到了天线的作用，会吸收周围的辐射，这在存在高 $\mathrm{d}i/\mathrm{d}t$ 的 SiC MOSFET 双脉冲测试中更加突出。

为了降低 L_{ground} 对测量的影响，需要尽可能缩短接地线长度、减小探头测试接线的回路面积。常见方法是使用各厂商提供的 PCB 适配器、短弹簧地线，另外还可以自行绕制短接地线，其成本更低，测量点选择也更加灵活，如图 3-39 所示。

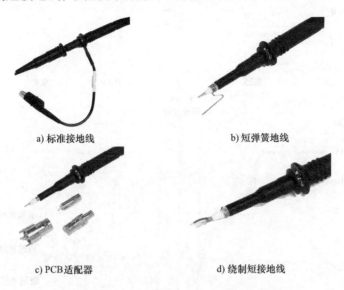

a) 标准接地线　　　　　　　　　　b) 短弹簧地线

c) PCB 适配器　　　　　　　　　　d) 绕制短接地线

图 3-39　减小前端回路电感的方式

分别使用长接地线、短弹簧接地线和自行绕制短接地线的方式对 V_{GS} 进行测量，随着 L_{ground} 的降低和回路面积的减小，V_{GS} 波形也越来越"干净"，如图 3-40 所示。使用自行绕制短接地线时测得的 V_{GS} 波形振荡最轻微，基于此结果判断此时 V_{GS} 在应用中属于可接受的范围之内；而使用长接地线时测得的 V_{GS} 波形振荡严重，振荡峰值超过了器件栅极耐压，基于此结果判断此时 V_{GS} 在应用中是不可接受的。由此可见，L_{ground} 会导致测量结果存在严重偏差，影响分析和判断。

2. 高压无源探头

增大无源探头的输入电阻，探头的分压比也将增加，这样的探头就是能够测量更高电压的高压无源探头。常见的高压无源探头输入电阻在几十 MΩ ~ 100MΩ，分压比为 50:1、100:1 和 1000:1。如图 3-41 所示为高压无源探头产品，部分型号的指标满足 SiC MOSFET 双脉冲测试中对 V_{DS} 测量的要求。

由于同样是无源探头，高压无源探头也存在阻抗匹配和接地线电感的问题需要注意，如图 3-42 和图 3-43 所示。

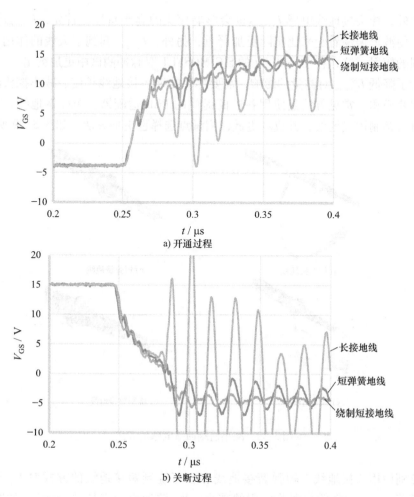

a) 开通过程

b) 关断过程

图 3-40 接地线电感 L_{ground} 对 V_{GS} 测量的影响

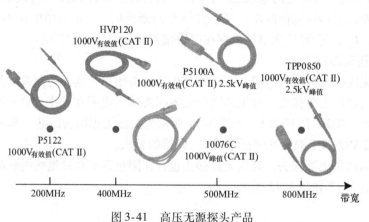

图 3-41 高压无源探头产品

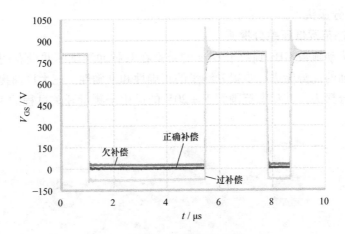

图 3-42　阻抗匹配对 V_{DS} 测量的影响

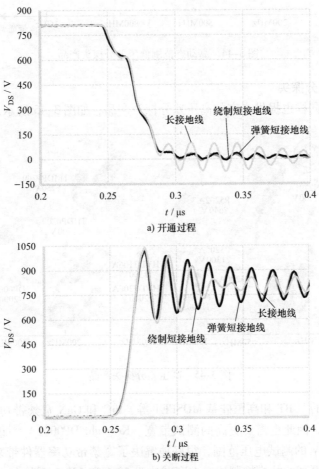

a) 开通过程

b) 关断过程

图 3-43　接地线电感对 V_{DS} 测量的影响

3.3.2.3　差分探头

1. 高动态范围低压差分探头

差分探头动辄数 GHz 到数十 GHz 的带宽在双脉冲测试中并没有用武之地，但其抗干扰力强的优势能进一步提升测量的正确性和准确性。三大厂商提供了高动态范围低压差分探头，其动态范围大于 ±20V 的适用于测量开关过程的 V_{GS} 信号，如图 3-44 所示。

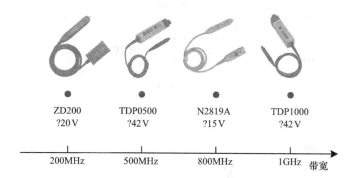

图 3-44　高动态范围低压差分探头产品

2. 高压差分探头

三大厂商同样也提供丰富的高压差分探头产品，如图 3-45 所示。

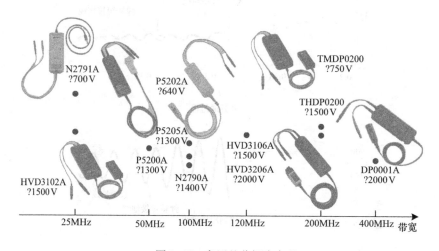

图 3-45　高压差分探头产品

相比传统的 IGBT 和高压硅基 MOSFET 等，SiC 和 GaN 宽禁带功率器件具有更快的开关速度，因此也需要更高的测试带宽。Keysight DP0001A[28] 能够以 400MHz 的带宽提供 2kV 的测试电压范围，很好地解决了宽禁带功率器件带来的测试挑战。同时，其具有更高的共模抑制比，在衰减比为 50:1 和 500:1 下其在 400MHz 下依然可以达到 50dB 和 70dB，明显优于常见的高压差分探头。使用 Keysight DP0001A 测量上管 V_{DS} 的结果如图 3-46 所示，可以看到 DP0001A 测得的波形更符合理论情况，开通完成后 V_{DS} 为正，关断后 V_{DS} 为围绕母线电压 800V 单频阻尼振荡，而使用高压差分探头 HVD – A 和 HVD – B 测得的波形具有明显违背理论特征的情况。

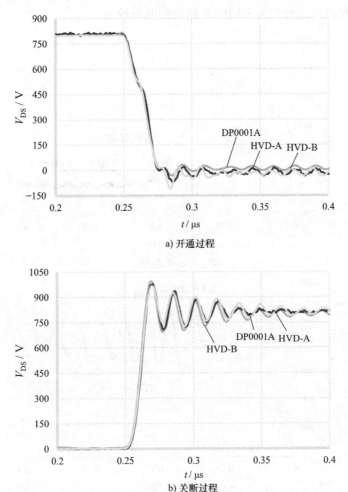

a) 开通过程

b) 关断过程

图 3-46　DP0001A 测量上管 V_{DS} 结果

　　值得关注的是，常见的高压差分探头的共模耐压会随着衰减比的变化而变化，这就给测量上管 V_{GS} 带来很大的问题。例如某型号差分探头在衰减比为 100:1 下差分耐压和共模耐压都是 1000V，10:1 衰减比下差分耐压和共模耐压都降至 100V，则当需要测量上管 V_{GS} 时，不得不使用 100:1 的衰减比，使得 V_{GS} 测量结果误差非常大。而 DP0001A 采用特殊设计，共模耐压不会随着衰减比的变化而变化，在低衰减比依然保持着较高的带宽和共模耐压，非常适合上管的 V_{GS} 的测量，特别是有高带宽需求的 SiC 和 GaN 宽禁带功率器件的 V_{GS} 波形的测量。

高压差分探头的电压测量范围满足 V_{DS} 的测量要求，其中个别型号的带宽满足要求，但由于差分电缆组过长，导致其测量准确度不如无源高压探头。通过图 3-47 可以看到，高压差分探头的测试结果与高压无源探头的测量结果存在一定差异，特别是高压差分探头 HVD – B 的特性明显较差。

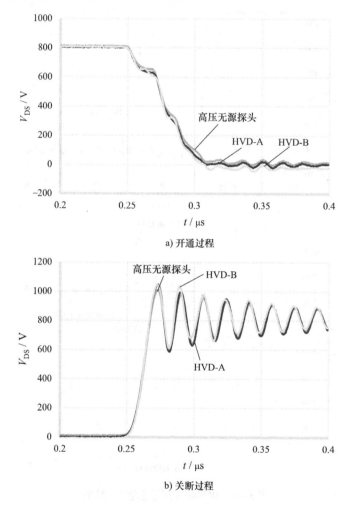

a) 开通过程

b) 关断过程

图 3-47　高压差分探头与高压无源探头的 V_{DS} 测量结果

3.3.2.4　隔离探头

上管 Q_H 的 S 极电位是幅值为 V_{Bus} 的方波，为 Q_H 的 V_{GS} 和 V_{DS} 的共模电压，方波边沿跳变速率为开关管开关时的 dV_{DS}/dt。对 Q_H 的 V_{GS} 和 V_{DS} 的测量为浮地测量，不能使用无源探头，一般使用高压差分探头，以免造成人员伤害和设备损坏。

高压差分探头的共模抑制比（Common Mode Rejection Ration，CMRR）是一项

重要参数，反映差分探头抑制共模信号的能力，CMRR 绝对值越高，测量结果受到共模电压的影响越小。高压差分探头在低频时具有较高的 CMRR，随着频率的升高 CMRR 迅速降低。以一款常规高压差分探头为例，其 CMRR 在 DC、100kHz、3.2MHz 和 100MHz 下分别为 $-80dB$、$-60dB$、$-30dB$、$-26dB$。高频下 CMRR 偏低就会导致测量结果的错误，为了解决这一问题，就需要使用高频下依然具有高 CMRR 的电压探头。

　　Tektronix 2016 年推出的第一代光隔离探头 TIVM、TIVH，2020 年推出的第二代光隔离探头 TIVP，如图 3-48 所示。具有非常优异的 CMRR 特性[29-31]，当前端分别为 SMA Input、TIVPMX50X 和 TIVPWS500X 时，其 CMRR 如图 3-49 所示。

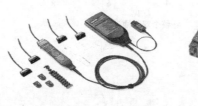

a) 第一代光隔离探头TIVM、TIVH　　　　b) 第二代光隔离探头TIVP

图 3-48　Tektronix 光隔离探头

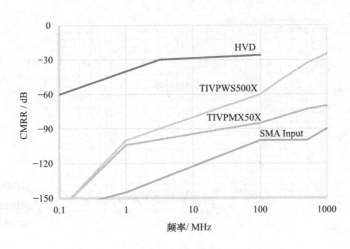

图 3-49　Tektronix 光隔离探头 TIVP CMRR

　　使用 Tektronix 的光隔离探头 TIVP1 测量 Q_H 的 V_{GS}，测量结果如图 3-50 所示。高压差分探头 HVD-A 表现出欠阻尼特性，高压差分探头 HVD-B 表现出过阻尼特性，使得其测量结果存在明显的错误。由于具有优异的 CMRR，利用 TIVP1 能够获得更为真实、准确的 V_{GS}。

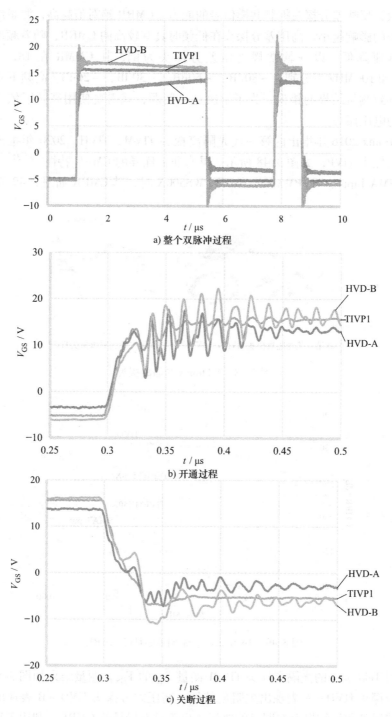

a) 整个双脉冲过程

b) 开通过程

c) 关断过程

图 3-50　上桥臂器件 V_{GS} 测量结果

3.3.3　电流传感器

测量电流时，需要使用电流传感器将电流按照一定比例转换为电压信号再送入示波器。基于不同的原理，多种类型的电流传感器被制造出来，其中霍尔传感器、罗氏线圈、电流互感器和分流电阻最为常见。

3.3.3.1　霍尔电流探头

如图 3-51 所示，将通有电流的导电材料薄片放置于磁场中，载流子会受到洛伦兹力的作用并向薄片的侧边积累，将在导电材料的两端出现垂直于电流 I 和磁场 B 的感应电势差 U_H，这就是由美国物理学家 E. H. Hall 在 1897 年发现的霍尔效应。

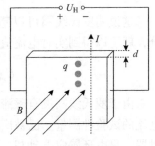

图 3-51　霍尔效应原理

电势差 U_H 称为霍尔电压，其方向可以使用左手定则进行判断，由（3-22）给出

$$U_H = \frac{I \times B}{nqd} \tag{3-22}$$

其中，n 为载流子密度；q 为电流载流子电荷量；d 为导电材料厚度。

利用霍尔效应的霍尔器件，通过检测磁场的变化，将物体的运动状态转变为电压信号输出，最终实现传感或开关功能。霍尔器件已获得了非常广泛的应用，如位移、压力、质量、转速、角度检测等。

电流测量是电源工程师最熟悉的霍尔效应的应用，霍尔电流检测芯片、霍尔电流传感器被广泛应用于功率变换器中，霍尔电流探头是在进行变换器调试时最常用的电流测量工具。最常见的霍尔电流探头为钳式结构，在使用时将被测导线卡入其中，如图 3-52 所示。由于这样的结构，为了将换流回路卡入探头，需要专门为其留出空间。对于双脉冲测试，这将破坏线路走线上下交叠的原则，使主功率换流回路电感大大增加。

图 3-52　霍尔电流探头

霍尔电流探头可以对 DC 和 AC 电流进行隔离测量，但带宽有限且随量程增大不断下降，还存在过电流导致偏磁的情况。

3.3.3.2　罗氏线圈

以德国科学家 Walter Rogowski 命名的罗氏线圈（Rogowski Coil）是一种空心线

圈，一般将导线绕制在非磁性材料上构成。罗氏线圈原理如图 3-53 所示，假定线圈等效半径为 r，导线截面半径远小于 r，罗氏线圈截面面积为 A，线圈匝数为 N，将通有电流的导体穿过罗氏线圈。根据法拉第定律，变化的电流将在线圈两端产生感应电压 U_R，由式（3-23）给出，其中，μ_0 为真空磁导率。

$$U_R = -\mathrm{d}i/\mathrm{d}t \frac{\mu_0 NA}{2\pi r} \tag{3-23}$$

这说明罗氏线圈可以感应出被测电流的变化，进一步用积分器对 U_R 进行积分，就可以得到实时电流值，由式（3-24）给出，其中 k 为积分器的增益。

$$U_{out} = -k\frac{\mu_0 NA}{2\pi r}\int \mathrm{d}i/\mathrm{d}t + U_{out}(0) \tag{3-24}$$

由于罗氏线圈没有磁滞和磁饱和的问题，量程不受限制，特别适合于高频脉冲电流的试验性测量。已被广泛应用于配电系统中电流测量、短路测试系统、电磁发射器、集电环感应电动机、雷击测试、功率半导体研发、大型机械的轴承电流测量、功率测量等领域。

罗氏线圈探头为细环形，在使用时将被测电流套入其中，如图 3-54 所示。相比于霍尔电流探头，罗氏线圈探头具有更小的尺寸，使用更加方便、灵活。可以方便地测量 TO 封装的器件，甚至将键合线套入其中，且不会增加主功率换流回路电感。

图 3-53　罗氏线圈原理　　　　　　图 3-54　罗氏线圈探头

罗氏线圈只能对 AC 电流进行隔离测量，无法测量 DC 电流，测量精度受被测电流与线圈之间相对位置影响，且线圈匝数多而导致其带宽较低，通常不超过 30MHz。

3.3.3.3　电流互感器

电流互感器由闭合磁心、一、二次侧绕组以及检测电阻 R_{sense} 构成，如图 3-55 所示。一次绕组 N_1 直接串入被检测线路，二次侧绕组 N_2 输出端接 R_{sense}，一次侧变化的电流 i_p 产生的感应磁通将在二次侧产生电流 i_s，并在 R_{sense} 产生电压 U_{CT}

$$U_{CT} = R_{sense} i_p \frac{N_1}{N_2} \tag{3-25}$$

一般 R_{sense} 非常小，因此可以将电流互感器看作是一个短路运行的变压器。

电流互感器被广泛应用在光束仪器、浪涌电流测试、粒子加速器、EMI 测试、等离子体研究、电容放电、医学应用等多个领域。

最常见的电流互感器为闭合环形，在使用时将被测导线穿入其中，如图 3-56 所示。与霍尔电流探头相同，电流互感器将破坏线路走线上下交叠的原则，使主功率换流回路电感大大增加。

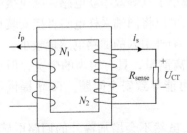

图 3-55　电流互感器原理　　　　　图 3-56　电流互感器

与罗氏线圈一样，电流互感器只能对 AC 电流进行隔离测量，无法测量 DC 电流，且线圈匝数多而导致其带宽较低，另外还存在偏磁和磁饱和问题。

3.3.3.4　采样电阻

采样电阻是基于最基本的欧姆定律，将采样电阻 R_{sense} 串入主功率回路中，电流 i 将在 R_{sense} 产生压降 U_{sense}

$$U_{sense} = iR_{sense} \tag{3-26}$$

采样电阻有表贴式和同轴式两种，如图 3-57 所示。表贴式采样电阻常作为变

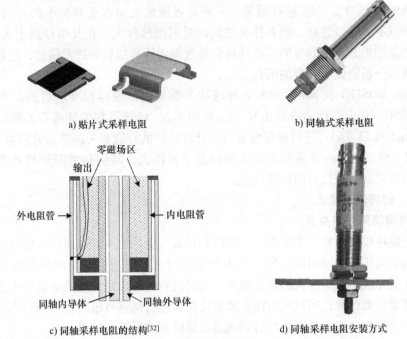

a) 贴片式采样电阻　　　　　　　　　b) 同轴式采样电阻

c) 同轴采样电阻的结构[32]　　　　　　d) 同轴采样电阻安装方式

图 3-57　采样电阻

换器中电流检测元件，而不适合作为双脉冲测试的电流测量工具。这是因为表贴式采样电阻的等效串联电感较大，不适合测量高速脉冲电流的瞬态过程；器件开关时高速电流产生的磁场容易耦合到测量线路中，导致测量容易受到干扰。

同轴式采样电阻采用特殊的结构设计，大大减小了其等效串联电感，感应接线不受被检测电流的影响，拥有很高的带宽。另外，可以将同轴采样电阻直接安装在PCB 上，PCB 布线仍然可以遵循上下交叠的原则，额外引入的回路电感量较小。

同轴采样电阻可以对 DC 和 AC 电流进行非隔离测量，具有很高的带宽，但过电流有可能造成损坏，非隔离测量在高压应用中可能导致安全问题。T&M 提供了丰富的同轴采样电阻产品。

综上所述，对于 TO 封装器件，罗氏线圈探头虽然不会增加额外的回路电感，但带宽明显不够，且精度低，其测量结果不能用于开关过程详细分析和损耗计算；霍尔电流探头只有在小电流时拥有较高带宽产品，同电流互感器一样，由于尺寸问题会大大增加回路电感，也不适用于 SiC MOSFET 双脉冲测试；同轴采样电阻带宽高、精度高、引入的回路电感较小，最适合 SiC MOSFET 双脉冲测试。

3.3.4 时间偏移

3.3.4.1 时间偏移的影响

在进行双脉冲测试时，使用三根不同的探头连接到示波器的三个通道上，同时对被测管的 V_{GS}、V_{DS}、I_{DS} 进行测量。示波器各通道之间存在非常小的时间偏移，在几皮秒以下，可以忽略。而各探头之间的时间偏移较大，在几纳秒到十几纳秒，会导致测量结果并不是同步的。这样将会导致损耗计算结果的严重偏差，还将对进一步的波形分析造成不必要的困扰。

以 SiC MOSFET 在 800V/30A 下开通和关断为例，偏移校准前后波形对比如图 3-58 所示。在未进行偏移校正时，I_{DS} 超前 V_{DS}，计算得到的开通和关断能量分别为 866μJ 和 53.1μJ；进行偏移校正后，计算得到的开通和关断能量分别为 700μJ 和 180μJ。校正前后的开通和关断能量相差非常巨大，特别是关断能量相差 3 倍多，这就要求必须进行时间偏移校正。

3.3.4.2 时间偏移校正

1. 时间偏移校正夹具

进行偏移校准的原理非常简单，其核心是被校正的探头同时对同一信号进行测量。不同的电压探头同时测量同一个电压上升沿，设置通道的延时将波形重叠起来，这样就完成了电压探头的偏移校正，此时设置的通道延时就是电压探头之间的时间偏移量。类似地，当对电压探头和电流探头进行偏移校准时，就同时测量同步的电压上升沿和电流上升沿，然后调整通道延时至波形重叠即可。

基于这个原理，各厂商也提供了专用的工具，可以提供同步的电压和电流上升沿用于偏移校准。Keysight 的功率测量偏移校正夹具 U1880A[33,34]；Tektronix 的相

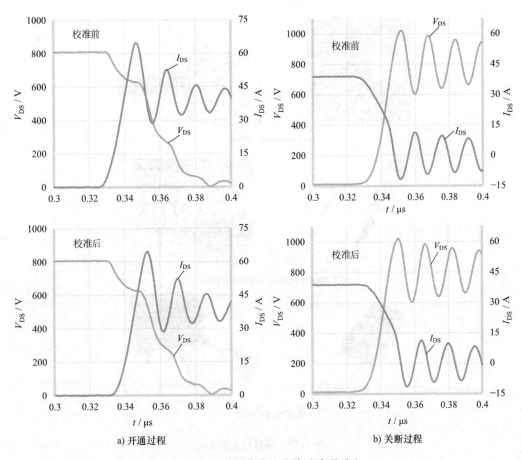

a) 开通过程　　　　　　　　　　　　b) 关断过程

图 3-58　时间偏移校准前后波形对比

差校正脉冲发生器信号源 TEK – DPG 和功率测量偏移校正夹具 067 – 1686 – 03[35,36]；LECROY 的 DCS025 偏移校正信号源[37]，如图 3-59 所示。然而，这些校正夹具都是为霍尔电流探头设计的，不适用于同轴采样电阻。

2. 利用阻性负载开关特性

对电压探头和同轴电阻进行偏移校正的关键是产生同步的电压和电流上升沿信号。这可以利用阻性负载电路实现，如图 3-60 所示，包括开关管 Q、功率电阻 R_L、同轴采样电阻 R_{sense}、母线电容 C_{Bus}。当 Q 开通时，根据欧姆定律，功率电阻两端的电压和流过的电流同时上升，这样就得到了同步的电压和电流上升沿信号。此时使用电压探头测量功率电阻两端的电压，同轴电阻测量流过功率电阻的电流，就可以完成偏移校正。

需要注意的是，这种校正方式是以纯阻性电路为基础的，电压测量点之间的电感会破坏这一前提。故需要使用"无感"电阻，同时电压测量点选为电阻引脚的根部，尽量减小电感的影响。常见的无感电阻有 Caddock 的 MP900 系列电阻[39]和

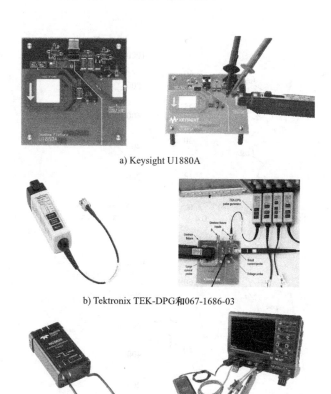

a) Keysight U1880A

b) Tektronix TEK-DPG和067-1686-03

c) LeCroy DCS025

图 3-59   偏移校正夹具

Vishay 的 RTO 50 系列电阻[40]，如图 3-61 所示。

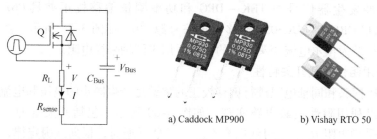

a) Caddock MP900   b) Vishay RTO 50

图 3-60   阻性负载电路   图 3-61   "无感"功率电阻

3. 利用感性负载开通特性

器件在感性负载下进行开通，电流开始上升，由于存在回路电感，电流在回路电感上产生压降并在器件 V_{DS} 波形上表现为电压跌落。电流上升与电压跌落应该是同时发生的，故我们可以调整通道延时使波形符合这一特征。

需要注意的是，由于电流上升与电压跌落的起点有时不是特别明显，人为判断就引入了较大的误差。故建议在不同工况下以较快的开关速度进行多次测试，取平均值作为时间偏移校正值，图 3-62 所示为电压测量点示意。

图 3-62　电压测量点

3.3.5　寄生参数

对 SiC MOSFET 的 V_{GS} 和 V_{DS} 进行测量时，测量点只能选择在器件封装的引脚上，以 TO – 247 – 4PIN 封装为例，如图 3-63 所示。

TO – 247 – 4PIN 封装的 SiC MOSFET 的等效电路如图 3-63 所示，电压测量点包含了封装的引线电感和一部分引脚电感，$V_{GS(M)}$ 测量点包含 $L_{G(pkg-M)}$ 和 $L_{KS(pkg-M)}$，$V_{DS(M)}$ 测量点包含 $L_{D(pkg-M)}$ 和 $L_{KS(pkg-M)}$，将其统称为测量点间电感 L_M，当其上有变化的电流时将产生压降，此电压也会被电压探头测入。另外，SiC MOSFET 有内部栅极电阻 $R_{G(int)}$，I_G 也会在其上产生压降，此电压也被测入。故实际测量得到的 $V_{GS(M)}$ 和 $V_{DS(M)}$ 与芯片实际的 V_{GS} 和 V_{DS} 存在偏差，可由式（3-27）和式（3-28）计算。

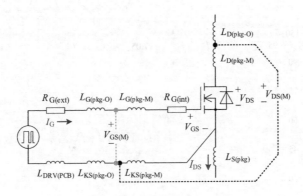

图 3-63　电压测量等效电路

$$V_{GS(M)} = V_{GS} + I_G R_{G(int)} + (L_{G(pkg-M)} + L_{KS(pkg-M)}) \mathrm{d}I_G / \mathrm{d}t \qquad (3-27)$$

$$V_{DS(M)} = V_{DS} + L_{D(pkg-M)} \mathrm{d}I_{DS} / \mathrm{d}t + L_{KS(pkg-M)} \mathrm{d}I_G / \mathrm{d}t \qquad (3-28)$$

通过图 3-64、图 3-65 和图 3-66 可以看出，L_M 和 $R_{G(int)}$ 对 V_{GS} 和 V_{DS} 的测量结果有显著影响。

1. 开通过程 V_{GS}

$t_0 \sim t_1$ 阶段，I_G 迅速上升到峰值，速度快、幅值大，在 L_M 和 $R_{G(int)}$ 的作用下，$V_{GS(M)}$ 上升速度远大于 V_{GS}，两者之间迅速拉开差距。t_1 之后 I_G 开始缓慢下降，在

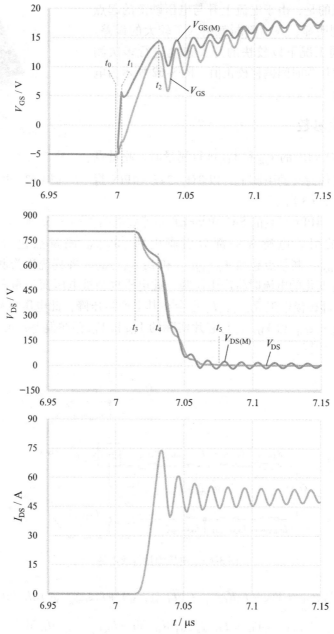

图 3-64　开通过程（仿真波形）

t_2 之前 I_G 幅值依旧较高，$V_{GS(M)}$ 仍然明显高于 V_{GS}，在此阶段 $R_{G(int)}$ 起主要作用。t_2 之后，I_G 持续下降，随着幅值的降低，$V_{GS(M)}$ 和 V_{GS} 的差别也不断减小；同时在 L_M 的作用下，$V_{GS(M)}$ 的振荡幅值也小于实际的 V_{GS}。故利用 $V_{GS(M)}$ 分析开关过程将造成严重的误导。

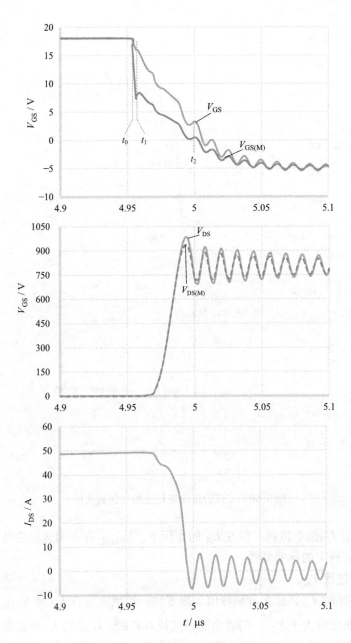

图 3-65　关断过程（仿真波形）

2. 开通过程 V_{DS}

$t_3 \sim t_4$ 阶段，在 L_M 的作用下，$V_{DS(M)}$ 的跌落幅度小于 V_{DS}，这将导致计算开通能量时结果偏大。当 V_{DS} 降至较低时，L_M 使得 $V_{DS(M)}$ 振荡幅度高于 V_{DS}，使得在计算的开通时间和开通能量偏小。t_5 之后，SiC MOSFET 完全导通，V_{DS} 为导通压降，

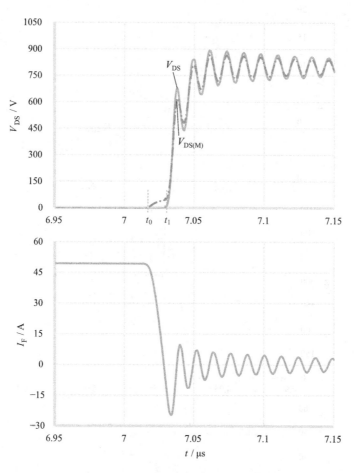

图 3-66　二极管反向恢复过程（仿真波形）

为正值并随着 I_{DS} 微小振荡，但在 L_M 的作用下，$V_{DS(M)}$ 存在明显振荡且有负值，不符合 SiC MOSFET 的导通特性。

3. 关断过程 V_{GS}

$t_0 \sim t_1$ 阶段，I_G 迅速上升到峰值，速度快、幅值大，在 L_M 和 $R_{G(int)}$ 的作用下，$V_{GS(M)}$ 下降速度远大于 V_{GS}，两者之间迅速拉开差距。t_1 之后 I_G 开始缓慢下降，在 t_2 之前 I_G 幅值依旧较高，$V_{GS(M)}$ 仍然明显低于 V_{GS}，在此阶段 $R_{G(int)}$ 起主要作用。t_2 之后，I_G 持续下降，随着幅值的降低，$V_{GS(M)}$ 和 V_{GS} 的差别也不断减小；同时在 L_M 的作用下，$V_{GS(M)}$ 的振荡幅值也小于实际的 V_{GS}。故利用 $V_{GS(M)}$ 分析关断过程将造成严重的误导。

4. 关断过程 V_{DS}

上升过程中，V_{DS} 和 $V_{DS(M)}$ 差别很小。当 SiC MOSFET 关断后，在 L_M 的作用

下，$V_{DS(M)}$ 的振荡幅度小于 V_{DS}，这导致测量得到的关断电压尖峰比实际的幅度小。

5. 体二极管反向恢复过程 V_{DS}

$t_0 \sim t_1$ 阶段，$-I_{DS}$ 下降但仍大于零，体二极管处于正向导通状态，V_{DS} 为导通压降且为负。在 L_M 的作用下，$V_{DS(M)}$ 由负变为正且持续升高，不符合体二极管的导通特性。在反向恢复过程中和结束后，$V_{DS(M)}$ 的振荡幅值也小于实际的 V_{DS}。

由此可见，L_M 和 $R_{G(int)}$ 对器件特性评估和开关过程分析有严重的误导。为了减小 L_M 以降低其影响，可以选器件封装引脚根部作为电压测量点，而 $R_{G(int)}$ 是 SiC MOSFET 芯片的寄生参数，无法缓解其影响。在后续章节中 SiC MOSFET 开关过程的仿真与实测波形均包含 L_M 和 $R_{G(int)}$ 的影响。

将器件引脚根部定义为TP$_1$，将器件引脚与 PCB 连接处定义为TP$_3$，将TP$_1$ 和 TP$_3$ 的中点定义为TP$_2$。通过图 3-67 和图 3-68 可以看到，随着测量点远离芯片，

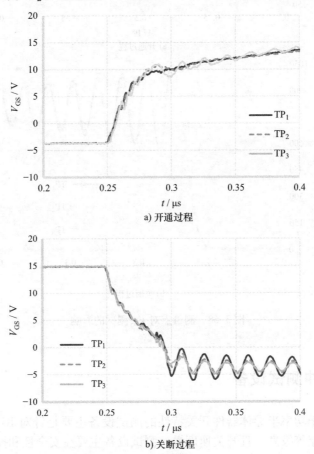

图 3-67　测量点对 V_{GS} 测试的影响

125

即 L_M 越大，测量结果受到的影响也越大，其规律符合式（3-27）和式（3-28）。可见，为了获得尽量准确的测试结果，电压测量点应尽可能靠近芯片。

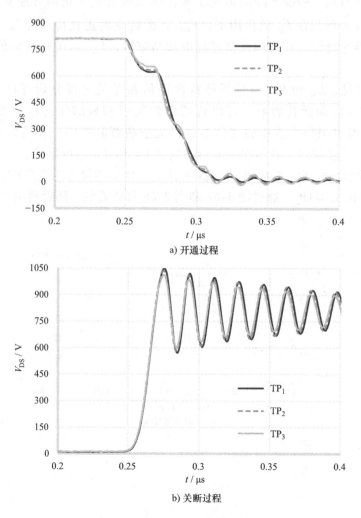

图 3-68　测量点对 V_{DS} 测试的影响

3.4　双脉冲测试设备

　　市面上用于功率半导体器件开关特性的测试设备主要是针对 IGBT 模块的，由于其电压和电流等级高，且开关速度慢，测试设备主要在安全性和操作性上进行了相关设计，导致其测量仪器的选择、测试电路的设计并不适用于 SiC 器件。另外，针对单管器件动态特性测试设备也非常少，且同样不满足 SiC 器件的测试要求。

Keysight 公司于 2019 年发布了双脉冲测试系统 PD1500A[41]，如图 3-69 所示，是首个有示波器背景的测试企业进入到双脉冲测试领域。得益于几十年的示波器设计与测量经验，以及对功率器件动态参数测试相关的影响因素的周全考虑，利用 PD1500A 能够帮助我们更好地理解双脉冲测试系统的技术需求并获得精准的测试结果。

1. 系统带宽

目前市面上的动态参数测试系统的系统带宽基本都在 100MHz 以下，主要是为了满足 IGBT 的测试需求，但是随着功率器件技术的发展，其开关速度越来越快，这些动态参数测试系统的带宽已经远远不能满足测试的需求。为了应对日益提升的器件开关速度，特别是宽禁带功率器件带来的开关速度的大幅提升，PD1500A 的系统带宽可达 200~400MHz，其测试电路如图 3-70 所示。

图 3-69　Keysight 双脉冲测试系统 PD1500A

a) 测试夹具

b) 驱动电路模块

c) TO-247封装器件DUT电路板　　d) D2PAK-7封装器件DUT电路板

图 3-70　Keysight PD1500A 测试电路[42]

2. 测试电路

由于 SiC 器件开关速度很快，测试电路的寄生效应对获得可重复且可靠的测试波形至关重要。PD1500A 提供了精心设计的测试电路，严格控制驱动回路电感、主功率回路电感，最大程度降低有害的寄生效应。同时，为了测试便利，还提供了多个具有标准驱动电阻值和支持客户自行选择驱动电阻值的栅极驱动电路模块、支持 TO – 247 和 D2PAK – 7 封装器件的 DUT 电路板选件。将来还会提供其他栅极驱动电路模块和 DUT 电路板选件。

3. 延迟校准

如上文所述，双脉冲测试时各信号间的测量延迟会严重影响器件特性评估结果，必须进行延迟校准。PD1500A 具有延迟校准模块，可以自动执行示波器四个通道之间的时间延迟校准，如图 3-71 所示。

a) 校准模块

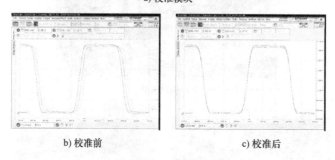

b) 校准前   c) 校准后

图 3-71　Keysight PD1500A 延迟校准

4. 高带宽大电流测试

根据上文对电流传感器的介绍，同轴式采样电阻是测量 SiC 器件开关电流的最佳选择，PD1500A 也采用这种方案。但是同轴式采样电阻具有带宽一致性不好的重要问题，如图 3-72 所示为同型号 9 个标称带宽为 100MHz 的同轴式采样电阻的频响曲线，可以看到其频响曲线在高频处具有明显差异，带宽分布从 25 ~ 280MHz 不等，这明显会严重影响到电流波形的测试结果。PD1500A 在出厂时会对同轴式采样电阻进行频率曲线补偿，使得所有的同轴式采样电阻带宽都能达到 200MHz 以上，保证电流测量精度。图 3-73 中从电流波形可以看到频率曲线补偿的效果非常明显。

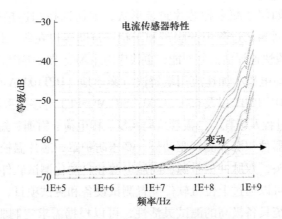

图 3-72　同轴式采样电阻频响曲线

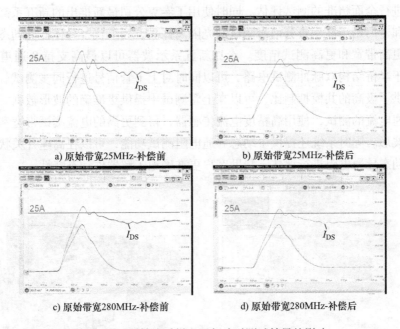

图 3-73　同轴式采样电阻频响对测试结果的影响

5. 其他功能

除了上述讲解的保证精度的功能之外，PD1500A 还支持驱动电阻校准、循环测试、室温 ~175℃温度下自动温度点切换测试、不同 V_{DS} 和 I_{DS} 工作点自动切换测试，精确的 I_{DS} 控制等多种策略满足客户的测试需求。

由 Tektronix 公司领衔开发的 DPT1000A 功率器件动态参数测试系统，如图 3-74 所示，专门用于针对各类功率半导体器件的动态特性和极限参数测试和分析，旨在解决客户在功率器件动态特性表征中常见的疑难问题，包括如何设计高速工作的驱动电路，如何适配多种芯片封装形式，如何选择和连接探头进行信号测试，如何优化和抑制测试过程中的噪声和干扰。帮助客户在研发设计、失效分析、进厂检测和试产阶段快速评估器件性能，更快应对市场需求改善产品性能。也帮助客户快速验证自研驱动电路，加速应用端解决方案落地。DPT1000A 可满足 20～900V MOSFET、600～1700V IGBT 以及 650～1700V SiC MOSFET 等多类型器件的测试需求，测试项目包括开关过程及损耗、二极管反向恢复、栅电荷、雪崩、短路等。

　　该系统由功率器件双脉冲测试驱动板，高压防护罩，芯片温控系统，高分辨率示波器，光隔离探头，双脉冲信号源，高压电源和自动化测试软件组成。以机柜系统形式交付客户，可以通过上位机软件配置测试设备和测试项目，获取测试结果并生成数据报告。系统具备极高的测试灵活性，可以根据需求定制驱动电路板设计，更改栅极电阻，负载电感等关键器件参数。在保证安全的前提下，对功率器件的动态参数进行全面精准的测试评估。同时使用了泰克公司最新推出的新五系高分辨率示波器和专门用于高压查分信号测试的光隔离探头，为三代半导体器件动态特性表征带来更高带宽和更高测试精度。泰克新五系示波器可以最高支持 8 通道同时测量，对于半桥结构双脉冲测试电路，可以同时对上下管信号进行同步测试。光隔离探头提供了极高的共模抑制比，可以在上管测试中提供更准确的波形数据。针对系统中高速电流的测试，使用高精度电流传感器，得到更高的电流测试带宽和更准确的电流波形。同时系统还提供了动态导通电阻测试功能，可以在高速开关状态下对器件的动态导通电阻进行评估，帮助客户更准确地了解器件动态特性。

图 3-74　Tektronix DPT1000A 功率器件动态参数测试系统

参 考 文 献

[1] CREE, INC. KIT8020 – CRD – 5FF0917P – 2 Evaluation Board for Cree's SiC MOSFET in a TO – 247 – 4 Package [Z]. Application Note, CPWR – AN20, 2018.

[2] CREE, INC. KIT – CRD – CIL12N – XM3 Wolfspeed's XM3 Half – bridge Module Dynamic Evaluation Board User Guide [Z]. CPWR – AN31, Rev. C, 2019.

[3] LITTELFUSE, INC. Dynamic Characterization Platform [Z]. Application Note, 2018.

[4] LITTELFUSE, INC. Gate Drive Evaluation Platform [Z]. Application Note, 2018.

[5] INFINEON TECHNOLOGIES AG. Evaluation Board EVAL – 1EDI20H12AH – SIC [Z]. AN2017 – 14, Rev. 1.0. , 2017.

[6] INFINEON TECHNOLOGIES AG. Evaluation Board for CoolSiC^{TM} Easy1B Half – bridge Modules [Z]. AN 2017 – 41, Revision 1.0, 2017.

[7] ROHM CO. , LTD. TO – 247 – 4L Half – Bridge Evaluation Board Product Specification [Z]. User's Guide, No. 62UG025C, Rev. 001, 2019.

[8] XP POWER, INC. FJ Series 120W Regulated High Voltage DC Power Supplies [Z]. Datasheet, 2018.

[9] XP POWER, INC. FR Series 300W Regulated High Voltage DC Power Supplies [Z]. Datasheet, 2018.

[10] MAGNA – POWER ELECTRONICS, INC. XR Series 2U Programmable DC Power Supply [Z]. Datasheet, 2019.

[11] MAGNA – POWER ELECTRONICS, INC. SL Series 1U Programmable DC Power Supply [Z]. Datasheet, 2019.

[12] AMETEK INC. XG 850 Series 850 W, 1U Half Rack Programmable DC Power Supplies [Z]. Datasheet, 2019.

[13] HEINZINGER ELECTRONIC GMBH. EVO Series High – Voltage Power Supplies [Z]. Datasheet, 2018.

[14] KEYSIGHT TECHNOLOGIES, INC. E363xA Series Programmable DC Power Supplies [Z]. Data Sheet, 5968 – 9726EN, 2018.

[15] KEITHLEY INSTRUMENTS, INC. 2220, 2220G, 2230, 2230G Multi – Channel Programmable DC Power Supplies [Z]. Data Sheet, 2013.

[16] KEYSIGHT TECHNOLOGIES, INC. 33500B and 33600A Series Trueform Waveform Generators [Z]. Data Sheet, 5992 – 2572EN, 2019.

[17] TEKTRONIX, INC. AFG31000 Series Arbitrary Function Generators [Z]. Data Sheet, 75W – 61444 – 2, 2018.

[18] TEKTRONIX, INC. Double Pulse Test with the Tektronix AFG31000 Arbitrary Function Generator [Z]. Application Note, 75W – 61623 – 0, 2019.

[19] KEYSIGHT TECHNOLOGIES, INC. Infiniium S – Series [Z]. Datasheet, 5991 – 3904EN, 2019.

[20] KEYSIGHT TECHNOLOGIES, INC. Evaluating Oscilloscope Signal Integrity [Z]. Application Note, 5991 – 4088EN, 2019.

[21] TEKTRONIX, INC. 6 Series B MSO Mixed Signal Oscilloscope Datasheet [Z]. Datasheet, 48W – 61716 – 02, 2021.

[22] KEYSIGHT TECHNOLOGIES, INC. Evaluating Oscilloscope Sample Rates Versus Sampling Fidelity [Z]. Application Note, 5989 – 5732EN, 2017.

[23] KEYSIGHT TECHNOLOGIES, INC. Infiniium MXR – Series [Z]. Datasheet, 7120 – 1115. EN, 2020.

[24] TELEDYNE LECROY, INC. HDO6000A Oscilloscopes [Z]. Datasheet, HDO6KA – DS, 2017.

[25] KEYSIGHT TECHNOLOGIES, INC. Infiniium Oscilloscope Probes and Accessories [Z]. Datasheet, 5968 – 7141EN, 2020.

[26] TEKTRONIX, INC. Probe Selection Guide [Z]. 60W_ 14232_ 10, 2020.

[27] TELEDYNE LECROY, INC. Oscilloscope Probes and Probe Accessories [Z]. Probe Catalog, 2020.

[28] KEYSIGHT TECHNOLOGIES, INC. DP0001A High Voltage Differential Probe [Z]. User's Guide, 2020.

[29] TEKTRONIX, INC. Isolated Measurement Systems TIVM1, TIVM1L, TIVH08, TIVH08L, TIVH05, TIVH05L, TIVH02, TIVH02L Datasheet [Z]. 51W – 61217 – 2, 2018.

[30] TEKTRONIX, INC. Isolated Measurement Systems TIVP1, TIVP05, TIVP02 Datasheet [Z]. Datasheet, 51W – 61655 – 0, 2020.

[31] TEKTRONIX, INC. Complete Isolation Extreme Common Mode Rejection [Z]. Whitepaper, 51W – 60485 – 1, 2019.

[32] JOHNSON C M, PALMER P R. Current Measurement Using Compensated Coaxial Shunts [J]. IEE Proceedings – Science, Measurement and Technology, 1994, 141 (6): 471 – 480.

[33] KEYSIGHT TECHNOLOGIES, INC. U1880A Deskew Fixture [Z]. User's Guide, First Edition, U1880 – 97000, 2008.

[34] KEYSIGHT TECHNOLOGIES, INC. U1882B Measurement Application for Infiniium Oscilloscopes [Z]. Date Sheet, 5989 – 7835EN, 2017.

[35] TEKTRONIX, INC. Power Measurement Deskew & Calibration Fixture Instructions [Z]. Primary User, 071187202, 2008.

[36] TEKTRONIX, INC. TEK – DPG Deskew Pulse Generator Instructions [Z]. Primary User, 071234100, 2008.

[37] TELEDYNE LECROY, INC. DCS025 Deskew Calibration Source [Z]. Data Sheet, 2017.

[38] CREE, INC. SiC MOSFET Double Pulse Fixture [Z]. Application Note, CPWR – AN09, 2015.

[39] CADDOCK ELECTRONICS INC. MP900 and MP9000 Series Kool – Pak ® Power Film Resistors TO – 126, TO – 220 and TO – 247 Style [Z]. Datasheet, 28_ IL102. 1004, 2004.

[40] VISHAY INTERTECHNOLOGY, INC. 50 W Power Resistor, Thick Film Technology, TO – 220 [Z]. Datasheet, 50035, 2018.

[41] KEYSIGHT TECHNOLOGIES, INC. PD1500A Series Dynamic Power Device Analyzer/Double – Pulse Tester [Z]. Data Sheet, 5992 – 3942EN, 2019.

[42] KEYSIGHT TECHNOLOGIES, INC. Keysight PD1500A Si/SiC Test Fixture and Modules Installation and Use Guide [Z]. PD1500 – 90004, Edition 1, 2020.

延 伸 阅 读

[1] WITCHER J B, Methodology for Switching Characterization of Power Devices and Modules [D]. Virginia Polytechnic Institute and State University, 2003.

[2] TONG C F, NAWAWI A, LIU Y, et al. Challenges in Switching Waveforms Measurement for a High – Speed Switching Module [C]. 2015 IEEE Energy Conversion Congress and Exposition (ECCE), 2015: 6175 – 6179.

［3］ ZHANG Z，GUO B，WANG F F，et al. Methodology for Wide Band – Gap Device Dynamic Characterization ［J］. IEEE Transactions on Power Electronics，2017，32（12）：9307 – 9318.

［4］ MASSARINI A，KAZIMIERCZUK M K. Self – capacitance of Inductors ［J］. IEEE Transactions on Power Electronics，1997，12（4）：671 – 676.

［5］ GRANDI G，KAZIMIERCZUK M K，MASSARINI A，et al. Stray Capacitances of Single – Layer Solenoid Air – Core Inductors ［J］. IEEE Transactions on Industry Applications，1999，35（5）：1162 – 1168.

［6］ AYACHIT A，KAZIMIERCZUK M K. Self – Capacitance of Single – Layer Inductors with Separation Between Conductor Turns ［J］. IEEE Transactions on Electromagnetic Compatibility，2017，59（5）：1642 – 1645.

［7］ TEKTRONIX，INC. XYZs of Oscilloscopes ［Z］. Primer，03Z – 8605 – 7，2019.

［8］ KEYSIGHT TECHNOLOGIES，INC. Evaluating Oscilloscope Bandwidths for Your Application ［Z］. Application Note，5989 – 5733EN，2019.

［9］ KEYSIGHT TECHNOLOGIES，INC. Bandwidth and Rise Time Requirements for Making Accurate Oscilloscope Measurements ［Z］. Application Note，5991 – 0662EN，2017.

［10］ KEYSIGHT TECHNOLOGIES，INC. Understanding Oscilloscope Frequency Response and Its Effect on Rise – Time Accuracy ［Z］. Application Note，5988 – 8008EN，2017.

［11］ KEYSIGHT TECHNOLOGIES，INC. Understanding ADC Bits and ENOB ［Z］. Application Note，5992 – 3675EN，2019.

［12］ KEYSIGHT TECHNOLOGIES，INC. Evaluating Oscilloscope Vertical Noise Characteristics ［Z］. Application Note，5989 – 3020EN，2017.

［13］ KESTER WALT. Understand SINAD，ENOB，SNR，THD，THD + N，and SFDR so You Don't Get Lost in the Noise Floor ［Z］. Tutorial，MT – 003，Rev. A，Analog Devices，Inc. ，2008.

［14］ TELEDYNE LECROY，INC. Computation of Effective Number of Bits，Signal to Noise Ratio，& Signal to Noise & Distortion Ratio Using FFT ［Z］. Application Note，2011.

［15］ PUPALAIKIS P J. Understanding Vertical Resolution in Oscilloscopes ［Z］. Teledyne LeCroy，Inc. ，2017.

［16］ JOHNSON KEN. Comparing High Resolution Oscilloscope Design Approaches ［Z］. Teledyne LeCroy，Inc. ，2019.

［17］ MAICHEN WOLFGANG. Digital Timing Measurements：From Scopes and Probes to Timing and Jitter ［M］. Dordrecht：Springer，2006.

［18］ MANGANARO GABRIELE，ROBERTSON DAVE. Interleaving ADCs：Unraveling the Mysteries ［J］. Analog Devices，Inc. ，Analog Dialogue，2015（July）：1 – 5.

［19］ TEKTRONIX，INC. Oscilloscope Selection Guide ［Z］. 46W – 31080 – 5，2019.

［20］ TELEDYNE LECROY，INC. Oscilloscope Feature，Options，and Accessories Catalog（Low Bandwidth）［Z］. Catalog，lbw – foa – catalog – 26aug19，2020.

［21］ TELEDYNE LECROY，INC. Oscilloscope Features，Options，and Accessories Catalog（High Bandwidth）［Z］. Catalog，hbw – foa – catalog_ 01oct19，2020.

［22］ TEKTRONIX，INC. ABCs of Probes ［Z］. Primer，60Z – 6053 – 14，2019.

[23] JOHNSON KEN. Probing in Power Electronics What to Use and Why: Part One [R/OL]. On De-mand Webinars, Teledyne LeCroy, Inc. , 2019. https: //go. teledynelecroy. com//148392/2019 – 10 – 24/7sxnsd

[24] JOHNSON KEN. Probing in Power Electronics What to Use and Why: Part Two [R/OL]. On De-mand Webinars, Teledyne LeCroy, Inc. , October 2019. https: //go. teledynelecroy. com/l/48392/2019 – 10 – 31/7t148g

[25] JOHNSON KEN. Practical Considerations in Measuring Power and Efficiency on PWM and Distort-ed Waveforms During Dynamic Operating Conditions [Z]. APEC 2016 Industry Session, Tele-dyne LeCroy, Inc. , 2016.

[26] TELEDYNE LECROY, INC. Getting the Most Out of 10x Passive Probe [Z]. Application Note, 2019.

[27] ANDREA VINCI. Can You Trust Your Power Measurements? [R/OL]. Webinars, Tektronix, Inc. , September 2019. https: //buzz. tek. com/en – tek – academy – webinar – series/power – e-lectronics – measurements – 2? aliId = eyJpIjoiNStDY2tZS1dIYzg1VlcxUCIsInQiOiJy-ZHRF-bkNnSFVVcnVjbitZY2M0dU5BPT0ifQ%253D%253D

[28] ROHM CO. , LTD. Power Devices, Switching Regulators, and Gate Drivers Method for Monito-ring Switching Waveform [Z]. Application Note, No. 62AN072E, Rev. 001, 2019.

[29] ROHM CO. , LTD. Precautions During Gate – Source Voltage Measurement [Z]. Application Note, No. 62AN085E, Rev. 001, 2019.

[30] TEKTRONIX, Inc. Fundamentals of Floating Measurements and Isolated Input Oscilloscopes [Z]. Application Note, 3AW – 19134 – 2, 2019.

[31] ZIEGLER S, WOODWARD R C, IU H C, et al. Current Sensing Techniques: A Review [J]. IEEE Sensors Journal, 2009, 9 (4): 354 – 376.

[32] TEKTRONIX, INC. SiC and GaN Power Converter Analysis Kit [Z]. Instruction Guide, 48W – 61538 – 0, 2020.

[33] TAKEDA ROY. New Generation Power Semiconductor Dynamic Characterization Test System [J]. Bodo's Power System, 2019 (8): 24 – 27.

[34] TAKEDA ROY, HOLZINGER BERNHARD, ZIMMERMAN MICHAEL, et al. The Challenges of Obtaining Repeatable and Reliable Double – Pulse Test Results – Measurement Science [J]. Bodo's Power System, 2020 (7): 28 – 32.

[35] TAKEDA ROY, Holzinger Bernhard, Hawes Mike. Overcoming Challenges Characterizing High Speed Power Semiconductors [J]. Bodo's Power System, 2020 (4): 36 – 39.

第 4 章

SiC 器件与 Si 器件特性对比

在 1700V 及以下，SiC 功率器件具有多种电压规格，不同电压规格的 SiC 功率器件面向不同的应用场合，因此可替代不同的开关器件。650~1000V SiC MOSFET 主要面对 Si SJ – MOSFET 和 Si IGBT，1200V、1700V SiC MOSFET 主要面对 Si IG-BT，SiC SBD 和 JBS 面对 Si FRD。作为后来者，SiC 功率器件旨在利用其自身的优势帮助功率变换器获得更优异的特性，如简化的拓扑结构、更高的效率、更高的功率密度等。如今在部分应用领域，SiC 功率器件已经成为不二的选择，将逐渐取代上述对应规格的 Si 功率器件。

了解 SiC 功率器件和 Si 功率器件特性的区别，能够明确 SiC 功率器件的优势并有助于推广应用，同时还可以帮助工程师解释或预防在使用 SiC 功率器件替换 Si 功率器件时可能会出现的问题。接下来将利用数据手册和实测结果对 SiC 功率器件和 Si 功率器件的特性进行对比，包括 650V/20A SiC MOSFET 和 Si SJ – MOSFET，1200V/40A SiC MOSFET 和 Si IGBT，650V/20A SiC SBD、Si FRD、SiC MOSFET 体二极管和 Si SJ – MOSFET 体二极管。

需要特别注意的是，以下对比结果是基于特定型号的器件得到的，当选择不同厂商或技术的器件时，对比结果的趋势是不变的，但 SiC 器件和 Si 器件某一特性的具体数值和相对比例一定是不同的。

4.1 SiC MOSFET 和 Si SJ – MOSFET

4.1.1 静态特性

4.1.1.1 传递特性

对于 SJ – MOSFET，当 V_{GS} 超过 $V_{GS(th)}$ 后电流迅速爬升，而当 V_{GS} 高于一定值后，电流不再变化，此时 SJ – MOSFET 进入饱和状态，这说明较小的 V_{GS} 就可以使 SJ – MOSFET 充分导通。同时，随着温度的升高，在未达到饱和前输出电流呈正温度系数，饱和 V_{GS} 和饱和电流呈负温度系数。

对于 SiC MOSFET，当 V_{GS} 超过 $V_{GS(th)}$ 后电流爬升速度较 SJ – MOSFET 明显缓慢，这说明 SiC MOSFET 的跨导 g_{fs} 较小。在 V_{GS} 低于 15V 时呈正温度系数，V_{GS} 高于 15V 时呈负温度系数。同时，即使 V_{GS} 高达 20V 时，SiC MOSFET 也没有进入饱和状态。正是由于以上特性，要求 SiC MOSFET 的开通驱动电压比 SJ – MOSFET 的更高，以使 SiC MOSFET 充分导通且工作在负温度系数区域。此外，在负温度特性区域，温度对 SiC MOSFET 输出电流的影响也明显小于 SJ – MOSFET，如图 4-1 所示。

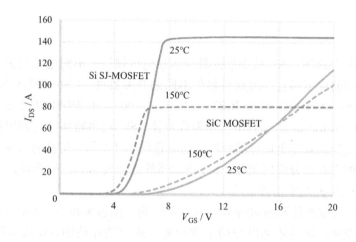

图 4-1　传递特性

4.1.1.2　输出特性和导通电阻

当 V_{GS} 超过 8V 后，SJ – MOSFET 已经充分导通，其 I_{DS} – V_{DS} 曲线几乎重叠，且受温度影响显著，如图 4-2 所示。而 SiC MOSFET 在不同 V_{GS} 下的 I_{DS} – V_{DS} 曲线相距较远，受温度影响较 SJ – MOSFET 相对轻微，如图 4-3 所示。以上这些特征都与其传递特性相吻合。

SiC MOSFET 和 SJ – MOSFET 的 $R_{DS(on)}$ – T_J 特性如图 4-4 所示。SiC MOSFET 的 $R_{DS(on)}$ – T_J 曲线呈 U 形，这是由各部分导通电阻呈现不同温度特性导致的，在第 2 章中已做过详细说明。而 SJ – MOSFET 的 $R_{DS(on)}$ 随着 T_J 的升高而升高，这是由于呈正温度系数的 R_{JFET} 和 R_{DRIFT} 在 SJ – MOSFET 的 $R_{DS(on)}$ 中一直占主导地位。

此外，SiC MOSFET 的 $R_{DS(on)}$ 受温度影响的程度比 SJ – MOSFET 显著更轻，SiC MOSFET 和 SJ – MOSFET 的 $R_{DS(on)}$ 在 25℃ 和 150℃ 下分别为 72mΩ 和 94mΩ、58mΩ 和 139mΩ，分别增长 30% 和 140%。故 SiC MOSFET 可以在高温下依然保持较低的导通损耗，而在使用 SJ – MOSFET 时需要特别关注 $R_{DS(on)}$ 上升对散热的要求。

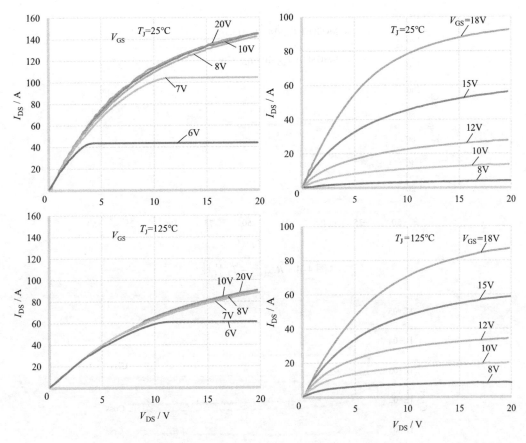

图 4-2　SJ-MOSFET 输出特性　　　　　图 4-3　SiC MOSFET 输出特性

4.1.2　动态特性

4.1.2.1　$C-V$ 特性

　　SiC MOSFET 和 Si SJ-MOSFET 的 $C-V$ 曲线如图 4-5 所示。可以看到 SiC MOSFET 的 C_{iss} 明显小于 Si SJ-MOSFET；SiC MOSFET 的 C_{oss} 在低压时比 Si SJ-MOSFET 的小，在高压时比 Si SJ-MOSFET 的大；SiC MOSFET 的 C_{rss} 变化较为平缓，Si SJ-MOSFET 的由于超级结的结构随着电压的升高急剧下降，随后有所回升。

4.1.2.2　开关特性

　　由于驱动电阻 R_G（$R_G = R_{G(ext)} + R_{G(int)}$）对开关器件的开关特性有着显著的影响，在对比开关特性时，分别选取合适的 $R_{G(ext)}$，使得 SiC MOSFET 和 Si SJ-MOSFET 的 R_G 相同，且续流二极管为同一颗 SiC SBD。

137

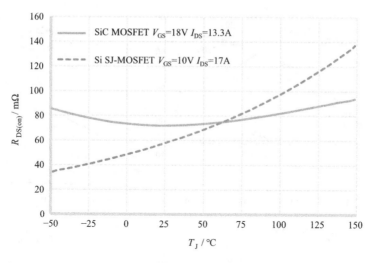

图 4-4 $R_{\mathrm{DS(on)}} - T_{\mathrm{J}}$ 特性

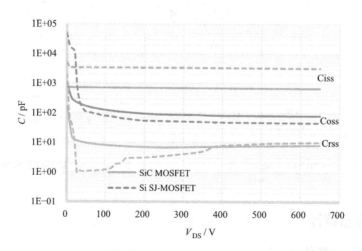

图 4-5 SiC MOSFET 和 Si SJ – MOSFET 的 $C - V$ 曲线

    SiC MOSFET 和 Si SJ – MOSFET 的开通和关断过程如图 4-6 和图 4-7 所示。SiC MOSFET 和 Si SJ – MOSFET 的开通和关断延时分别为 7.6ns（$t_{\mathrm{d(on)}}$）和 8.2ns（$t_{\mathrm{d(off)}}$）、19.3ns 和 128.1ns，Si SJ – MOSFET 的明显偏大，特别是关断延时，这主要是由于 Si SJ – MOSFET 的 C_{iss} 较大导致的。同时，SiC MOSFET 的开关速度稍快于 Si SJ – MOSFET，SiC MOSFET 在开通过程中的 I_{DS} 过冲较高，在关断时的 V_{DS} 尖峰较低。

    SiC MOSFET 和 Si SJ – MOSFET 的开通和关断过程受温度影响的情况如图 4-8、图 4-9、图 4-10 和图 4-11 所示。随着温度的升高，SiC MOSFET 开通速度略微加

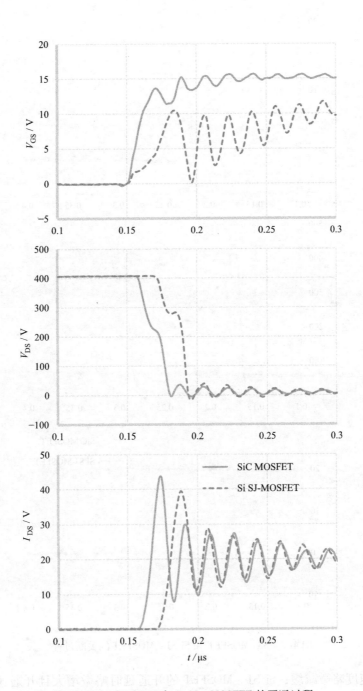

图 4-6　SiC MOSFET 和 Si SJ – MOSFET 的开通过程

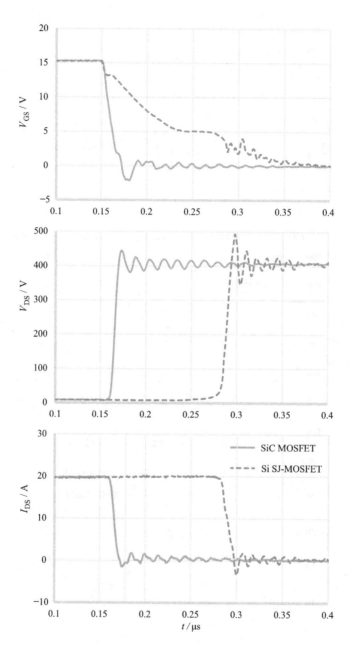

图 4-7 SiC MOSFET 和 Si SJ – MOSFET 的关断过程

快，关断速度略微减缓；Si SJ – MOSFET 的开通延时略微增大且开通速度略微减缓，关断延时明显增大且关断速度略微减缓。相比之下，SiC MOSFET 的开关特性受温度的影响更低一些。

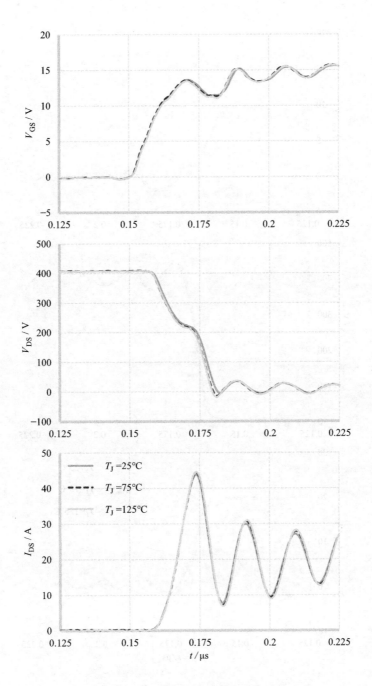

图 4-8　SiC MOSFET 开通过程受温度的影响

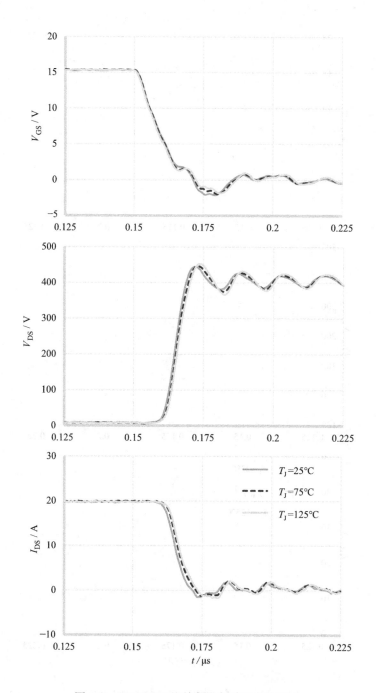

图 4-9　SiC MOSFET 关断过程受温度的影响

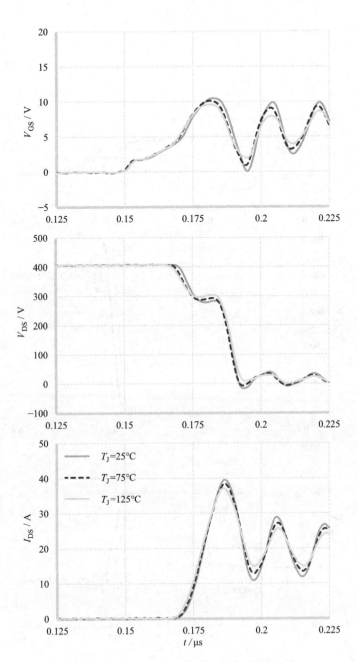

图 4-10　SJ – MOSFET 开通过程受温度的影响

4.1.2.3　栅电荷

　　SiC MOSFET 和 Si SJ – MOSFET 的栅电荷 Q_G 如图 4-12 所示。SiC MOSFET 的 Q_G 显著小于 Si SJ – MOSFET，这说明驱动 SiC MOSFET 所需的能量较小，SiC MOS-

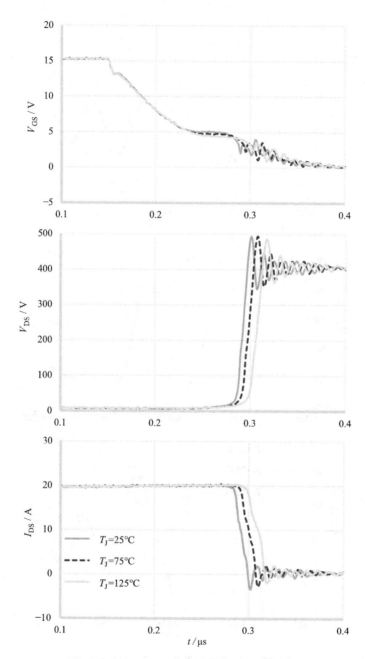

图 4-11　Si SJ – MOSFET 关断过程受温度的影响

FET 可以运行在更高的开关频率下。另外，SiC MOSFET 的 Q_G 曲线可以看到明显的 Miller 斜坡，而 Si SJ – MOSFET 具有明显的 Miller 平台。

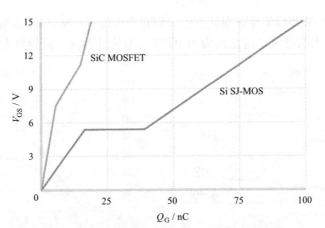

图 4-12　SiC MOSFET 和 Si SJ – MOSFET 栅电荷

4.2　SiC MOSFET 和 Si IGBT

4.2.1　传递特性

SiC MOSFET 和 Si IGBT 的传递特性如图 4-13 所示，可以看到它们的传递特性曲线的形态基本一致，当 V_{GS} 或 V_{GE} 超过 $V_{GS(th)}$ 或 $V_{GE(th)}$ 后，输出电流缓慢爬升并逐渐饱和。当 V_{GS} 或 V_{GE} 较低时，呈正温度系数；当 V_{GS} 或 V_{GE} 较高时，呈负温度系数。

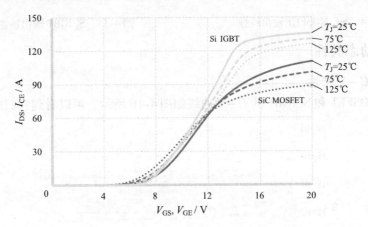

图 4-13　SiC MOSFET 和 Si IGBT 传递特性

4.2.2　输出特性

SiC MOSFET 和 Si IGBT 输出特性曲线的形态具有明显的差异，如图 4-14、图 4-15 所示。SiC MOSFET 的 $I_{DS} - V_{DS}$ 曲线从零点开始，这是由于其导通时呈现电阻的特性；而 Si IGBT 是在 V_{CE} 大于饱和压降 $V_{CE(sat)}$ 后才有电流输出，这是因为 IGBT 由其内部寄生 BJT 负责导通。故在小电流下，由于 $V_{CE(sat)}$ 的影响，Si IGBT 的导通压降较大，SiC MOSFET 导通损耗更小。而在大电流下，Si IGBT 能够在较小的导通压降下流通更大的电流，这是因为 Si IGBT 是双极性器件，跨导更大。

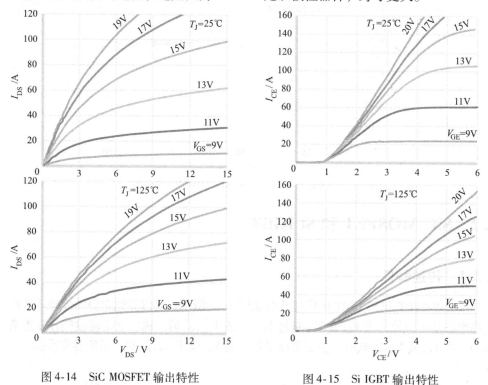

图 4-14　SiC MOSFET 输出特性　　　　图 4-15　Si IGBT 输出特性

4.2.3　动态特性

4.2.3.1　$C-V$ 特性

SiC MOSFET 和 Si IGBT 的 $C-V$ 曲线如图 4-16 所示，可以看到它们的 $C-V$ 曲

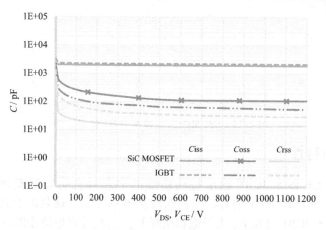

图 4-16　SiC MOSFET 和 Si IGBT $C-V$ 曲线

线的形态基本一致。同时，SiC MOSFET 的 C_{iss} 略小于 Si IGBT，C_{oss} 大于 Si IGBT，C_{rss} 小于 Si IGBT。

4.2.3.2　开关特性

与前述相同，在对比开关特性时，分别选取合适的 $R_{G(ext)}$，使得 SiC MOSFET 和 Si IGBT 的 R_G 相同，且续流二极管为同一颗 SiC SBD。

SiC MOSFET 和 Si IGBT 的开通和关断过程如图 4-17 和图 4-18 所示。SiC MOS-

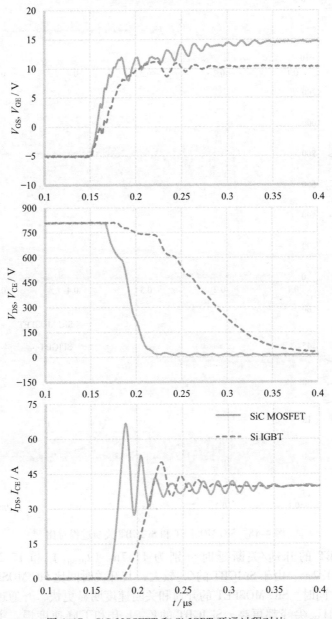

图 4-17　SiC MOSFET 和 Si IGBT 开通过程对比

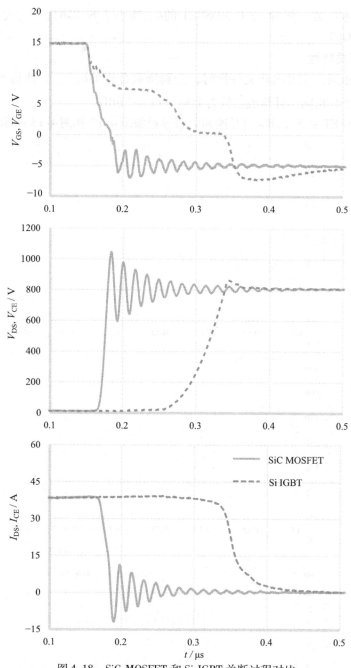

图 4-18 SiC MOSFET 和 Si IGBT 关断过程对比

FET 和 Si IGBT 的开通/关断延时分别为 11.7ns（$t_{d(on)}$）和 17.2ns（$t_{d(off)}$）、21.31ns 和 181.2ns。由于 Si IGBT 的 C_{iss} 较大，其开关时间比 SiC MOSFET 大，特别是关断延时。同时，SiC MOSFET 的开通和关断速度明显更快，开通过程中的 I_{DS} 过冲和关断时的 V_{DS} 尖峰都更高。Si IGBT 的 V_{CE} 上升和下降速度慢，主要是由于 Si

IGBT 的 C_{rss} 较大导致的。在关断过程中，Si IGBT 具有明显的拖尾电流，而 SiC MOSFET 没有。以上几点导致 Si IGBT 的开关能量明显大于 SiC MOSFET，SiC MOSFET 和 Si IGBT 的开通/关断能量分别为 652μJ（E_{on}）和 121μJ（E_{off}）、1621μJ 和 2623μJ。

SiC MOSFET 和 Si IGBT 的开通和关断过程受温度影响的情况如图 4-19、

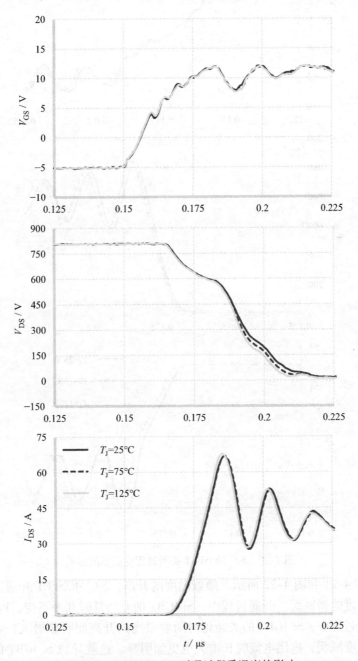

图 4-19　SiC MOSFET 开通过程受温度的影响

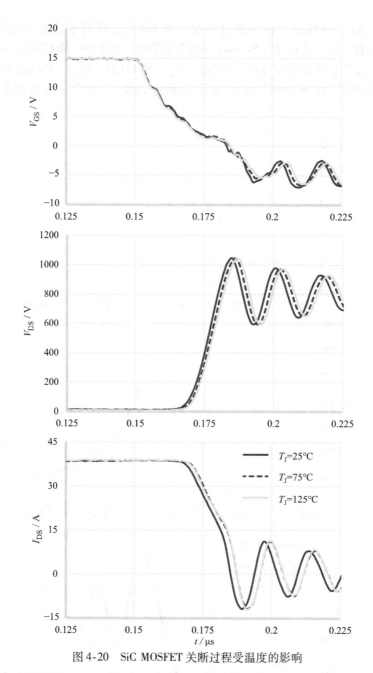

图 4-20 SiC MOSFET 关断过程受温度的影响

图 4-20、图 4-21 和图 4-22 所示。随着温度的升高，SiC MOSFET 开通速度略微加快，关断速度略微减缓。开通过程中，Si IGBT 的开通延时几乎不变，V_{DS} 下降时间增大；关断过程中，Si IGBT 的关断延时随着温度的升高而明显增大，电压上升和电流下降速度减缓，拖尾电流时长增大也更加明显。这就导致 Si IGBT 的开通和关断能量受温度的影响非常大，在 25℃、75℃、125℃下，SiC MOSFET 的开通和关

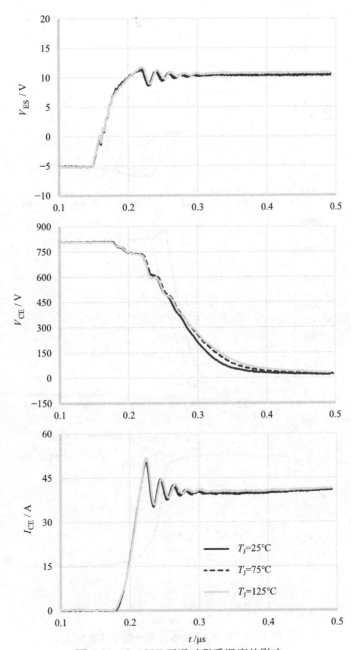

图 4-21 Si IGBT 开通过程受温度的影响

断能量分别为 652μJ/644μJ/640μJ 和 121μJ/125μJ/129μJ，Si IGBT 的开通和关断能量分别为 2589μJ/2833μJ/3095μJ 和 1653μJ/2305μJ/3078μJ。

4.2.3.3 栅电荷

SiC MOSFET 和 Si IGBT 的栅电荷 Q_G 如图 4-23 所示。SiC MOSFET 的 Q_G 显著小于 Si IGBT 的，这说明驱动 SiC MOSFET 所需的能量较小，可以运行在更高的开关

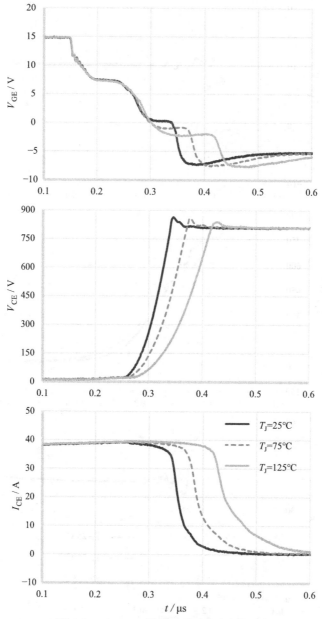

图 4-22 Si IGBT 关断过程受温度的影响

频率下。同时，SiC MOSFET 的 Q_G 曲线可以看到明显的米勒斜坡，而 Si IGBT 具有明显米勒平台。

4.2.4 短路特性

图 4-24 ~ 图 4-27 为 SiC MOSFET 和 Si IGBT 的短路测试特性，分为单颗短路和桥臂直通两种情况。

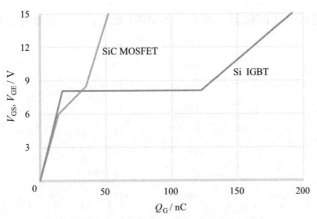

图 4-23　SiC MOSFET 和 Si IGBT 栅电荷

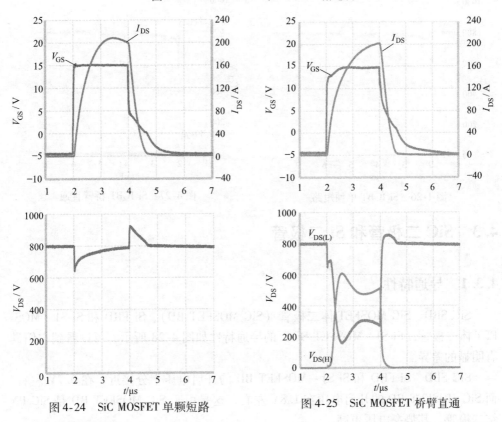

图 4-24　SiC MOSFET 单颗短路　　　图 4-25　SiC MOSFET 桥臂直通

　　单颗短路是将器件两端接母线电容，发送开通信号使其直接短路。在单颗短路中，SiC MOSFET 和 Si IGBT 的短路电流和电压均比较接近，Si IGBT 的 V_{GE} 在开通时存在很高的尖峰。

　　桥臂直通是在半桥拓扑中，上管和下管先后开通形成短路。在桥臂直通中，SiC MOSFET 和 Si IGBT 的 V_{DS} 存在明显差异，SiC MOSFET 上下管端电压 $V_{DS(H)}$ 和

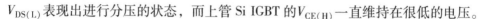

$V_{DS(L)}$ 表现出进行分压的状态，而上管 Si IGBT 的 $V_{CE(H)}$ 一直维持在很低的电压。

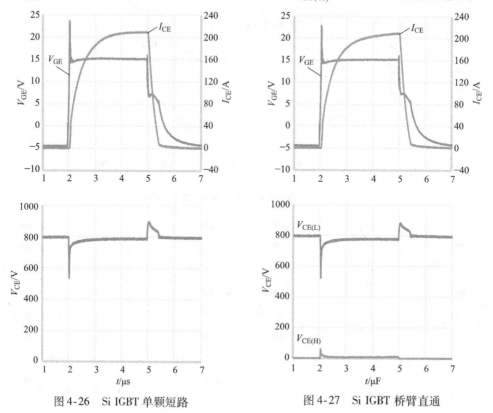

图 4-26　Si IGBT 单颗短路　　　　图 4-27　Si IGBT 桥臂直通

4.3　SiC 二极管和 Si 二极管

4.3.1　导通特性

SiC SBD、SiC MOSFET 体二极管（SiC MOSFET BD）、Si FRD 和 Si SJ - MOS-FET 体二极管（Si SJ - MOSFET BD）的导通特性如图 4-28 所示，可以看到它们具有明显的差异。

SiC SBD、Si FRD 和 Si SJ - MOSFET BD 的开启电压十分接近，在 0.7V 左右。而 SiC MOSFET BD 的开启电压在 1.8V 左右，这是由于 SiC MOSFET BD 是 SiC PN 结二极管，其势垒电压更高。

当端电压 V_F 高于开启电压后，各类二极管导通电流 I_F 随 V_F 增大而升高的速度也不同。Si SJ - MOSFET BD 的导通电流爬升速度最快，SiC SBD 和 Si FRD 次之，而 SiC MOSFET BD 的导通电流的爬升速度最慢。即在相同导通电流下，Si SJ - MOS-FET BD 的导通损耗最小，SiC MOSFET BD 的导通损耗最大。故当将 SiC MOSFET 用于需要其体二极管进行续流的场合时，往往采用同步整流技术，使 SiC MOSFET

工作在第三象限，以减小导通损耗。

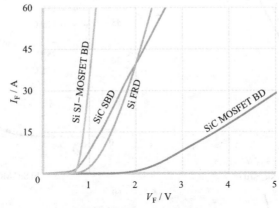

图 4-28　各类二极管导通特性

各类二极管导通特性受温度和负栅压影响的情况如图 4-29 所示。四类二极管均是在 V_F 较低时呈正温度系数，在 V_F 较高时呈负温度系数。不同的是，SiC SBD 和 Si SJ – MOSFET BD 的零温度系数点在 V_F 为 1V 左右，Si FRD 的在 V_F 为 2V 左右，SiC MOSFET BD 的在 V_F 为 3V 左右。同时，SiC SBD 和 SiC MOSFET BD 在负温度系数区时，受温度影响的程度比 Si SJ – MOSFET BD 和 Si FRD 更加明显。

此外，负栅压对体二极管的输出特性的影响也不相同。Si SJ – MOSFET BD 的输出特性不受负栅压的影响，而负栅压对 SiC MOSFET BD 的输出特性具有显著影响。当对 SiC MOSFET 施加负栅压后，其开启电压增大，输出电流减小。

4.3.2　反向恢复特性

反向恢复是二极管的重要特性，要求二极管进行反向恢复的应用要求更短的反向恢复时间、更小的反向恢复电荷，以使变换器获得更好的性能，Si FRD 和对体二极管反向恢复优化的 Si SJ – MOSFET（其体二极管为 Si SJ – MOSFET FR – BD）都是为了获得更好的反向恢复特性而产生的。接下来的讨论中，在上文四类二极管的基础上增加 Si SJ – MOSFET FR – BD。

SiC SBD、SiC MOSFET BD、Si FRD、Si SJ – MOSFET BD、Si SJ – MOSFET FR – BD 的反向恢复特性如图 4-30 所示，反向恢复电流为 15A，前三者反向恢复速度 $\mathrm{d}I_F/\mathrm{d}t$ 为 1000A/μs，后两者为 100A/μs。Si SJ – MOSFET BD 和 Si SJ – MOS-FET FR – BD 的测试条件选定为 100A/μs，原因是它们能承受的安全反向恢复速度较低，否则会出现损坏的情况。

SiC SBD、SiC MOSFET BD、Si FRD、Si SJ – MOSFET BD 和 Si SJ – MOSFET FR – BD 的反向恢复时间、反向恢复电荷和反向恢复峰值电流分别为 9ns/22.7nC/4.2A、13.6ns/47.8nC/5.9A、176.5ns/635.6nC/11.9A、472.1ns/6205nC/31.1A 和 118.9ns/717.9nC/15.3A。SiC SBD 和 SiC MOSFET BD 的反向恢复特性最佳，且

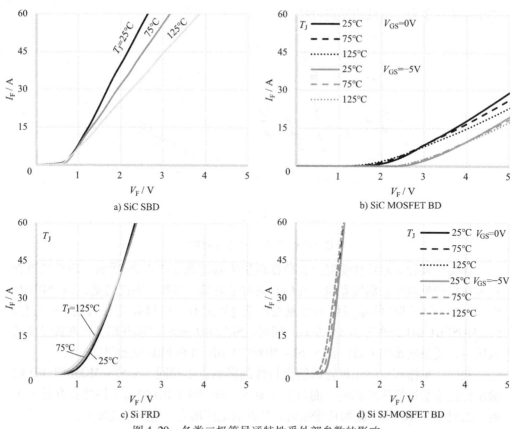

图 4-29　各类二极管导通特性受外部参数的影响

两者之间差距不大；Si SJ – MOSFET BD 的反向恢复特性最差，优化后的 Si SJ –
MOSFET BD 和专为反向恢复设计的 Si FRD 反向恢复特性有显著提升，但与 SiC 二
极管仍具有很大的差距。需要注意的是，一般 dI_F/dt 越高，反向恢复时间越长、
反向恢复电荷越大，100A/μs 下 Si SJ – MOSFET BD、Si SJ – MOSFET FR – BD 的反
向恢复特性都已经与 SiC 二极管存在如此大的差距，那就更不用说在更高的 dI_F/dt
下了。综上所述，SiC 二极管的反向恢复特性明显优于 Si 二极管，特别适用于存在
反向恢复的应用场合。

　　由第 2 章可知，在电感负载半桥电路中，器件开通时的电流尖峰是由二极管反
向恢复导致的，那么具有不同反向恢复特性的二极管会对器件开通电流波形造成不
同的影响。开通管为同一颗 SiC MOSFET，使用上述 5 类二极管作为续流二极管，
开通速度与图 4-30 一致，测试结果如图 4-31 所示。可见，SiC MOSFET 开通电流
波形与二极管反向恢复电流波形的形态和数值相吻合。

　　图 4-32 ~ 图 4-46 所示分别为 SiC SBD、SiC MOSFET BD、Si FRD、Si SJ –
MOSFET BD 和 Si SJ – MOSFET FR – BD 受反向电流 I_F、结温 T_J 和反向恢复速度 $dI_F/$
dt 影响的情况。

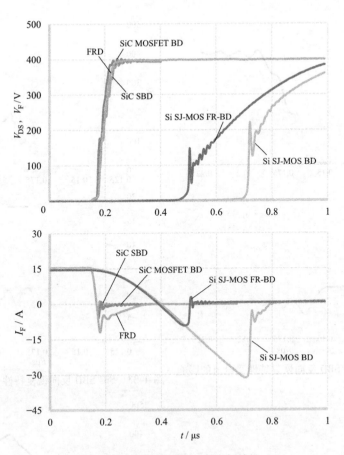

图 4-30　各类二极管反向恢复特性

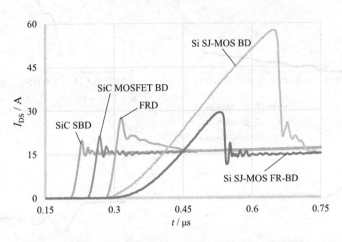

图 4-31　各类二极管反向恢复特性对开关过程的影响

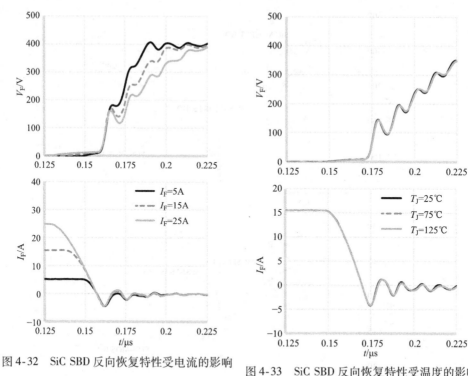

图 4-32　SiC SBD 反向恢复特性受电流的影响

图 4-33　SiC SBD 反向恢复特性受温度的影响

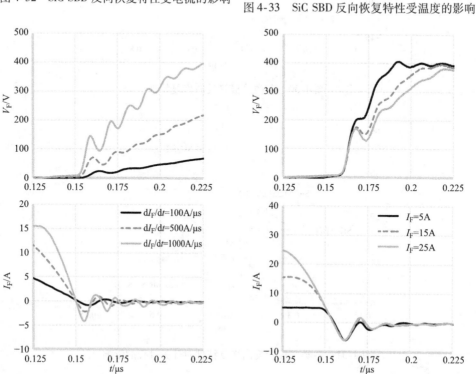

图 4-34　SiC SBD 反向恢复特性受 dI_F/dt 的影响　图 4-35　SiC MOSFET BD 反向恢复特性受电流的影响

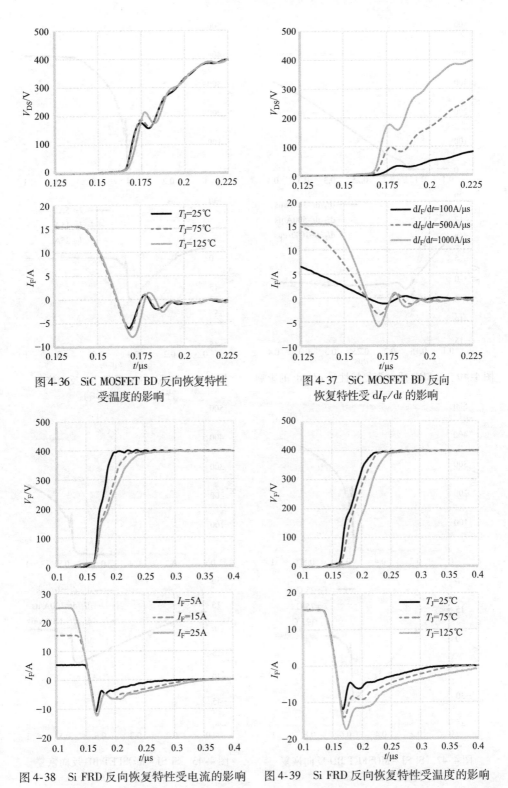

图 4-36　SiC MOSFET BD 反向恢复特性
受温度的影响

图 4-37　SiC MOSFET BD 反向
恢复特性受 dI_F/dt 的影响

图 4-38　Si FRD 反向恢复特性受电流的影响　　图 4-39　Si FRD 反向恢复特性受温度的影响

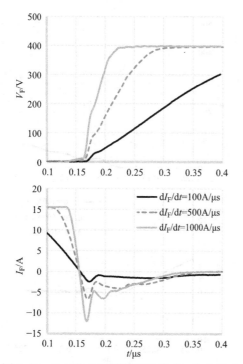

图 4-40　Si FRD 反向恢复特性受 dI_F/dt 的影响

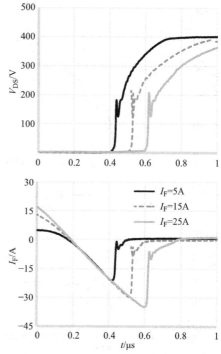

图 4-41　Si SJ – MOSFET BD 反向恢复
特性受电流的影响

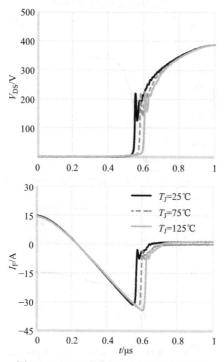

图 4-42　Si SJ – MOSFET BD 反向恢复
特性受温度的影响

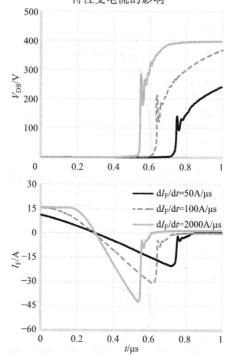

图 4-43　Si SJ – MOSFET BD 反向恢复
特性受 dI_F/dt 的影响

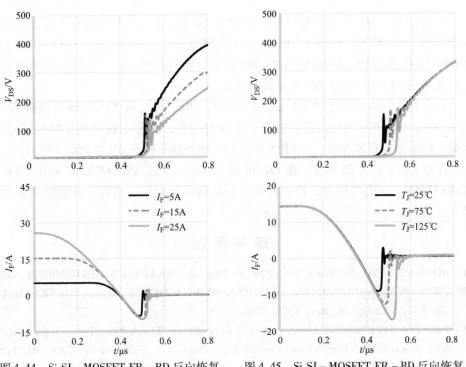

图 4-44　Si SJ - MOSFET FR - BD 反向恢复　　图 4-45　Si SJ - MOSFET FR - BD 反向恢复
特性受电流的影响　　　　　　　　　　　特性受温度的影响

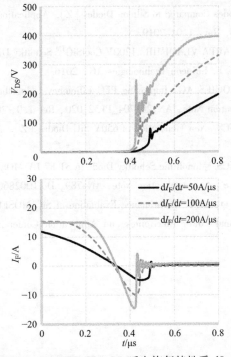

图 4-46　Si SJ - MOSFET FR - BD 反向恢复特性受 dI_F/dt 的影响

T_J 为 25℃、dI_F/dt 为 1000A/μs 或 100A/μs 时，I_F 由 5A 逐渐升高到 25A 的过程中，SiC SBD 和 SiC MOSFET BD 的反向恢复特性几乎没有变化，Si FRD、Si SJ - MOSFET BD 和 Si SJ - MOSFET FR - BD 的反向恢复时间、电荷和峰值电流逐渐增大，其中 Si SJ - MOSFET BD 变化最为明显。

I_F 为 15A、dI_F/dt 为 1000A/μs 或 100A/μs 时，在 T_J 由 25℃ 逐渐升高到 125℃ 的过程中，SiC SBD 的反向恢复特性几乎没有变化，其他二极管的反向恢复时间、电荷、峰值电流逐渐增大，Si FRD 和 Si SJ - MOSFET FR - BD 变化最为明显。

I_F 为 15A、T_J 为 25℃ 时，在 dI_F/dt 由 100A/μs 提高到 1000A/μs 或由 50A/μs 提高到 200A/μs 的过程中，各类二极管的反向恢复时间、电荷、峰值电流都明显增大。

延 伸 阅 读

[1] ROHM CO. , LTD. SiC Power Devices and Modules [Z]. Application Note, 14103EBY01, 2014.

[2] INFINEON TECHNOLOGIES AG. CoolSiC™ 1200V SiC MOSFET Application Note [Z]. Application Note, AN2017 - 46, Rev. 1. 01, 2018.

[3] INFINEON TECHNOLOGIES AG. CoolSiC™ 650V M1 SiC Trench Power Device Infineon's first 650V Silicon Carbide MOSFET for Industrial Applications [Z]. Application Note, AN_1907_PL52_1911_144109, Rev. 1. 0, 2018.

[4] INFINEON TECHNOLOGIES AG. CoolSiC™ Automotive Discrete Schottky Diodes Understanding the Benefits of SiC Diodes Compared to Silicon Diodes [Z]. Application Note, AN2019 - 02_CoolSiC_Automotive_Diode, Rev. 1. 0, 2019.

[5] HARMON OMAR, SCARPA VLADIMIR. 1200V CoolSiC™ Schottky Diode Generation 5 [Z]. Application Note, Rev. 1. 1, Infineon Technologies AG, 2016.

[6] INFINEON TECHNOLOGIES AG. Improving PFC Efficiency Using the CoolSiC™ Schottky diode 650V G6 [Z]. Application Note, AN_201704_PL52_020, Rev 1. 0, 2017.

[7] STMICROELECTRONICS. New Generation of 650V SiC Diodes [Z]. Application Note, AN4242, Rev 2, 2018.

[8] STMICROELECTRONICS. Monolithic Schottky Diode in ST F7 LV MOSFET Technology：Improving Application Performance [Z]. Application Note, AN4789, DocID028669, Rev. 01, 2015.

[9] LIANG M, ZHENG T Q, LI Y. Performance Evaluation of SiC MOSFET, Si CoolMOS and IGBT [C]. 2014 International Power Electronics and Application Conference and Exposition, 2014：1369 - 1373.

第5章

高 di/dt 的影响与应对——关断电压过冲

5.1 关断电压过冲的影响因素

在 SiC MOSFET 关断过程中，电流 I_{DS} 迅速由负载电流 I_L 下降至零，快速变化的电流会在主功率换流回路电感 L_{Loop} 上产生压降，导致器件 V_{DS} 上出现明显的过冲和振荡。当 V_{DS} 过冲高于器件的耐压值时，就有可能造成器件过电压失效，故需要掌握电压过冲的机理并对其进行有效抑制，确保器件运行在安全工作域。

电压过冲峰值 V_{spike} 受 L_{Loop} 和电流下降速率 $dI_{DS(off)}/dt$ 的影响，遵循（5-1）的关系。故 L_{Loop} 或 $dI_{DS(off)}/dt$ 越大，V_{spike} 越高。

$$V_{spike} = L_{Loop} dI_{DS(off)}/dt \tag{5-1}$$

如图 5-1 所示的主功率换流回路电路模型，L_{Loop} 由器件封装电感 L_{pkg}、PCB 线路电感 L_{PCB} 和母线电容等效串联电感（ESL）$L_{es(Bus)}$ 三部分组成。

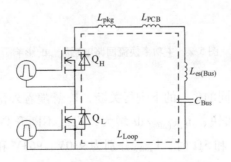

图 5-1　主功率换流回路电路模型

SiC MOSFET 在相同的外部驱动电阻 $R_{G(ext)}$ 下进行关断，V_{spike} 随着 L_{Loop} 的增大

不断升高，V_{DS} 振荡也更剧烈。当 L_{Loop} 为 41nH、52nH 和 63nH 时，V_{spike} 分别为 963V、993V 和 1026V，如图 5-2 所示。这说明，相同关断速度下，即 $dI_{DS(off)}/dt$ 相同，L_{Loop} 越大，V_{spike} 越高、V_{DS} 振荡越剧烈。

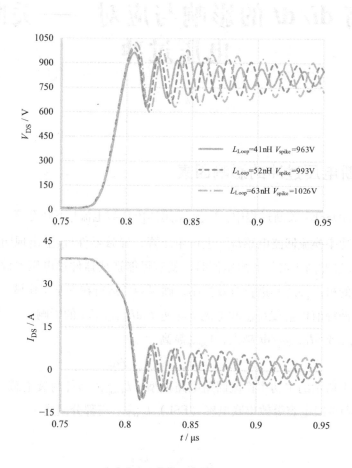

图 5-2　主功率换流回路电感 L_{Loop} 的影响

　　SiC MOSFET 在相同的 L_{Loop} 的下进行关断，V_{spike} 随着外部驱动电阻 $R_{G(ext)}$ 的减小，器件的关断速度加快、$dI_{DS(off)}/dt$ 增大，V_{spike} 不断升高、V_{DS} 振荡也更剧烈。当 $R_{G(ext)}$ 为 15Ω、10Ω 和 5Ω 时，V_{spike} 分别为 930V、963V 和 1020V，如图 5-3 所示。这说明在 L_{Loop} 不变的情况下，关断速度越快，即 $dI_{DS(off)}/dt$ 越大，V_{spike} 越高、V_{DS} 振荡越剧烈。这说明在驱动电路和功率回路确定的情况下，也可以通过降低关断速度达到限制关断电压尖峰的目的。

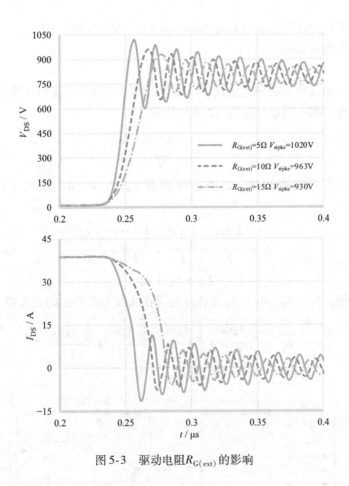

图 5-3　驱动电阻 $R_{\text{G(ext)}}$ 的影响

5.2　应对措施 1——回路电感控制

5.2.1　回路电感与局部电感

　　电感是通过一个封闭回路表面的磁通与产生该磁通的电流大小之比。当产生该磁通的电流为本回路中电流时，称为自感；当产生该磁通的电流为其他回路中的电流时，称为互感。电感可由其定义式（5-2）计算得到，L 是电感，Ψ 为磁通量，I 为产生磁通的电流，B 为磁感应强度，$\int_s \mathrm{d}s$ 表示对闭合回路的表面进行面积分。

$$L = \frac{\Psi}{I} = \frac{\int_s B\mathrm{d}s}{I} \tag{5-2}$$

　　由（5-2）可知，电感是闭合回路的一种属性，只有形成闭合回路才有电感的概念，故通常称为回路电感（Loop Inductance），例如图 5-1 中 L_{Loop}。

引入磁矢势 A 如式（5-3）

$$B = \nabla \times A \tag{5-3}$$

磁矢势 A 的旋度是磁感应强度 B，则 A 沿闭合回路 c 的线积分等于 B 对 c 的表面进行面积分，则电感还可以由（5-4）计算

$$L = \frac{\oint_c A \mathrm{d}l}{I} \tag{5-4}$$

如图 5-4 所示矩形回路，四条边分别为 T、B、L、R，由式（5-4）计算电感为

$$L = \frac{\oint_T A \mathrm{d}l}{I} + \frac{\oint_B A \mathrm{d}l}{I} + \frac{\oint_L A \mathrm{d}l}{I} + \frac{\oint_R A \mathrm{d}l}{I} \tag{5-5}$$

$$= L_T + L_B + L_L + L_R$$

以 L_L 为例，A_T、A_B、A_L、A_R 为各段电流在线段 L 上产生的磁矢势，则 L_L 为

$$L_L = \frac{\oint_L A_T \mathrm{d}l}{I} + \frac{\oint_L A_B \mathrm{d}l}{I} + \frac{\oint_L A_L \mathrm{d}l}{I} + \frac{\oint_L A_R \mathrm{d}l}{I} \tag{5-6}$$

$$= L_{LL} + M_{LB} + M_{LT} + M_{LR}$$

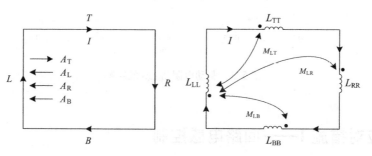

图 5-4　矩形线路回路电感

由式（5-5）和式（5-6）可知，回路电感可以看作由多段电感组成，由于这些电感是回路电感的一部分，故称为局部电感（Partial Inductance）[1]。在图 5-1 中的 L_{pkg}、L_{PCB} 和 $L_{es(Bus)}$ 就是局部电感的概念。同时，局部电感包含了局部自感和局部互感两部分，例如式（5-6）中 L_{LL} 为局部自感，M_{LB}、M_{LT}、M_{LR} 为局部互感。需要注意的是，闭合回路是电感的先决条件，局部电感需要放在特定的回路来定义，这一点通过局部电感包含局部互感也可以看出。有部分电容、功率模块等元器件在数据手册中提供了寄生电感，其实质为局部自感，通过与无穷远且平行的线路构成回路计算得到。

通过以上介绍明确了回路电感和局部电感的概念，是进行线路电感分析的基

础。为了表述方便，在下文中不再特意区分。

5.2.2　PCB 线路电感

一段 PCB 线路宽度为 w、长度为 l，忽略其厚度，如图 5-5a 所示。其电感由式（5-7）计算，电感 L 随 l 增加和 w 减小而增加。

$$L \approx 2l \cdot \left(\ln \frac{2l}{w} + 0.5 + 0.2235 \frac{w}{l} \right) \tag{5-7}$$

一个圆形回路，导线半径为 r_0，回路半径为 a，且 $r_0 << a$，如图 5-5b 所示。其电感由式（5-8）计算，电感 L 随 a 增加而增加。

$$L \approx \mu_0 a \left(\ln \frac{8a}{r_0} - 2 \right) \tag{5-8}$$

一个正方形回路，导线半径为 r_0，正方形边长为 a，且 $r_0 << a$，如图 5-5c 所示。其电感由式（5-9）计算，电感 L 随 a 增加而增加。

$$L \approx \frac{2\mu_0 a}{\pi} \cdot \left(\ln \frac{a}{r_0} - 0.774 \right) \tag{5-9}$$

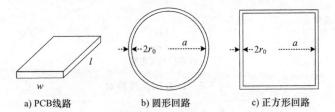

a) PCB线路　　　　b) 圆形回路　　　　c) 正方形回路

图 5-5　基本线路

如图 5-6 所示为共平面板线路和平行板线路，线路宽度为 w，线路间距为 h，线路厚度忽略不计。在图 5-6a 和图 5-6b 中，电流流出用"·"表示，产生的磁场用带箭头的实线表示；电流流入用"×"表示，产生的磁场用带箭头的虚线表示。在共平面板线路和平行板线路中，两条线路的磁场方向相反，互相抵消，降低了磁感应强度。根据电感的定义，磁感应线相互抵消有助于降低电感。在平行板线路中，磁感应线抵消得更多，故极大地降低了线路电感[2]。

可以计算得到共平面板线路的单位长度电感 L_{cp} 和平行板线路的单位长度电感 L_{pp} 分别为式（5-10）和式（5-11）

$$L_{cp} \approx \frac{\mu_0}{\pi} \cdot \cosh^{-1} \left(\frac{w+h}{w} \right) \tag{5-10}$$

$$L_{pp} \approx \mu_0 \frac{h}{w} \tag{5-11}$$

基于式（5-10）和式（5-11），可以得到线路宽度 w 和线路间距 h 对 L_{cp} 和 L_{pp} 的影响，如图 5-6c 所示。L_{cp} 和 L_{pp} 都随着 w 的增大和 h 的减小而减小，且 L_{pp} 的变

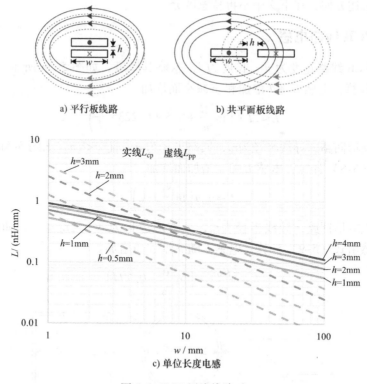

a) 平行板线路   b) 共平面板线路

c) 单位长度电感

图 5-6　PCB 回流线路对

化更加明显。当主功率换流线路采用共平面板线路时，由于受到安规的限制，不能靠得很近。而平行板线路利用 PCB 板材作为绝缘介质，通常为 FR-4，其击穿场强大于 20kV/mm，故线路间距可以很小。故使用平行板线路设计主功率换流回路有助于减小电感。基于对以上基本线路的分析，可以得到降低 PCB 线路电感的布线方法：

1）尽量使 PCB 线路更宽、更短；

2）尽量减小 PCB 线路的回路面积；

3）尽量使电流去与回的 PCB 线路上下交叠，电流流向相反。

5.2.3　器件封装电感

5.2.3.1　分立器件封装电感

现阶段 SiC 二极管分立器件的插件封装形式有 TO-247、TO-247-2、TO-220、TO-220-2 等，贴片封装形式有 TO-252、TO-252-2、TO-263、TO-263-2、DFN8x8、DFN3x3、DDPAK 等；SiC MOSFET 分立器件的插件封装形式有 TO-247、TO-247-4 等，贴片封装形式有 TO-263-7 等。

插件封装器件在安装时，是将器件引脚插入 PCB 安装孔内进行焊接的。以

TO-247 封装为例，其引脚长度约为 20mm，在使用时会根据具体情况确定引脚与 PCB 的安装距离。以引脚根部为零点，引脚根部到 PCB 焊接处的距离为安装距离 d_{mount}，则实际引入主功率换流回路的封装电感 L_{DS} 与 d_{mount} 的关系如图 5-7 所示。当 $d_{mount}=0$ 时，L_{DS} 并不为零，这部分电感是由塑封材料下的键合线和引脚造成的；当 d_{mount} 增大时，L_{DS} 也不断线性增大，这基本符合共平面板电感的特征。

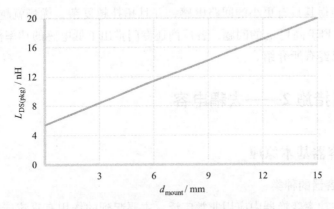

图 5-7　安装距离 d_{mount} 模型对 L_{DS} 的影响

故在使用插件封装器件时，为了尽可能减小封装对 L_{Loop} 的贡献，需要尽可能减小 d_{mount}。但在实际应用中，受到机械结构、散热结构、安规距离、可装配性等因素的限制，d_{mount} 并不能无限制减小。

贴片封装器件在安装时，将器件直接焊接在 PCB 焊盘上即可。以 TO-263-7 为代表的贴片封装具有引出的引脚，焊接在 PCB 后引入的 L_{DS} 是固定的。由于其引脚长度明显短于插件封装，故引入的 L_{DS} 也更小。以 DFN8x8 为代表的贴片封装没有引出的引脚，而是在其底部有焊盘，这样就更进一步减小了 L_{DS}。

5.2.3.2　功率模块封装电感

分立封装中通常只含有一颗芯片，在使用时需要通过 PCB 进行互连实现拓扑结构。这种方式在器件并联、复杂拓扑实现、电气绝缘、PCB 设计、散热系统、可靠性等方面都面临巨大挑战。与分立器件不同，在功率模块中，芯片互连在模块内部完成，提供了具有一定拓扑功能和结构的标准单元，很好地解决了上述问题。

在功率模块中，大量芯片被焊接在铜基板上，通过键合线互连实现拓扑。图 5-8 为功率模块内部电气连接的实例，可以发现芯片、铜基板、键合线之间的距离都非常近，其原因是模块内部充满了硅凝胶，实现了固体绝缘。这

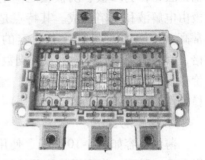

图 5-8　功率模块内部电气连接

样就使得在实现相同拓扑功能和功率等级的情况下，使用功率模块时需要的电气连线长度和回路面积远远小于使用分立器件的情况，显著减小了L_{Loop}。同时，功率模块内部导流的铜基板的通流宽度往往都大于分立器件引脚的宽度，更宽的通流路径也有助于降低L_{Loop}。

基于以上分析，功率模块具有更短的电气连接、更宽的通流路径和更小的回路面积，这都使得其具有更小的回路电感，并且拓扑越复杂，优势就越明显。另外，针对 SiC MOSFET 高V_{spike}的问题，各厂商还专门推出了低电感的功率模块封装，这在第 1 章中已经有所介绍。

5.3　应对措施2——去耦电容

5.3.1　电容器基本原理

5.3.1.1　电容器的种类

电容器在功率变换器中应用非常广泛，主要起到的作用有直流连接/储能、DC输出滤波、AC 输出滤波、EMC 滤波、谐振、去耦等。在设计变换器时，首先需要根据变换器的规格和指标要求确定电容器的电压和电容值，接下来根据电容器在变换器发挥的作用确定选择电容器的种类，最后综合考虑电压等级、电容值、温度特性、封装形式、尺寸、成本等因素确定品牌和型号。电容器不再是原理图上一个简单的符号，它是一个具有很多参数的电子元件。为了满足不同应用场合的要求，采用不同的结构、材料和工艺，最终发展出种类丰富的电容器家族，最常见的电容器有铝电解电容、薄膜电容和积层陶瓷电容三种[3]。

1. 铝电解电容

铝电解电容如图 5-9 所示，使用铝箔作为阳极，进行氧化处理后在其表面生成一层氧化铝薄膜，作为阳极、阴极板之间的电介质，阴极由电解液和铝箔构成。其特点是电容密度非常高，能够达到其他种类电容的几十到数百倍，其容值能够轻松达到数百到数万 μF，并且价格便宜。缺点是电容有极性、漏电流大、热稳定性差。

图 5-9　铝电解电容

2. 薄膜电容

薄膜电容如图 5-10 所示，使用塑料薄膜作为电介质，常见的材质有聚对苯二甲酸乙二醇酯、聚丙烯、聚苯硫醚、聚萘二甲酸二醇酯；使用金属箔作为电极，称为箔电极型薄膜电容器；在塑料薄膜上蒸镀金属（Al、Zn 等）形成内部电极，称为金属化薄膜型电容器。将电介质和电极重叠后，卷绕成圆筒状的结构构成电容器。其特点是绝缘电阻高、温度系数低、可靠性优异、额定纹波电流大。

3. 积层陶瓷电容

积层陶瓷电容（Multi – layer Ceramic Capacitor，MLCC）其结构如图 5-11 所示，使用陶瓷介质膜片作为电介质，其材料有氧化钛、钛酸钡，把电极材料印刷到陶瓷片上作为电极。将印刷好带电极的陶瓷介质膜片重叠起来，经过加压、烧制、镀膜得到电容器。其特点是小型化、无极性、安全性高。其缺点是容值较低、有弯曲裂纹风险。

图 5-10　薄膜电容

图 5-11　积层陶瓷电容

5.3.1.2　电容器的阻抗特性

真实的电容器并不是一个理想器件，除了电容 C 以外，它还有等效串联电阻（ESR）R_{es} 和等效串联电感（ESL）L_{es}，如图 5-12 所示。ESR 由介电损耗、电极与导线的电阻成分构成，会引发能量损耗；ESL 由电极与导线的电感成分构成。

图 5-12　电容器的等效电路

电容 C 具有隔直通交的特性，其阻抗会随着频率升高不断减小并无线趋近于零。但由于 ESL 和 ESR 的存在，电容器对外呈现 LCR 串联电路的特性。电容器的阻抗 $|Z|$ 由式（5-12）给出，得到阻抗 – 频率特性如图 5-13 所示。阻抗 – 频率特性曲线呈现 V 字形，V 字的底端对应 LCR 串联电路的自谐振频率 f_o，由式（5-13）给出。在 f_o 左侧为电容区，$|Z|$ 主要由 C 决定；在 f_o 右侧为电感区，$|Z|$ 主要由 L_{es} 决定，丧失了电容器的性质。在自谐振频率 f_o 处，阻抗约等于 R_{es}。

$$|Z| = \sqrt{R_{es}^2 + \left(2\pi f_o L_{es} - \frac{1}{2\pi f_o C}\right)^2} \tag{5-12}$$

$$f_o = \frac{1}{2\pi\sqrt{L_{es}C}} \tag{5-13}$$

由于类型的不同，容值同为 $10\mu F$ 的铝电解电容、薄膜电容和 MLCC 的阻抗 – 频率特性具有明显的差异，如图 5-14 所示。从铝电解电容、薄膜电容到陶瓷电容，f_o 越来越高，说明其 ESL 越来越小；V 字的底部越来越深、越来越尖，说明 ESR 越来越小；在高频段，阻抗也越来越小。

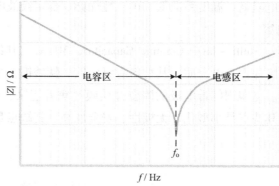

图 5-13　电容器的阻抗 – 频率特性

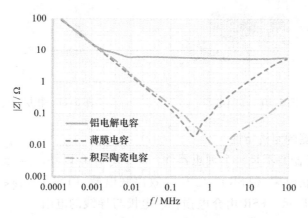

图 5-14　不同种类 $10\mu F$ 电容的阻抗特性

　　正是由于这样的特性，铝电解电容适合作为母线电容使用，起到电压支撑、储能、工频滤波的作用。薄膜电容与铝电解电容都作为母线电容搭配使用，起到高频滤波作用，在对容值要求不高的场合也可作为母线电容单独使用，同时广泛应用于谐振变换器作为谐振电容使用。MLCC 往往作为信号链路的滤波电容和去耦电容，随着变换器高功率密度的要求越来越高和电容技术的发展，MLCC 也逐渐被用作谐振电容和母线电容。

5.3.2　去耦电容基础

5.3.2.1　去耦电容的作用

　　在变换器中，母线电容 C_{Bus} 的容值一般较高，通常选择铝电解电容和薄膜电容。在 C_{Bus} 和功率器件之间增加电容器 C_{Dec}，将原先的 L_{PCB} 分割为 $L_{PCB(Dev-Dec)}$ 和 $L_{PCB(Dec-Bus)}$ 两部分，如图 5-15 所示。则当器件关断时，换流电流将主要流过 C_{Dec}，则此时 L_{Loop} 相比增加 C_{Dec} 前减小了 $L_{PCB(Dec-Bus)} + L_{es(Bus)} - L_{es(Dec)}$，能够有

效降低 V_{spike}。在这个过程中，C_{Dec} 对 $L_{\text{PCB(Dec-Bus)}}$ 和 $L_{\text{es(Bus)}}$ 起到了去耦的作用，故称 C_{Dec} 为去耦电容。

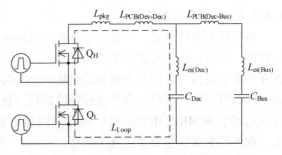

图 5-15　使用去耦电容的半桥换流回路

一般情况下，C_{Bus} 的容值较大，故其体积也会比较大，往往导致无法将 C_{Bus} 放置在距离功率器件较近的地方，增大了 L_{PCB}。而 C_{Dec} 的容值则远小于 C_{Bus}，其体积也更小，这样 C_{Dec} 就可以安放在距离功率器件更近的位置，尽可能多地实现对更大感值 $L_{\text{PCB(Dec-Bus)}}$ 的去耦。另外，当 $L_{\text{es(Dec)}}$ 小于 $L_{\text{es(Bus)}}$ 时，L_{Loop} 就被进一步减小了。

如图 5-16 所示，当使用铝电解电容为母线电容且不使用去耦电容时，V_{spike} 为 1026V；增加薄膜电容为去耦电容，V_{spike} 为 980V，V_{spike} 减小了 46V。

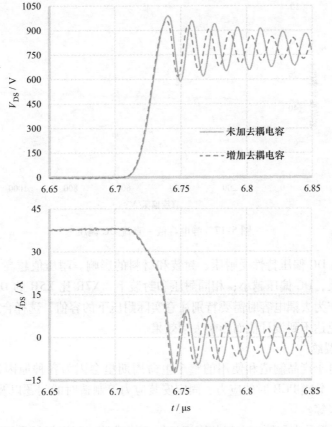

图 5-16　去耦电容的效果

173

5.3.2.2 去耦电容的选择

通过以上分析可知，可知为了达到有效的去耦效果，需要去耦电容具有小 ESL 的特性。同时，由于大部分换流电流流经去耦电容，故也要求其 ESR 较小，使其温升不至于太高。根据各类电容的阻抗 – 频率特性，发现薄膜电容和 MLCC 适合作为去耦电容使用。薄膜电容各方面特性都较为稳定，在使用时难度不大。薄膜电容可以选用 TDK MKP/MFP 系列金属化聚丙烯电容器。但 MLCC 具有一些独特的特性，在使用上有一些需要注意的问题。

1. DC 偏压特性

对于高电容率 MLCC，静电容量会随着施加的电压不同而发生变化，当施加的是直流电压时称为 DC 偏压特性，如图 5-17 所示，这是因为高电容率 MLCC 使用自发极化的强电介质（$BaTiO_3$ 等）。当不施加外电场时，强电介质的晶畴自发极化方向各异；当施加直流电场时，自发极化方向会朝向电场方向，电容率增大；当电场达到一定强度，则会达到饱和状态，介电常数变小，实际静电容量值变小。

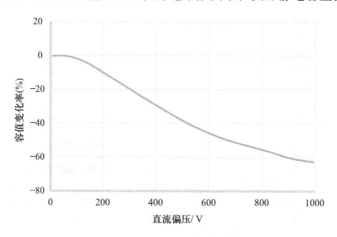

图 5-17　静电容值 – 直流 DC 偏压

MLCC 的 DC 偏压特性受耐压、封装和材料的影响。耐压值越高，直流偏差越小；封装越大，DC 偏压越小；相同耐压和封装下，X7R 比 X5R 的 DC 偏压小。在使用 MLCC 作为去耦电容时需要特别注意实际耐压下的容值，选择合适材质和封装的电容，以免达不到设计值而影响去耦效果。

2. 弯曲裂纹[4]

PCB 在电子产品制造和使用的整个生命周期里会因为各种原因发生弯曲，包括焊锡应力、分割 PCB 时的应力、固定安装应力等制造时的问题以及使用时掉落、振动、热膨胀等。

MLCC 内部是由印制有电极的陶瓷板层叠构成的，陶瓷板承受压力能力强，但抗拉伸应力能力弱。多层陶瓷电容是利用焊锡焊接在 PCB 上的，当 PCB 发生弯曲后，容易导致其弯曲裂纹，如图 5-18 所示。裂纹进一步导致器件性能下降、发热、起火等后果，严重影响设备和人员的安全。

为了应对弯曲裂纹，电容厂商提供了多种产品：

1）一般在端子镀 Cu 及镀 Ni 层中加入导电性树脂层成为软端子电容，树脂层可以吸收焊锡接合部膨胀收缩而产生的应力以及基板弯曲应力，如图 5-19a 所示；

2）改变陶瓷板上电极的位置，使得电容器内部为两个电容串联的结构，这样即使发生弯曲裂纹，也可以大大降低发生短路的风险，如图 5-19b 所示；

3）在可能发生裂纹的部位尽量避免电极的重叠，从而即使出现弯曲裂纹时也为开路模式，如图 5-19c 所示；

4）在电容端子上增加金属支架，可以由金属支架吸收 PCB 板弯曲带来的应力，这种方式的效果最好，如图 5-19d 所示。

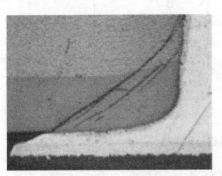

图 5-18　MLCC 弯曲裂纹

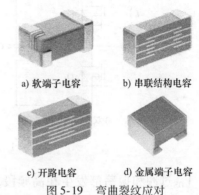

a) 软端子电容　　b) 串联结构电容

c) 开路电容　　d) 金属端子电容

图 5-19　弯曲裂纹应对

综合考虑 ESL、DC 偏压特性、抗弯曲裂纹和耐纹波性能，Murata KR3、KC3 和 TDK CeraLink 具有优异的性能，如图 5-20 所示。Murata KR3[5] 具有金属支架，同时使用了 X7T 材料，有效容量、耐纹波性较传统材料有所提高。TDK CeraLink[6] 采用基于反铁电 PLZT 陶瓷材料（锆钛酸铅镧），具有低 ESL、低 ESR、高电容密度、高可靠性等特点，能够为基于 SiC 和 GaN 半导体的高频变换器的缓冲器和 DC 链路提供极其紧凑的解决方案。

a) Murata KR3、KC3　　　　　　b) TDK CeraLink

图 5-20　用于 SiC 应用的电容

5.3.3 小信号模型分析

5.3.3.1 无去耦电容

在 SiC MOSFET 关断后的电压过冲和振荡过程中，电路中各器件的状态都是固定的，可以对电路进行适当地简化。Q_L 进行关断，可以将其沟道等效为由负载电流下降至 0 的电流源 I_{DS}；Q_H 的体二极管进行续流，可将其看作电压源 V_F 和电阻 R_F 串联；V_{DS} 足够高，Q_L 的 C_{oss} 为恒定值；在不考虑负载电感的等效并联电容时，负载电感的感量很大，可以近似认为其电流在整个过程中基本不变，将其看作一个恒定电流源 I_L[7]。这样就得到了关断过程的等效电路，如图 5-21 所示。

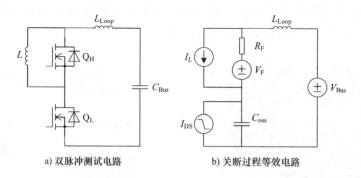

a) 双脉冲测试电路 b) 关断过程等效电路

图 5-21　关断过程等效电路

V_{DS} 过冲和振荡都发生在高频段，故可将上述等效电路中 I_L 作开路处理，母线电容 C_{Bus}、电压源 V_F 作短路处理。这样就得到关断过程小信号电路模型，如图 5-22 所示，可以基于此进行频域分析。

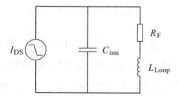

图 5-22　关断过程小信号电路模型

从电流源 I_{DS} 看进去，即 Q_L 的漏－源端，是一个 RLC 并联谐振电路。取贴近实际的电路参数，$C_{oss} = 115\text{pF}$、$R_F = 40\text{m}\Omega$、$L_{Loop} = 30\text{nH}$，得到 RLC 并联电路阻抗－频率特性如图 5-23 所示。在低频段 $|Z|$ 保持基本水平，由 R_F 决定；随后 $|Z|$ 线性上升，呈现电感特性，由 L_{Loop} 决定；高频段 $|Z|$ 线性降低，表现出电容特性，由 C_{oss} 决定；在电感特性区和电容特性区之间有一个尖峰，发生谐振，谐振频率为 f_o。

其阻抗为

$$Z = \frac{sL_{Loop} + R_F}{s^2 C_{oss} L_{Loop} + s R_F C_{oss} + 1} \tag{5-14}$$

其谐振频率为

$$f_o = \frac{1}{2\pi \sqrt{C_{oss} L_{Loop}}} \sqrt{1 - \frac{C_{oss} R_F^2}{L_{Loop}}} \tag{5-15}$$

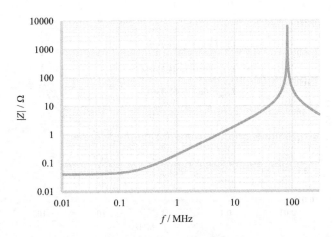

图 5-23　阻抗 – 频率特性

通常器件和电路参数都能够满足

$$\frac{C_{\mathrm{oss}}R_{\mathrm{F}}^2}{L_{\mathrm{Loop}}} \ll 1 \tag{5-16}$$

故谐振频率可简化为

$$f_{\mathrm{o}} = \frac{1}{2\pi\sqrt{C_{\mathrm{oss}}\cdot L_{\mathrm{Loop}}}} \tag{5-17}$$

谐振峰阻抗为

$$Z_{\mathrm{o}} = \frac{L_{\mathrm{Loop}}}{C_{\mathrm{oss}}R_{\mathrm{F}}} \tag{5-18}$$

$C_{\mathrm{oss}} = 115\mathrm{pF}$、$R_{\mathrm{F}} = 40\mathrm{m}\Omega$ 时，L_{Loop} 分别取 $30\mathrm{nH}$、$40\mathrm{nH}$、$50\mathrm{nH}$，阻抗 – 频率特性与对应的 V_{DS} 关断波形如图 5-24 所示。谐振频率与 V_{DS} 振荡频率相同，再一次说明关断后 V_{DS} 振荡发生在 C_{oss} 和 L_{Loop} 之间；随着 L_{Loop} 的增大，谐振阻抗增大、关断电压尖峰升高。由此可见，关断 V_{DS} 时域波形与阻抗 – 频率特性有明确的对应关系，可以利用其进行设计和分析。

5.3.3.2　使用去耦电容

当使用去耦电容后，电路原理图、等效电路、小信号电路模型如图 5-25 所示。

取贴近真实应用的电路参数 $C_{\mathrm{oss}} = 115\mathrm{pF}$、$R_{\mathrm{F}} = 40\mathrm{m}\Omega$、$C_{\mathrm{Dec}} = 200\mathrm{nF}$、$L_{\mathrm{pkg}} + L_{\mathrm{PCB(Dev-Dec)}} = 20\mathrm{nH}$、$L_{\mathrm{es(Dec)}} = 2\mathrm{nH}$、$L_{\mathrm{PCB(Dec-Bus)}} + L_{\mathrm{es(Bus)}} = 15\mathrm{nH}$，得到阻抗 – 频率特性如图 5-26 所示。使用去耦电容后的阻抗 – 频率曲线具有两个谐振峰，由于 $C_{\mathrm{Dec}} \gg C_{\mathrm{oss}}$，低频谐振频率 $f_{\mathrm{o(L)}}$ 和高频谐振频率 $f_{\mathrm{o(H)}}$ 可以用式（5-19）和式（5-20）估算，分别为 $100.6\mathrm{MHz}$ 和 $2.7\mathrm{MHz}$

$$f_{\mathrm{o(L)}} = \frac{1}{2\pi\sqrt{C_{\mathrm{Dec}}(L_{\mathrm{es(Dec)}} + L_{\mathrm{PCB(Dec-Bus)}} + L_{\mathrm{es(Bus)}})}} \tag{5-19}$$

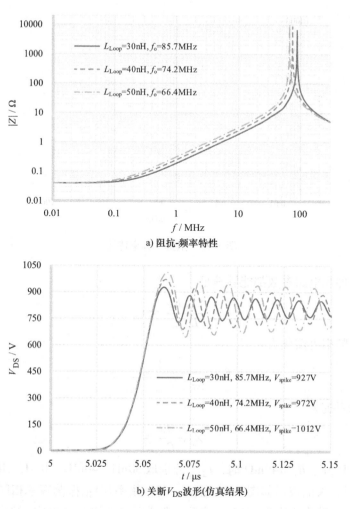

a) 阻抗-频率特性

b) 关断V_{DS}波形(仿真结果)

图 5-24　L_{Loop}的影响

$$f_{o(H)} = \cfrac{1}{2\pi \ \sqrt{C_{oss}\left(L_{es(Dec)} + L_{pkg} + L_{PCB(Dev-Dec)}\right)}} \qquad (5\text{-}20)$$

　　在此参数下，V_{DS}关断波形仿真结果如图 5-27 所示。可以看到V_{DS}振荡包含高频振荡和低频振荡两个部分，振荡频率分别为 102.1MHz 和 2.65MHz，与阻抗 – 频率特性的谐振频率对应。结合式（5-19）和式（5-20），说明V_{DS}高频振荡发生在图 5-25c 中虚线框所示的回路，V_{DS}低频振荡发生在图 5-25c 中点画线所示的回路。

　　当其他参数不变时，C_{Dec}分别取 50nF、200nF、500nF，阻抗 – 频率特性如图 5-28 所示。随着C_{Dec}增大，低频谐振峰阻抗和$f_{o(L)}$不断下降，分别为 5.46MHz、2.73MHz、1.73MHz，而$f_{o(H)}$及高频谐振峰阻抗没有变化。

　　图 5-29 中V_{DS}关断波形仿真结果特征与图 5-28 所示阻抗 – 频率特性相对应，

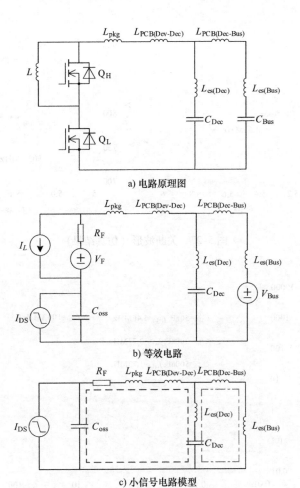

a) 电路原理图

b) 等效电路

c) 小信号电路模型

图 5-25 关断过程小信号电路模型

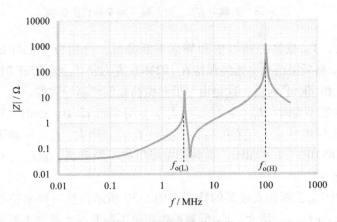

图 5-26 阻抗 – 频率特性

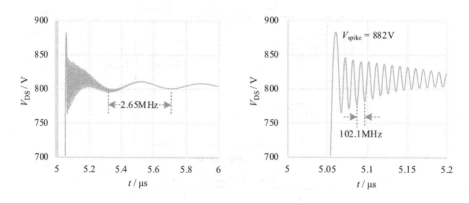

图 5-27　关断波形（仿真结果）

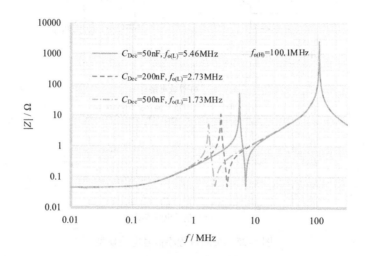

图 5-28　去耦电容 C_{Dec} 对阻抗-频率特性的影响

随着 C_{Dec} 增大，V_{DS} 低频振荡幅值和频率不断降低，分别为 5.46 MHz、2.73 MHz、1.73 MHz。V_{DS} 高频振荡频率始终保持在 102 MHz 左右，C_{Dec} 为 50 nF 时，V_{DS} 尖峰比 C_{Dec} 为 200 nF 和 500 nF 时高，这是由于低频振荡幅值较高导致的。

　　当其他参数不变时，$L_{\mathrm{PCB(Dec-Bus)}} + L_{\mathrm{es(Bus)}}$ 分别取 15 nH、35 nH、55 nH，阻抗-频率特性如图 5-30 所示。随着 $L_{\mathrm{PCB(Dec-Bus)}} + L_{\mathrm{es(Bus)}}$ 增大，$f_{\mathrm{o(L)}}$ 不断下降，分别为 2.73 MHz、1.85 MHz、1.49 MHz，低频谐振峰阻抗不断升高，而 $f_{\mathrm{o(H)}}$ 及高频谐振峰阻抗没有变化。

　　图 5-31 中 V_{DS} 关断仿真波形的特征与图 5-30 所示阻抗-频率特性相对应，随着 $L_{\mathrm{PCB(Dec-Bus)}} + L_{\mathrm{es(Bus)}}$ 增大，V_{DS} 低频振荡幅值不断升高、频率不断降低，分别为 2.65 MHz、1.78 MHz、1.43 MHz。V_{DS} 高频振荡频率始终保持在 102 MHz 左右，V_{DS}

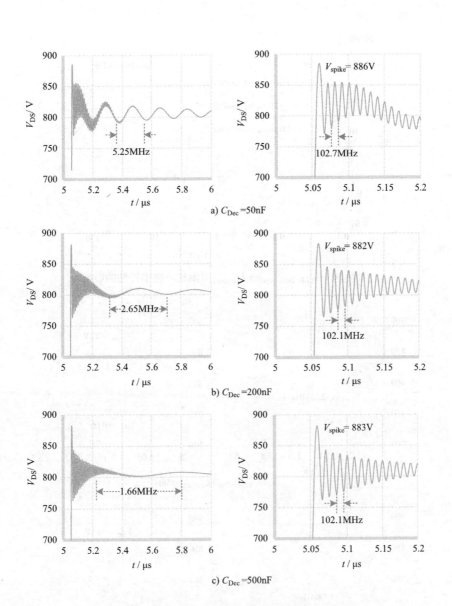

图 5-29　去耦电容 C_{Dec} 对关断波形的影响（仿真结果）

尖峰基本不变。

　　使用铝电解电容作为母线电容，MLCC 作为去耦电容且容值较小时的实际应用案例中，SiC MOSFET 关断 V_{DS} 波形如图 5-32 所示。可以看到低频振荡明显，且其峰值比高频振荡的峰值还高，此时关断电压尖峰取决于低频振荡。这是使用去耦电容后较为极端的情况，需要格外注意。

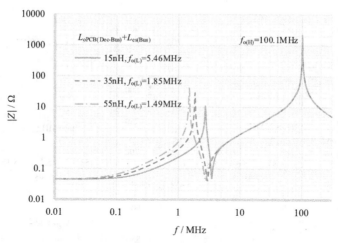

图 5-30 $L_{\mathrm{PCB(Dec-Bus)}} + L_{\mathrm{es(Bus)}}$ 对阻抗 – 频率特性的影响

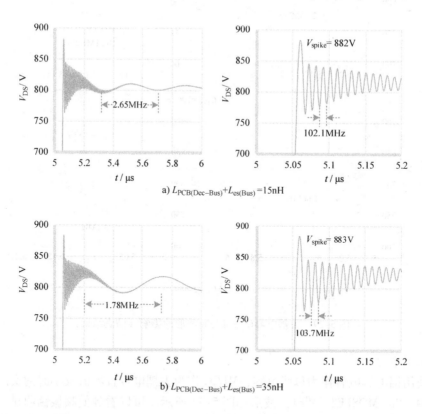

图 5-31 $L_{\mathrm{PCB(Dec-Bus)}} + L_{\mathrm{es(Bus)}}$ 对关断波形的影响（仿真结果）

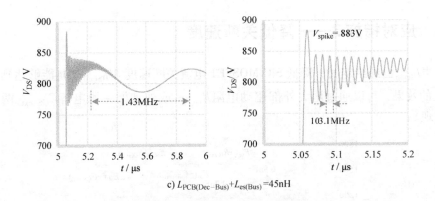

c) $L_{PCB(Dec-Bus)} + L_{es(Bus)} = 45nH$

图 5-31 $L_{PCB(Dec-Bus)} + L_{es(Bus)}$ 对关断波形的影响（仿真结果）（续）

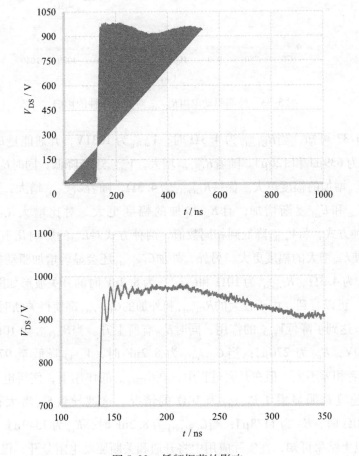

图 5-32 低频振荡的影响

5.4　应对措施3——降低关断速度

当L_{Loop}已经给定时，降低 SiC MOSFET 电流关断速度 $\mathrm{d}I_{DS(off)}/\mathrm{d}t$ 能够达到降低 V_{spike} 的效果，可以通过增大外部驱动电阻 $R_{G(ext)}$ 或外加栅 – 源电容 $C_{GS(ext)}$ 两种途径实现。

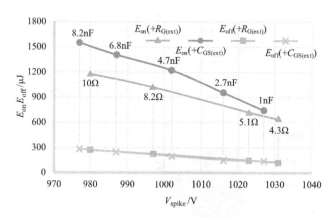

图 5-33　外部驱动电阻 $R_{G(ext)}$ 对关断特性的影响

由图 5-33 可知，当 $R_{G(ext)}$ 为 4.3Ω 时，V_{spike} 为 1031V，开通能量 E_{on} 和关断能量 E_{off} 分别为 639μJ 和 126μJ。随着 $R_{G(ext)}$ 增大，V_{spike} 逐渐降低，同时 E_{on} 和 E_{off} 逐渐增加，且 E_{on} 增加的幅度更大。保持 $R_{G(ext)}$ 为 4.3Ω，随着 $C_{GS(ext)}$ 增大，V_{spike} 随之降低，同时 E_{on} 和 E_{off} 逐渐增加，且 E_{on} 增加的幅度更大。对比增大 $R_{G(ext)}$ 和外加 $C_{GS(ext)}$ 两种方式，将 V_{spike} 降低到相同数值，两种方式对 E_{off} 的影响几乎相同，但外加 $C_{GS(ext)}$ 使 E_{on} 增大的幅度更大。另外，外加 $C_{GS(ext)}$ 还会显著增加驱动损耗。

$R_{G(ext)}$ 为 4.3Ω、$R_{G(ext)}$ 为 10Ω 和 $C_{GS(ext)}$ 为 8.2nF 时的开关波形如图 5-34 和图 5-35 所示。可以看到，由于较大的 $R_{G(ext)}$ 和外加的 $C_{GS(ext)}$ 都使得关断时 $\mathrm{d}I_{DS(off)}/\mathrm{d}t$ 有所降低，达到了降低 V_{spike} 的作用，同时 E_{off} 有所上升。当 $R_{G(ext)}$ 为 10Ω 时，V_{spike} 降低至 980V，E_{off} 为 270μJ；当 $C_{GS(ext)}$ 为 8.2nF 时，V_{spike} 降低至 977V，E_{off} 为 288μJ，两者相差不大。但在开通过程中，在 $C_{GS(ext)}$ 的作用下，使得电流上升和电压下降的速度都明显慢于 $R_{G(ext)}$ 为 10Ω 的情况。这就导致 E_{on} 增大得更多，当 $R_{G(ext)}$ 为 10Ω 时，E_{on} 为 1178μJ；当 $C_{GS(ext)}$ 为 8.2nF 时，E_{on} 为 1549μJ。

根据以上结果可知，在实际应用中将开通和关断驱动电阻分开，仅增大关断驱动电阻 $R_{Goff(ext)}$，$\mathrm{d}I_{DS(off)}/\mathrm{d}t$ 得到有效降低进而降低了 V_{spike}。同时，保持开通驱动电阻 $R_{Gon(ext)}$ 不变，则开通过程不受影响，开通能量也不会增加。与此相对，外加

$C_{\mathrm{GS(ext)}}$ 会同时影响开通和关断过程，无法实现降低 V_{spike} 的同时不增加开通能量。

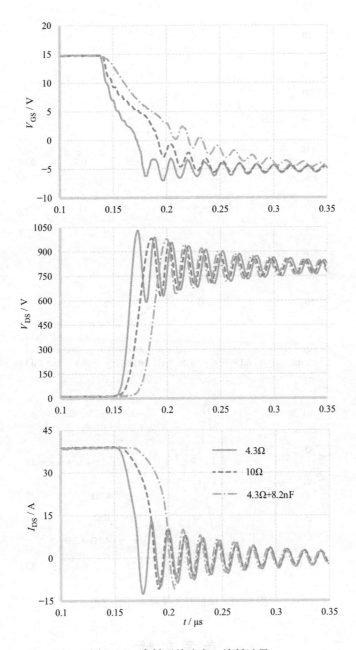

图 5-34 降低开关速度 – 关断过程

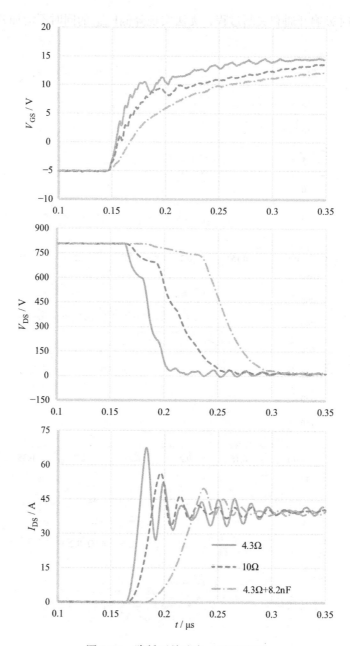

图 5-35　降低开关速度 – 开通过程

参 考 文 献

［1］ PAUL C R. Inductance – Loop and Partial ［M］. Hoboken：Wiley, 2010.

［2］ CREE, INC. Design Considerations for Designing with Cree SiC Modules Part 2. Techniques for

Minimizing Parasitic Inductance ［Z］. Power Application Note, 2013.

［3］ TDK. Electronics ABC ［Z/OL］. https：//www. tdk. com/techmag/electronics_primer/index. htm

［4］ TDK. Flex Crack Countermeasures in MLCCs ［Z］. Solution Guides, 2017.

［5］ Murata, KR3 products page ［Z/OL］. https：//psearch. en. murata. com/capacitor/lineup/kr3/

［6］ TDK. CeraLink® Capacitors products page ［Z/OL］. https：//www. tdk – electronics. tdk. com/en/ 1195576/products/ceralink – presentation – overview.

［7］ CHEN ZHENG. Electrical Integration of SiC Power Devices for High – Power – Density Applications ［D］. Virginia Polytechnic Institute and State University, 2013.

延 伸 阅 读

［1］ ROMAN BOSSHARD. Multi – Objective Optimization of Inductive Power Transfer Systems for EV Charging ［D］. ETH, 2015.

［2］ MARK I. MONTROSE. Printed Circuit Board Design Techniques for EMC Compliance：A Handbook for Designers ［M］. New York：Wiley – IEEE Press, 2000.

［3］ JOACHIM LAMP. IGBT Peak Voltage Measurement and Snubber Capacitor Specification ［Z］. Application Note AN – 7006, SEMIKRON.

［4］ ROHM CO. , LTD. SiC MOSFET Snubber Circuit Design Methods ［Z］. Application Note, No. 62AN037E, Rev. 001, 2019.

［5］ YANICK LOBSIGER. Closed – Loop IGBT Gate Drive and Current Balancing Concepts ［D］. ETH 2014.

［6］ NICHICON. General Descriptions of Aluminum Electrolytic Capacitors ［Z］. Technical Notes CAT. 8101E.

第6章

高 dv/dt 的影响与应对—— crosstalk

6.1　crosstalk 基本原理

变换器拓扑的数量非常多，其中很大一部分是具有上下管结构的，如半桥、Totem – Pole PFC、DAB、三相全桥、三电平等。以同步 Buck 电路为例，运行波形如图 6-1 所示。可以看到，在主动管 S_1 进行开关动作时，其自身驱动电压 G_1 没有明显振荡或毛刺，而同步整流管 S_2 的驱动电压 G_2 上会出现毛刺。这说明在桥式电路中，器件的主动开关动作会对其对管的 V_{GS} 造成影响，这种现象就是 crosstalk。

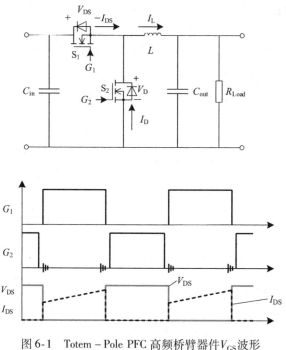

图 6-1　Totem – Pole PFC 高频桥臂器件 V_{GS} 波形

6.1.1　开通 crosstalk

在图 6-2 所示电路中，下管Q_L保持关断状态，上管Q_H进行开通，则Q_L的体二极管VD_L进行反向恢复。Q_L的端电压V_{DS}由VD_L的导通压降V_F以 d$V_{DS(on)}$/dt 的速度上升至母线电压V_{Bus}。由于Q_L的栅 - 源电压V_{GS}保持关断驱动电压$V_{DRV(off)}$不变，则在此过程中栅 - 漏电容C_{GD}的端电压V_{DG}同样以 d$V_{DS(on)}$/dt 的速度从$V_F - V_{DRV(off)}$快速上升至$V_{Bus} - V_{DRV(off)}$。在此过程中，变化的V_{DG}通过C_{GD}产生了位移电流I_{Miller}，其大小由式（6-1）决定

$$I_{Miller} = C_{GD} dV_{DS(on)}/dt \tag{6-1}$$

I_{Miller}通过C_{GD}流入驱动回路，在驱动电阻R_G（$R_G = R_{G(ext)} + R_{G(int)}$）和驱动回路电感$L_{DRV}$（$L_{DRV} = L_{G(pkg-M)} + L_{G(pkg-O)} + L_{KS(pkg-M)} + L_{KS(pkg-O)} + L_{DRV(PCB)}$）上产生压降，同时又对栅 - 源电容$C_{GS}$进行充电，则$V_{GS}$发生变化

$$V_{GS} = V_{DRV(off)} + R_G I_G + L_{DRV} dI_G/dt \tag{6-2}$$

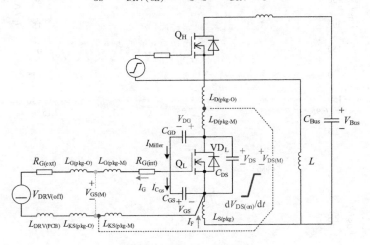

图 6-2　开通 crosstalk 原理

在这两个因素的共同作用下，栅 - 源电压V_{GS}被抬升，出现一个向上的尖峰，如图 6-3 所示。

1. $t_0 \sim t_1$

t_0时刻，Q_H开始导通，I_F由负载电流开始下降，V_{DS}由体二极管VD_L的导通压降确定，随着I_F下降V_{DS}逐渐上升。虽然此时V_{DS}变化的幅度小、速度慢，但C_{GD}很大，则V_{GS}被明显抬升。

2. $t_1 \sim t_2$

t_1时刻，VD_L开始承受反向电压，V_{DS}迅速上升。虽然C_{GD}随V_{DS}的升高而减小，但$V_{DS(on)}$/dt 很高，故在此阶段V_{GS}被迅速抬升。

3. $t_2 \sim$

V_{GS}逐渐回落至$V_{DRV(off)}$，由于V_{DS}达到V_{Bus}后为衰减振荡，故V_{GS}在回落过程中伴随振荡。

当V_{GS}的尖峰超过器件阈值电压$V_{GS(th)}$时，就会导致桥臂直通或部分误开通而产生额外的损耗。此时，Q_L为被干扰器件，干扰源是Q_H的开通动作，将此过程称为开通 crosstalk。

同时，由于测量点间寄生参数的影响，测得的$V_{GS(M)}$低于实际的V_{GS}，即观测到的 crosstalk 轻于实际的 crosstalk，这容易对电路设计造成误导。

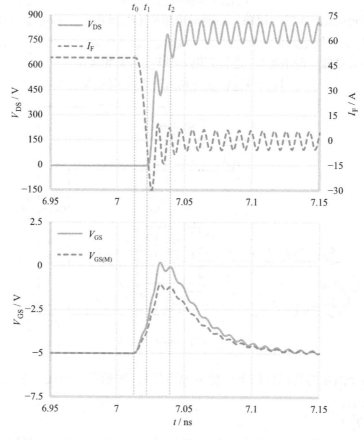

图 6-3　开通 crosstalk（仿真波形）

图 6-4 所示为开通 crosstalk 的实测波形，与仿真结果吻合。

现阶段 SiC MOSFET 器件阈值电压$V_{GS(th)}$集中在 2～3V 的范围内，且为$T_J = 25℃$下V_{DS}很低时的$V_{GS(th)}$，随着T_J和V_{DS}的升高，$V_{GS(th)}$将进一步降低。加之 SiC MOSFET 开关速度快、工作电压高，其误导通的风险较 Si MOSFET 和 IGBT 更高，需要得到足够的重视。

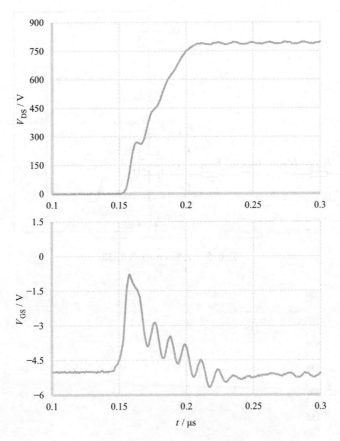

图 6-4　开通 crosstalk 波形

6.1.2　关断 crosstalk

在图 6-5 所示电路中，当下管Q_L保持关断状态，上管Q_H进行关断，则VD_L开始续流。Q_L的端电压V_{DS}由V_{Bus}以 d$V_{DS(off)}$/dt 的速度下降至V_F。由于Q_L的栅－源电压V_{GS}保持关断，驱动电压$V_{DRV(off)}$不变，则在此过程中C_{GD}的端电压V_{DG}同样以 d$V_{DS(off)}$/dt 的速度从$V_{Bus} - V_{DRV(off)}$快速下降至$V_F - V_{DRV(off)}$。变化的V_{DG}通过C_{GD}产生了位移电流I_{Miller}，其大小由式（6-3）决定

$$I_{Miller} = C_{GD} dV_{DS(off)} / dt \tag{6-3}$$

I_{Miller}通过C_{GD}流出驱动回路，在驱动电阻R_G和驱动回路电感L_{DRV}上产生压降，同时又对栅－源电容C_{GS}进行放电，则V_{GS}发生变化

$$V_{GS} = V_{DRV(off)} - R_G I_G - L_{DRV} dI_G / dt \tag{6-4}$$

在这两个因素的共同作用下，V_{GS}被下拉，出现一个向下的尖峰，如图 6-6 所示。

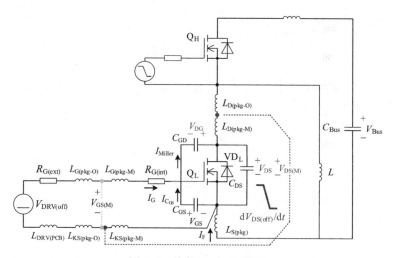

图 6-5 关断 crosstalk 原理

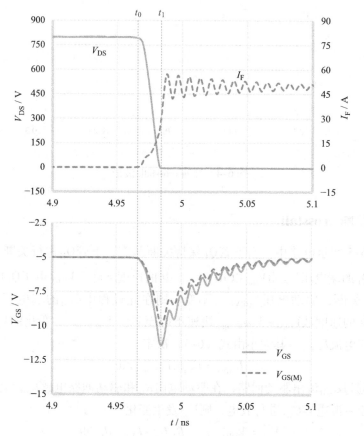

图 6-6 关断 crosstalk （仿真波形）

1. $t_0 \sim t_1$

t_0 时刻，Q_H 开始关断，V_{DS} 由 V_{Bus} 迅速降至 V_F。由于 d$V_{DS(off)}$/dt 大，且 C_{GD} 随 V_{DS} 的降低而增大，故 V_{GS} 被迅速下拉。

2. $t_1 \sim$

VD_L 导通，V_{GS} 逐渐回升至 $V_{DRV(off)}$。V_{DS} 由 VD_L 的导通压降确定，由于 I_F 为衰减振荡，故 V_{GS} 在回升过程中伴随振荡。

当 V_{GS} 的尖峰超过器件栅极负压耐压最大值时，就有可能导致器件栅极损坏。此时，Q_L 为被干扰器件，干扰源是 Q_H 的关断动作，将此过程称为关断 crosstalk。

同时，由于测量点间寄生参数的影响，测得的 $V_{GS(M)}$ 高于实际的 V_{GS}，即观测到的 crosstalk 轻于实际的 crosstalk，这容易对电路设计造成误导。

图 6-7 所示为关断 crosstalk 的实测波形，与仿真波形吻合。

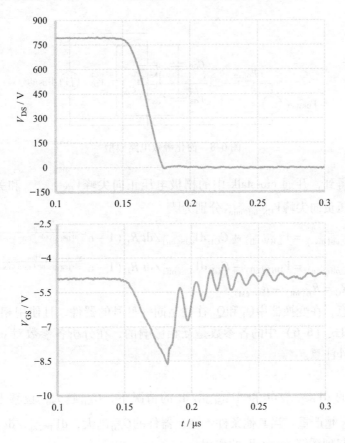

图 6-7　关断 crosstalk 波形

现阶段 SiC MOSFET 产品栅极负压耐压最大值也只到 $-10V$，而且不乏 $-7V$ 甚至 $-3V$，远远小于 Si MOSFET 和 IGBT 的 $-30 \sim -20V$。正是由于 Si MOSFET 和

IGBT 栅极负压耐压能力强，故在使用时不需要特别关注关断 crosstalk 的影响。但在使用 SiC MOSFET 时，关断 crosstalk 需要得到与开通 crosstalk 同等的重视。

6.2　关键影响因素

6.2.1　等效电路分析

当不考虑线路中寄生电感时，可以得到被干扰管Q_L的 crosstalk 简化等效电路模型[1]，如图 6-8 所示。C_{DS}、C_{GD}、C_{GS}是Q_L的结电容，$R_{G(int)}$是Q_L栅极内部电阻，$R_{G(ext)}$是外部驱动电阻，关断驱动电压为$V_{DRV(off)}$。受对管开关动作影响，Q_L端电压V_{DS}在对管开通时以 $dV_{DS(on)}/dt$ 的速度上升，在动作管关断时以 $dV_{DS(off)}/dt$ 的速度下降。

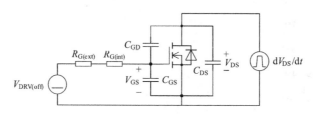

图 6-8　简化等效电路模型

很容易得到，开通 crosstalk 中的栅极电压正向尖峰$V_{CK\_on(max)}$和关断 crosstalk 栅极中的电压负向尖峰$V_{CK\_off(min)}$分别为[1]

$$V_{CK\_on(max)} = V_{DRV(off)} + C_{GD} dV_{DS(on)}/dt\, R_G \left(1 - e^{-\frac{V_{Bus}}{dV_{DS(on)}/dt(C_{GD}+C_{GS})R_G}}\right) \qquad (6\text{-}5)$$

$$V_{CK\_off(min)} = V_{DRV(off)} - C_{GD} dV_{DS(off)}/dt\, R_G \left(1 - e^{-\frac{V_{Bus}}{dV_{DS(off)}/dt(C_{GD}+C_{GS})R_G}}\right) \qquad (6\text{-}6)$$

其中，$R_G = R_{G(int)} + R_{G(ext)}$。

需要注意，在变换器中Q_L和Q_H往往是同一型号的器件，且使用相同的R_G。故式（6-5）和式（6-6）中的各参数是互相影响的，在分析各参数对 crosstalk 的影响时需要格外注意。

1. C_{GD}

在相同的 $dV_{DS(on)}/dt$ 和 $dV_{DS(off)}/dt$ 的情况下，C_{GD}越大，位移电流也越大，导致 crosstalk 越严重。当其他条件不变，器件的C_{GD}越大，$dV_{DS(on)}/dt$ 和 $dV_{DS(off)}/dt$ 就越小，起到缓解 crosstalk 的作用。

2. $dV_{DS(on)}/dt$、$dV_{DS(off)}/dt$

在C_{GD}不变的情况下，$dV_{DS(on)}/dt$ 和 $dV_{DS(off)}/dt$ 越大，位移电流也越大，导致 crosstalk 越严重。

3. V_{Bus}

V_{Bus} 越高，在开关过程中由 C_{GD} 释放的能量也越大，对栅极影响也就越大。

4. R_G

在相同的 d$V_{DS(on)}$/dt 和 d$V_{DS(off)}$/dt 下，被干扰管的 R_G 越大，在其上产生的压降越大，导致 crosstalk 越严重。当动作管的 R_G 越大，d$V_{DS(on)}$/dt 和 d$V_{DS(off)}$/dt 就越小，起到缓解 crosstalk 的作用。这说明不能简单认为可以通过增大或减小 R_G 来缓解 crosstalk。

5. C_{GS}

在 d$V_{DS(on)}$/dt、d$V_{DS(off)}$/dt 和 C_{GD} 不变的情况下，C_{GS} 越大，位移电流对其充电越慢，起到缓解 crosstalk 的作用。当其他条件不变，器件的 C_{GS} 越大，d$V_{DS(on)}$/dt 和 d$V_{DS(off)}$/dt 就越小，同样起到缓解 crosstalk 的作用。

考虑驱动回路电感 L_{DRV}、主功率换流回路电感 L_{Loop}、各结电容 ESR 和线路 ESR 后，得到完整电路模型如图 6-9 所示。

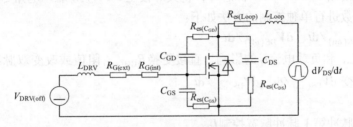

图 6-9　完整电路模型

基于此得到的 crosstalk 波形表达式将十分复杂，一般通过数值法和仿真进行分析。已有一些文献基于完整电路模型进行相关研究[2]，具体的计算、分析就不在这里复述了，得到的结论与基于简化等效电路分析得到的规律一致。接下来将采用实验测试的方法直接探究各参数对 crosstalk 的影响程度。

6.2.2　实验测试方案与结果

基于上述分析和相关文献的研究成果，在器件给定的情况下，即 C_{GD} 和 C_{GS} 固定时，d$V_{DS(on)}$/dt、d$V_{DS(off)}$/dt、I_{DS}、$R_{G(ext)}$、V_{Bus}、L_{DRV} 是 crosstalk 的主要影响因素。为了避免各参数间的相互影响，需要采用控制变量法。故要求在测试过程中 SiC MOSFET 芯片、驱动电路、母线电容、去耦电容不能改变，同时还能够方便定量地改变被选定的参数。

基于上述分析，设计了控制变量 crosstalk 测试方案，其电路如图 6-10 所示。在半桥电路中，上管 Q_H 为动作管，即干扰源，下管 Q_L 为被干扰管，C_{Bus} 为母线电容；Q_H 和 Q_L 为同一型号 SiC MOSFET，其外部驱动电阻分别为 $R_{GH(ext)}$ 和 $R_{GL(ext)}$，开通驱动电压和关断驱动电压分别为 $V_{DRV(on)}$ 和 $V_{DRV(off)}$。测试中对 Q_L 施加 $V_{DRV(off)}$

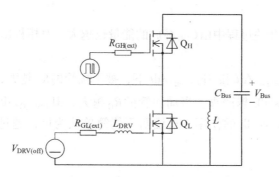

图 6-10　控制变量 crosstalk 测试方案

使其保持关断状态，对 Q_H 施加双脉冲驱动信号，其中第一次关断和第二次开通对应 Q_L 的关断 crosstalk 和开通 crosstalk。此时测量 Q_L 的 V_{DS} 和 V_{GS}，即可得到 $dV_{DS(on)}/dt$、$dV_{DS(off)}/dt$ 以及 crosstalk 的情况。

测试中使用 SiC MOSFET 裸芯片，将其焊接至 PCB 上，驱动电路尽可能靠近芯片，对各参数进行单独控制的方法如下：

1. $dV_{DS(on)}/dt$、$dV_{DS(off)}/dt$

受 $R_{GH(ext)}$ 和负载电流 I_L 的影响，直接更换 $R_{GH(ext)}$ 阻值或改变双脉冲第 1 脉冲脉宽即可改变 $dV_{DS(on)}/dt$、$dV_{DS(off)}/dt$。

2. I_{DS}

通过双脉冲第 1 脉冲脉宽控制 I_{DS}。

3. $R_{GL(ext)}$

直接更换阻值。

4. V_{Bus}

直接控制高压电源输出。

5. L_{DRV}

驱动回路具有特殊设计，能够实现对 L_{DRV} 的精确改变。栅极 PCB 走线是断开的，并设置焊盘。在进行测试时，使用感值不同的贴片空心电感即可。

当 $R_{GL(ext)} = 5\Omega$、$I_{DS} = 30A$、$V_{Bus} = 800V$ 时，改变 $R_{GH(ext)}$ 取值，测试结果如图 6-11 所示。可以看到，随着 $R_{GH(ext)}$ 的减小，$dV_{DS(on)}/dt$ 和 $dV_{DS(off)}/dt$ 显著增加，crosstalk 也变得更加严重。

当 $R_{GL(ext)} = 5\Omega$、$R_{GH(ext)} = 5\Omega$、$V_{Bus} = 800V$ 时，改变 I_{DS} 取值，测试结果如图 6-12 所示。可以看到，随着 I_{DS} 的增大，$dV_{DS(on)}/dt$ 和 $dV_{DS(off)}/dt$ 增加，crosstalk 也随之变得更加严重。其中 $dV_{DS(off)}/dt$ 及对应的关断 crosstalk 受 I_{DS} 的影响比较显著，而 I_{DS} 对开通过程的影响较小。这说明在进行变换器设计时，需要特别关注重载下 crosstalk 的情况，此时 crosstalk 最为严重。

当 $R_{GL(ext)} = 5\Omega$、$R_{GH(ext)} = 5\Omega$、$I_{DS} = 30A$ 时，改变 V_{Bus} 取值，测试结果如

图 6-13 所示。可以看到，随着 V_{Bus} 的增大，d$V_{\text{DS(on)}}$/dt 和 d$V_{\text{DS(off)}}$/dt 有轻微增加，crosstalk 也略微严重一些。这说明在进行变换器设计时，需要特别关注 V_{Bus} 最高时 crosstalk 的情况，此时 crosstalk 最为严重。

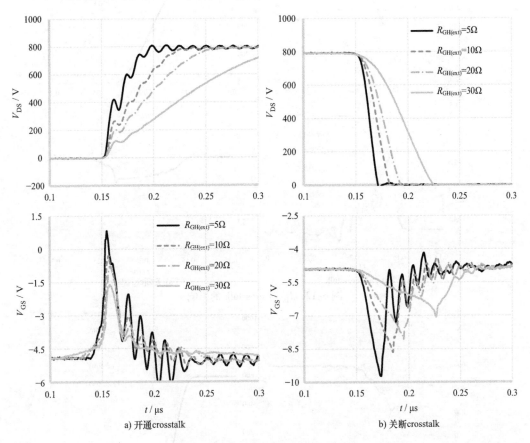

a) 开通 crosstalk　　　　　　　　　　b) 关断 crosstalk

图 6-11　dV_{DS}/dt 对 crosstalk 的影响

当 $R_{\text{GH(ext)}} = 5\Omega$、$I_{\text{DS}} = 30\text{A}$、$V_{\text{Bus}} = 800\text{V}$ 时，改变 $R_{\text{GL(ext)}}$ 取值，测试结果如图 6-14 所示。可以看到，随着 $R_{\text{GL(ext)}}$ 的增大，crosstalk 显著变得严重了。

综合图 6-11 和图 6-14 中的测试结果可知，驱动电阻 $R_{\text{G(ext)}}$ 对 crosstalk 的影响较为复杂，不能通过简单地调整 $R_{\text{G(ext)}}$ 来减轻 crosstalk：$R_{\text{G(ext)}}$ 越大 dV_{DS}/dt 越小，crosstalk 越轻微；$R_{\text{G(ext)}}$ 越大，I_{Miller} 在 $R_{\text{G(ext)}}$ 上的压降越大，crosstalk 越严重。在实际应用中，可以利用独立的开通驱动电阻 $R_{\text{Gon(ext)}}$ 和关断驱动电阻 $R_{\text{Goff(ext)}}$，结合拓扑的特点灵活调整，以达到平衡开关速度与 crosstalk 的目的。

当 $R_{\text{GL(ext)}} = 5\Omega$、$R_{\text{GH(ext)}} = 5\Omega$、$I_{\text{DS}} = 30\text{A}$、$V_{\text{Bus}} = 800\text{V}$ 时，在驱动回路串入贴片电感，测试结果如图 6-14 所示。可以看到，随着串入电感的增加，crosstalk 变得略微严重一些。

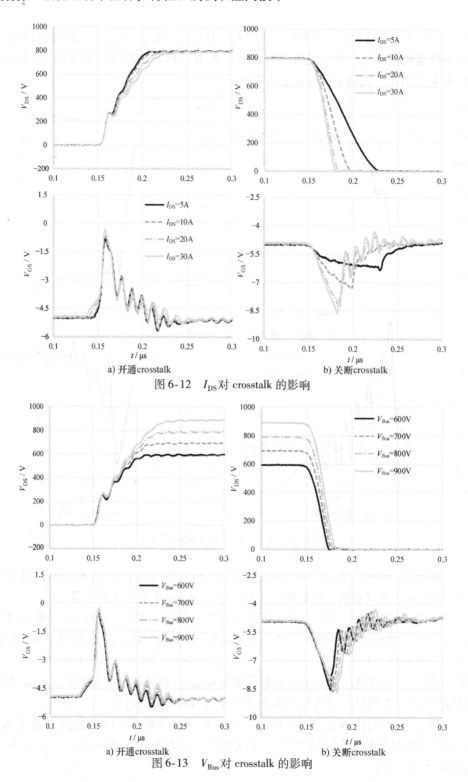

a) 开通crosstalk　　　　　　　b) 关断crosstalk

图 6-12　I_{DS} 对 crosstalk 的影响

a) 开通crosstalk　　　　　　　b) 关断crosstalk

图 6-13　V_{Bus} 对 crosstalk 的影响

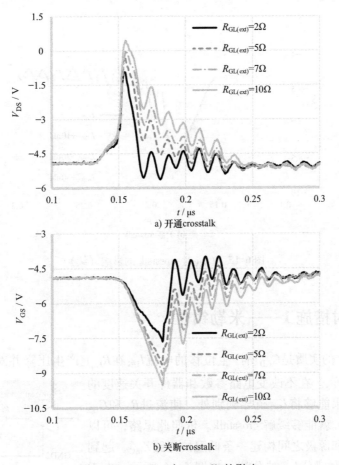

a) 开通 crosstalk

b) 关断 crosstalk

图 6-14 $R_{GL(ext)}$ 对 crosstalk 的影响

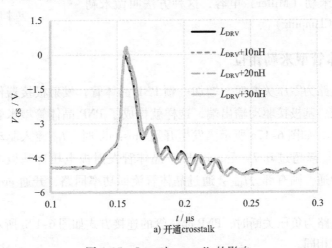

a) 开通 crosstalk

图 6-15 L_{DRV} 对 crosstalk 的影响

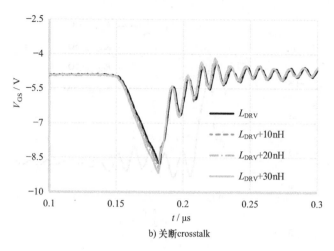

b) 关断 crosstalk

图 6-15　L_{DRV} 对 crosstalk 的影响（续）

6.3　应对措施 1——米勒钳位

crosstalk 的实质是 C_{GD} 所产生位移的电流 I_{DG} 在 R_G 上产生压降并对 C_{GS} 充放电，从而影响了 V_{GS}。在不改变电路参数和器件开关速度的情况下，如果能够将 I_{DG} 疏导到别处，使流过 R_G 和 C_{GS} 的电流减小，就能够缓解 crosstalk。依照此思路，可以在器件栅极和源极之间构建一条低阻抗通路 Z_{MC}，起到分流作用使大部分 I_{DG} 被分流，如图 6-16 所示。由于 C_{GD} 又被称为米勒（Miller）电容，这种方法叫做米勒钳位（Miller Clamping）。

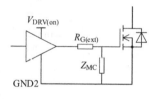

图 6-16　米勒钳位的
基本原理

6.3.1　晶体管型米勒钳位

当驱动电路为零压关断时，增加一颗 PNP 晶体管，发射极接器件栅极，集电极接器件源极、基极接驱动输出端，这样就构成了 PNP 晶体管型米勒钳位，以下简称 BJT - MC，如图 6-17a 所示。发生开通 crosstalk 时，I_{DG} 流入驱动回路，当其在 $R_{G(ext)}$ 上的压降超过 0.7V 后，即 PNP 晶体管发射极电压比基极电压高 0.7V，PNP 晶体管导通。则有部分 I_{DC} 会通过晶体管流回功率回路，开通 crosstalk 就会得到缓解。

当驱动电路为负压关断时，PNP 晶体管的连接方式如图 6-17b 所示，工作原理与零压关断时相同。

采用 BJT - MC 应对 crosstalk 的效果如图 6-18 所示。在开通 crosstalk 过程中，

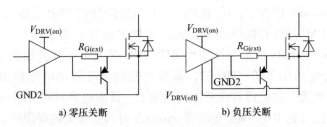

a) 零压关断　　　　　　　　　　b) 负压关断

图 6-17　晶体管型米勒钳位

V_{GS} 的正向尖峰有所降低，但新出现了明显的负向尖峰。原本在开通 crosstalk 过程中只需要防止 V_{GS} 正向尖峰过高而导致误导通，而使用 BJT – MC 后，需要额外关注原本在关断 crosstalk 过程中才需要关注的负向尖峰。

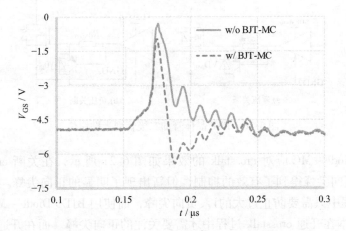

图 6-18　BJT – MC 对开通 crosstalk 的效果

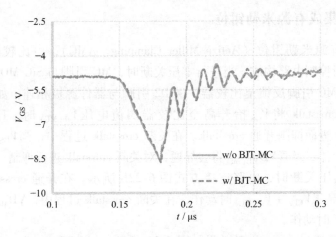

图 6-19　BJT – MC 对关断 crosstalk 的效果

在关断 crosstalk 过程中，I_{DG} 在 $R_{G(ext)}$ 上的压降使得 PNP 晶体管发射极电压比基极电压低，PNP 晶体管保持关断状态。故 PNP 晶体管型米勒钳位不能缓解关断 crosstalk，关断 crosstalk 波形与不使用 BJT – MC 时完全一样，如图 6-19 所示。另外，当动作管也采用 BJT – MC 时，器件关断时，其驱动电压输出由高变为低，PNP 晶体管会导通，这使得器件被加速关断了，反而造成对管关断 crosstalk 变得更加严重了。由此可见 BJT – MC 在缓解 crosstalk 时具有很大的局限性。

为了能够缓解关断 crosstalk，可以在 BJT – MC 电路的 PNP 晶体管上反并联一个二极管 VD_{MC}，这样就构成了 PNP 晶体管加二极管型米勒钳位，以下简称 BJT//Diode – MC，如图 6-20 所示。在关断 crosstalk 过程中，当 V_{GS} 比关断驱动电压低 0.7V 时，VD_{MC} 会导通，对关断 crosstalk 进行抑制。

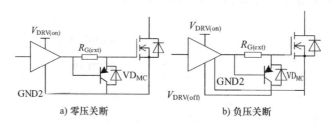

a) 零压关断　　　　　b) 负压关断

图 6-20　PNP 晶体管加二极管型米勒钳位

BJT//Diode – MC 应对 crosstalk 的效果如图 6-21 所示，在关断 crosstalk 过程中，V_{GS} 的负向尖峰得到了有效的抑制，但新出现了明显的正向尖峰。原本在关断 crosstalk 过程中只需要防止过大的 V_{GS} 负向尖峰，而使用 BJT//Diode – MC 后，需要额外关注原本在开通 crosstalk 过程中才需要关注的正向尖峰。而在开通 crosstalk 过程中与使用 BJT – MC 并没有区别。

6.3.2　IC 集成有源米勒钳位

IC 集成有源米勒钳位（Active Miller Clamping，AMC），由比较器、MOSFET $S_{MC(int)}$ 和逻辑控制电路构成。当进行零压关断时，MC 引脚与 SiC MOSFET 栅极相连，V_{GS} 通过 MC 引脚反馈至比较器，GND2 引脚与器件源极相连，如图 6-22a 所示。当开通 crosstalk 将 V_{GS} 抬升高至比较器阈值电压 $V_{th(MC)}$ 时，比较器翻转，$S_{MC(int)}$ 开通，进而抑制开通 crosstalk。在关断 crosstalk 过程中，当 V_{GS} 低于 – 0.7V 时，$S_{MC(int)}$ 的体二极管 $VD_{MC(int)}$ 将会导通，对关断 crosstalk 进行抑制。

当进行负压关断时，电路连接方式图 6-22b 所示。在开通 crosstalk 过程中，$S_{MC(int)}$ 在 V_{GS} 高于 $V_{EE2} + V_{th(MC)}$ 时动作，在关断 crosstalk 过程中，$VD_{MC(int)}$ 在 V_{GS} 低于 $V_{EE2} – 0.7V$ 时动作。

采用 AMC 应对 crosstalk 的效果如图 6-23 所示，与 BJT//Diode – MC 具有相同的特性。在开通 crosstalk 过程中，V_{GS} 的正向尖峰得到了抑制，且抑制效果比

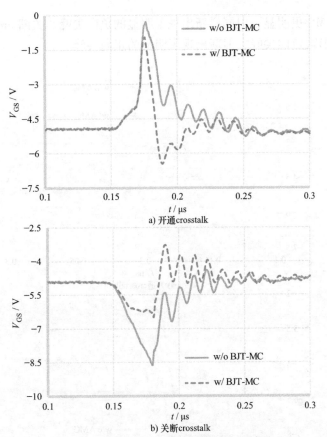

a) 开通crosstalk

b) 关断crosstalk

图 6-21　BJT//Diode – MC 米勒钳位的效果

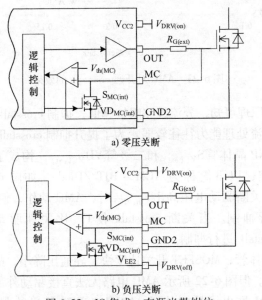

a) 零压关断

b) 负压关断

图 6-22　IC 集成、有源米勒钳位

BJT//Diode – MC 更明显，但同样新出现了明显的负向尖峰。关断 crosstalk 过程中，能够有效抑制 V_{GS} 负向尖峰，但新出现了明显的正向尖峰。

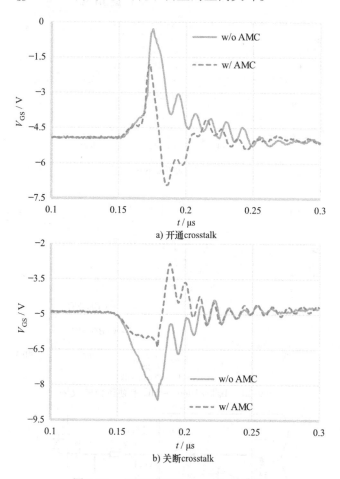

a) 开通 crosstalk

b) 关断 crosstalk

图 6-23　AMC 对开通 crosstalk 的效果

由米勒钳位的原理可知，分流线路阻抗越低，抑制 crosstalk 的能力越强。AMC 电路中 $S_{MC(int)}$ 的电流处理能力往往较弱，为了提升抑制 crosstalk 的效果，可以在其基础上外加一个 PNP 晶体管 $S_{MC(ext)}$ 和二极管 $VD_{MC(ext)}$，构成了 AMC 外加 PNP 晶体管和二极管电路，以下简称为 ACM – BJT//Diode，如图 6-24 所示。当开通 crosstalk 导致 V_{GS} 比关断驱动电压高出 $V_{th(MC)}$ 时，AMC 动作，使得 $S_{MC(ext)}$ 导通，对开通 crosstalk 进行抑制。当关断 crosstalk 使 V_{GS} 比关断驱动电压低 0.7V 时，$D_{MC(ext)}$ 对关断 crosstalk 进行抑制。

相较于 PNP 晶体管，MOSFET 开关速度快、导通压降小，故使用外加 MOSFET 将获得更好的效果。但图 6-22 所示 AMC 电路无法直接驱动外部 MOSFET，为了解决这一问题，ROHM 推出了具有外置 AMC MOSFET 接口的驱动 IC BM6108FV –

LB，以下简称为 ACM - MOS，如图 6-25 所示。与之前介绍的 AMC 不同，当 BM6108FV - LB[3] 的驱动输出 OUT1H 和 OUT1L 分别为高阻和低电平时，V_{GS} 通过 PROOUT 引脚反馈给比较器，当 V_{GS} 高于 V_{EE2} + $V_{th(MC)}$ 时，OUT2 输出为高电平使 $S_{MC(ext)}$ 导通，直接将 $R_{G(ext)}$ 旁路。当驱动输出 OUT1H 和 OUT1L 分别为高电平和高阻时，OUT2 立即输出为低电平将外部 MOSFET 关断。

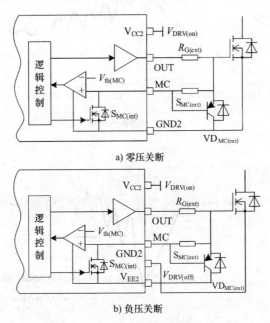

a) 零压关断

b) 负压关断

图 6-24　AMC 外加 PNP 晶体管和二极管

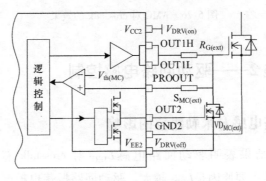

图 6-25　ROHM BM6108FV - LB

采用 ACM - BJT//Diode 和 ACM - MOS 应对 crosstalk 的效果如图 6-26 所示。由于分流线路阻抗更低，ACM - MOS 抑制 crosstalk 的效果较 AMC 更佳，但其负面作用也严重一些。而 ACM - BJT//Diode 由于 BJT 特性较差，其效果反而不如 AMC。

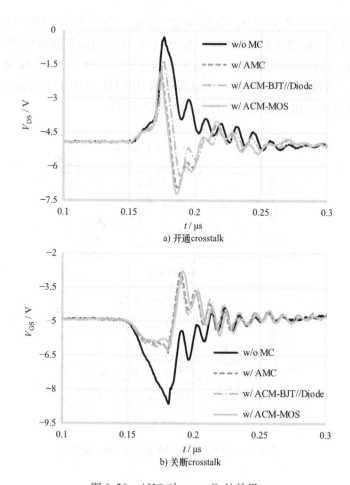

a) 开通crosstalk

b) 关断crosstalk

图 6-26　AMC 对 crosstalk 的效果

6.4　应对措施2——驱动回路电感控制

6.4.1　驱动回路电感对米勒钳位的影响

6.2 节的研究结果表明驱动回路电感 L_{DRV} 对 crosstalk 有影响，L_{DRV} 越大，crosstalk 越严重。其主要原因是 L_{DRV} 越大，驱动回路振荡也越严重。同理，当使用米勒钳位时，米勒钳位回路电感 L_{MC} 势必会影响到米勒钳位的效果，如图 6-27 所示，L_{MC} 越大，米勒钳位的效果越差。

6.4.2　封装集成

以上研究结果表明，L_{DRV} 和 L_{MC} 对 crosstalk 和米勒钳位具有负面影响。L_{DRV} 越

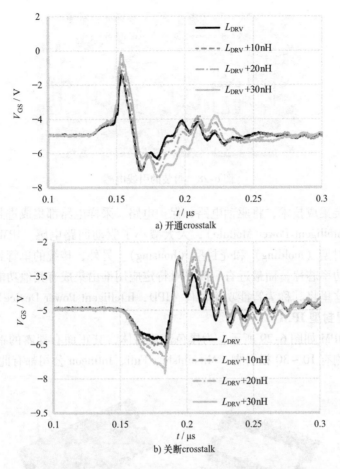

图 6-27 米勒钳位回路电感 L_{MC} 对米勒钳位的影响

大，crosstalk 越严重，L_{MC} 越大，米勒钳位效果越差，其副作用也越严重。则当功率器件、驱动电阻 R_G、米勒钳位方式都已经确定的情况下，尽量减小 L_{DRV} 和 L_{MC} 成为了必然选择。

由第 5 章可知，我们可以采用两种方式减小栅极驱动回路电感，一是驱动线路 PCB 布线采用上下交叠的方式，二是缩短驱动电路与功率器件的距离。但当我们在使用单管器件或普通功率模块时，由于元器件尺寸、安规要求的限制，驱动电路不能无限制靠近器件，甚至还有可能为了提高功率密度采用接插件从而无法实现交叠消磁。同时通过图 6-28 可以看到器件封装中的引脚、DBC 走线、bonding 线都是无法避免的。

在研究 L_{DRV} 对 crosstalk 和米勒钳位的影响时，使用了 SiC MOSFET 裸片并将驱动电路放置在距离 SiC MOSFET 芯片很近的地方，能够实现比传统封装更小的 L_{DRV}。这就启发我们突破传统封装的限制来解决问题。

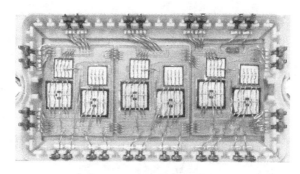

图 6-28　封装的引线电感

利用封装集成技术，将驱动电路、保护电路、采样电路都集成进封装内部，就成为 IPM（Intelligent Power Module），大大减小了驱动回路电感。IPM 有两种常见的类型，塑封型（molding）和壳封型（housing）。另外，传统的单管封装器件仅包含 1 或 2 颗功率芯片，而最近有厂商针对特定应用推出集成有其他功能电路的单管封装器件，这里将其称为智能功率器件（IPD，Intelligent Power Device）。

6.4.2.1　塑封型 IPM

塑封型 IPM 如图 6-29 所示，为黑色薄塑封体，其正面有裸露的铜基板用于散热，在其两侧有 10～30 根引脚。Mitsubishi、Fuji、Infineon 公司都有此类产品。

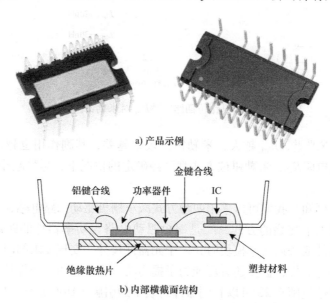

a) 产品示例

b) 内部横截面结构

图 6-29　塑封型 IPM

塑封型 IPM 的主要应用领域是以家电为主的小容量变频控制器，如空调、洗衣机、冰箱、洗碗机、排气扇等，故其内部常集成三相全桥、PFC 等电路。同时还会根据需要集成其他功能电路以达到智能化、易使用的目的。以一款三相全桥 IPM 为例，除过完成功率变换的三相全桥外，还包括低侧驱动电路、高侧驱动电路及自举电路、逻辑互锁电路及保护功能（控制电源欠电压保护、短路保护、过热保护、温度模拟量输出）。

现在已经有厂商推出了 SiC MOSFET IPM。Mitsubishi 公司推出了基于 Super - mini DIPPIM 平台的 600V/15A 三相全桥 SiC MOSFET IPM PSF15S92F6[4,5]，其内部集成了低侧驱动电路、高侧驱动电路及自举电路，如图 6-30 所示。

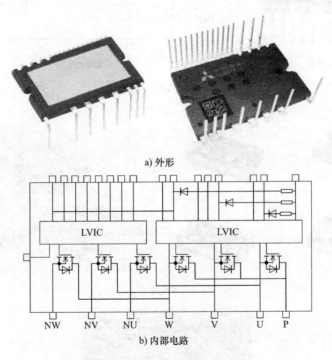

a) 外形

b) 内部电路

图 6-30　Mitsubishi PSF15S92F6

APEX 公司推出了 SA110 全桥 IPM[6]，主要应用于 DC/AC、AC/DC、电机驱动等领域，其内部集成的驱动电路带有 Active Miller Clamping 功能，如图 6-31 所示。

6.4.2.2　壳封型 IPM

与塑封型 IPM 不同，壳封型 IPM 是将驱动电路集成进壳封型功率模块构成的，主要应用于大功率场合，如通用变频器、伺服控制器、逆变电源、太阳能发电、风力发电、电梯和 UPS。Mitsubishi 公司和 Fuji 公司都有此类产品，如图 6-32 所示。以 Fuji 公司的 IPM 为例，可以看到模块内部分为功率和驱动两个部分，驱动电路被放置在 PCB 上，距离功率器件非常近。

Mitsubishi 公司推出了基于 IPM L1 - series Small - package 的 1200V/75A 三相全

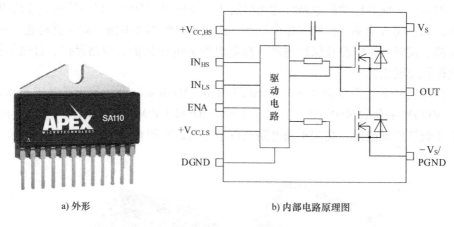

a) 外形

b) 内部电路原理图

图 6-31　APEX SA110

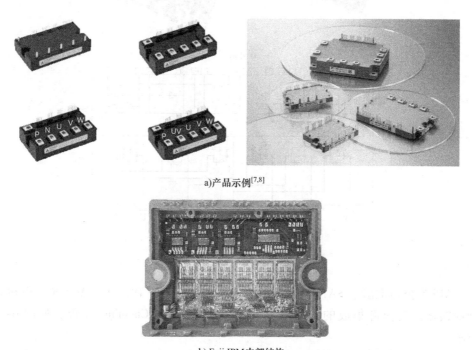

a)产品示例[7,8]

b) Fuji IPM内部结构

图 6-32　壳封型 IPM

桥 SiC MOSFET IPM PMF75CL1A120[7]，其内部集成了驱动电路、短路保护电路以及过温保护电路，如图 6-33 所示。

6.4.2.3　智能功率器件

ROHM 公司推出了内置 SiC MOSFET 的 AC/DC 转换器 IC BM2SCQ12xT－LBZ[9]，如图 6-34 所示。此产品将散热板和多达 12 种元器件一体化封装，在小型

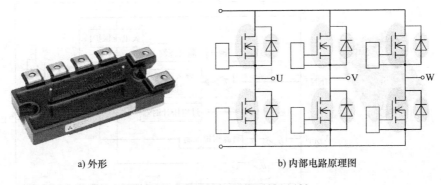

a) 外形　　　　　　　　　　b) 内部电路原理图

图 6-33　Mitsubishi PMF75CL1A120

化方面具有压倒性优势，减少了开发周期和风险，内置保护功能，可靠性更高。主要适用于通用逆变器、AC 伺服、PLC、制造装置、机器人、工业空调等交流 400V 规格的各种工业设备的辅助电源电路。

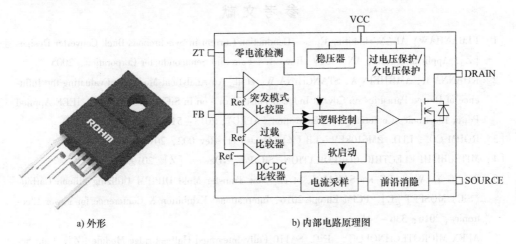

a) 外形　　　　　　　　　　b) 内部电路原理图

图 6-34　ROHM BM2SCQ12xT – LBZ

Infineon 公司针对电磁炉应用推出 1300V/20A IGBT 单管产品 IEWS20R5135IPB[10,11]，其采用 TO – 247 – 6PIN 新型封装，并在内部集成驱动器，如图 6-35 所示。可以看到其内部除过一颗 IGBT 和一颗二极管外，还集成了驱动及多项保护功能，包括过电压和过电流保护、有源箝位控制电路、可编程过电压阈值、每个循环可编程电流阈值、温度警告、过热保护、VCC UVLO、集成栅极驱动器、所有引脚上集成 ESD 保护和闩锁抗扰性。这样提高了整体可靠性，降低了更换/返工成本，降低了电路板复杂性和减少设计投入，简化了 BOM 并降低了整个解决方案的成本。

塑封型 IPM、壳封型 IPM 以及 IPD 都将驱动电路集成在封装内，大大减小了驱

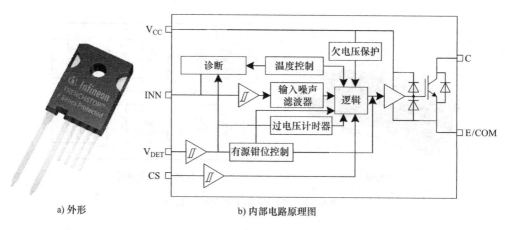

a) 外形　　　　　　　　　　　b) 内部电路原理图

图 6-35　Infineon IEWS20R5135IPB

动回路电感，从而缓解了 crosstalk。可以预见未来会有越来越多此类 SiC 产品。

参 考 文 献

［1］ ELBANHAWY ALAN. Limiting Cross – Conduction Current in Synchronous Buck Converter Designs ［Z］. Application Note, AN – 7019, Rev. A. , Fairchild Semiconductor Corporation，2005.

［2］ KHANNA R, AMRHEIN A, STANCHINA W, et al. An Analytical Model for Evaluating the Influence of Device Parasitics on Cdv/dt Induced False Turn – on in SiC MOSFETs ［C］. IEEE Applied Power Electronics Conference and Exposition（APEC），2013：518 –525.

［3］ ROHM CO. , LTD. BM6108FV – LB ［Z］. Datasheet, Rev. 002, 2015.

［4］ MITSUBISHI ELECTRIC CORPORATION. SiC Power Devices ［Z］. 2019.

［5］ WANG Y, WATABE K, SAKAI S, et al. New Transfer Mold DIPIPM Utilizing Silicon Carbide （SiC）MOSFET ［C］. PCIM Europe 2016, International Exhibition & Conference for Power Electronics，2016：336 –341.

［6］ APEX MICROTECHNOLOGY, INC. SA110 Fully Integrated Half – Bridge Module ［Z］. Datasheet, Rev. C.

［7］ MITSUBISHI ELECTRIC CORPORATION. Super Mini DIPIPM Ver. 6 ［Z］. Application Manuals, 2014.

［8］ FUJI ELECTRIC CO. , Ltd. FUJI IGBT V – IPM Application Manual ［Z］. Application Manuals, REH985b, 2015.

［9］ ROHM CO. , LTD. Quasi – Resonant AC/DC Converter Built – in 1700 V SiC – MOSFET BM2SCQ12xT – LBZ Series ［Z］. Datasheet, Rev. 002. , 2019.

［10］ INFINEON TECHNOLOGIES AG. IEWS20R5135IPB TRENCHSTOP™ Feature IGBT Protected Series ［Z］. Datasheet, Rev. 2. 0. , 2018.

［11］ INFINEON TECHNOLOGIES AG. TRENCHSTOP™ F Series Protected IGBT：Features Description and Design Tips ［Z］. Application Note, AN2018 – 34, Rev. 1. 1. , 2018.

延 伸 阅 读

［1］ JAHDI S, ALATISE O, ORTIZ GONZALEZ J A, et al. Temperature and Switching Rate Dependence of Crosstalk in Si – IGBT and SiC Power Modules ［J］. IEEE Transactions on Industrial Electronics, 2016, 63 （2）: 849 – 863.

［2］ WU THOMAS. Cdv/dt Induced Turn – on in Synchronous Buck Regulators ［Z］. Integrated Rectifier Technologies Inc. , 2007.

［3］ ZHAO Q, STOJCIC G. Characterization of Cdv/dt Induced Power Loss in Synchronous Buck DC – DC Converters ［J］. IEEE Transactions on Power Electronics, 2007, 22 （4）: 1508 – 1513.

［4］ MIAO Z, MAO Y, WANG C, et al. Detection of Cross – Turn – on and Selection of Off Drive Voltage for a SiC Power Module ［J］. IEEE Transactions on Industrial Electronics, 2017, 64 （11）: 9064 – 9071.

［5］ HOFSTOETTER N. Limits and Hints How to Turn Off IGBTs with Unipolar Supply ［Z］. Application Note AN – 1401, Rev 02, SEMIKRON International GmbH, June 2015.

［6］ INFINEON TECHNOLOGIES AG. Driving IGBTs With Unipolar Gate Voltage ［Z］. Application Note, AN – 2006 – 01, 2005.

［7］ ROHM CO. , LTD. Gate – Source Voltage Surge Suppression Methods ［Z］. Application Note, No. 62AN010E, Rev. 01, 2019.

［8］ FAIRCHILD SEMICONDUCTOR CORPORATION. Active Miller Clamp Technology ［Z］. Application Note, AN – 5073, Rev. 1. 0. 1, 2012.

［9］ STMICROELECTRONICS. Mitigation Technique of the SiC MOSFET Gate Voltage Glitches with Miller Clamp ［Z］. Application Note, AN5355, Revision 1, 2019.

［10］ Avago Technologies. Active Miller Clamp Products with Feature: ACPL – 331J, ACPL – 332J ［Z］. Application Note 5314, 2010.

［11］ STMICROELECTRONICS. TD351 Advanced IGBT Driver Principles of Operation and Application ［Z］. Application Note, AN2123, Revision 1, 2005.

第7章

高 dv/dt 的影响与应对——共模电流

7.1 信号通路共模电流

7.1.1 功率变换器中的共模电流

在一对导线上方向相反的电压和电流信号为差模信号，一般电路工作的有用信号也是差模信号。存在于一对（或多根）导线中，流经所有导线的电流都是同方向的，则称此电流为共模信号。共模电流的形成通常是由于跳变的电路节点通过相对参考大地的寄生电容形成位移电流而导致。

如图 7-1 所示为一个典型的 Boost PFC 电路，其中 C_{CM} 为开关跳变点对电路周边参考大地的等效分布电容。对于开关管通过导热绝缘垫片和浮地金属散热器安装固定的结构，该寄生电容 C_{CM} 可视为开关管漏极对散热器的分布电容 C_{D-HS} 与散热器对地的分布电容 C_{HS-G} 的串联。

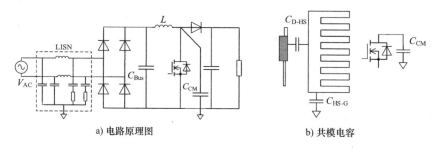

a) 电路原理图　　　　　　　　b) 共模电容

图 7-1 Boost PFC 电路

正常工作模式下的电感电流纹波 ΔI_L 为差模噪声源，流经电感 L，母线电容 C_{Bus} 以及开关器件，其流通路径始终往返于输入侧的一对电源线之间，如图 7-2a 所示。该电路的共模噪声同样是由于开关管的开关动作所导致，只不过它的形成是由于跳变的电压施加在对地的寄生电容 C_{CM} 上形成了电路对大地的位移电流所致。

如图 7-2b 所示，共模电流是介于输入电源线和参考大地之间的，它在每条输入电源线内始终保持同幅度同方向。

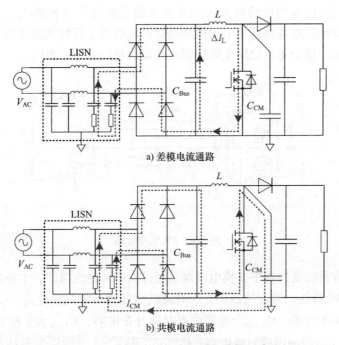

a) 差模电流通路

b) 共模电流通路

图 7-2　Boost PFC 电路差模、共模通路

对于隔离型变换器，以 Flyback 电路为代表说明其共模电流通路，如图 7-3 所示。Flyback 电路有两条主要的共模电流路径：第一条为一次侧开关管跳变点通过散热器对地的寄生电容 C_{D-G} 形成的对地位移电流，图中以带箭头的虚线表示；第二条为一次侧跳变点通过隔离变压器一二次绕组间的寄生电容 C_{P-S} 以及负载输出端对地分布电容 C_{L-G} 形成的对地位移电流，图中以带箭头的实线表示。

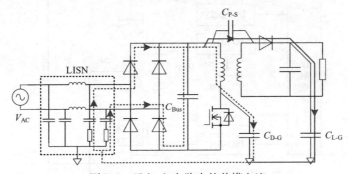

图 7-3　Flyback 电路中的共模电流

随着 PWM 变频器在电力电子传动和工业自动化领域的广泛应用，由高速 dv/dt 和寄生电容共同造成的共模噪声问题也显得尤为突出。如图 7-4 所示，变频器的

开关器件或功率模块通常是固定在和接地外壳或机架直接相连的散热器上，因此为每个开关跳变电气节点引入了对地的分布电容C_{D-G}。其负载为电动机，该旋转装置的定子绕组对接地的电动机壳体以及转子轴承的寄生电容量C_{M-G}也相当可观。此外，连接变频器逆变桥臂与电动机绕组间的电缆由于其特殊的线槽铺设方式或者屏蔽接地结构，也会等效给跳变桥臂引入大量的对地分布电容C_{C-G}。

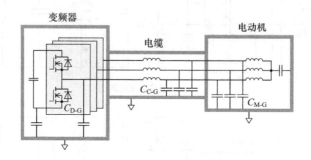

图 7-4　PWM 变频器

以上所分析的变换器中共模电流都是经过功率回路流通的，主要影响变换器的对外传导 EMC 特性。在变换器中，还有流经信号通路的共模电流[1]，以半桥电路为例，如图 7-5 所示。C_{D-G}为桥臂中点对地分布电容，C_{I-O}为上桥臂驱动电路隔离电容，C_{C-G}为控制电路对地电容；$C_{I-O(sig)}$和$C_{I-O(pwr)}$分别为驱动电路隔离驱动芯片和隔离电源的隔离电容，桥臂中点跳变的电压V_{CM}使得隔离电容两端电压发生变化，产生共模电流$I_{CM(sig-H)}$和$I_{CM(pwr-H)}$。当共模通路上的阻抗不对称时，共模电流将转化为差模电压成为差模干扰，可能造成驱动芯片误动作、控制电路逻辑错误等后果。

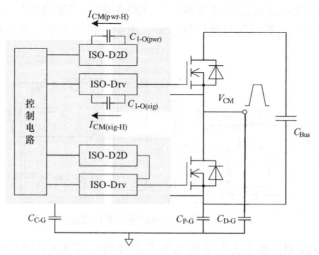

图 7-5　半桥电路中信号通路共模电流

7.1.2　信号通路共模电流特性

将图 7-5 所示半桥电路进行细化，并将存在的主要寄生参数都纳入考虑，得到等效共模电路如图 7-6 所示，其中各寄生参数的含义和合理数值由表 7-1 给出。

图 7-6 各支路的共模电流如箭头所示，$I_{CM(pwr-H)}$ 和 $I_{CM(sig-H)}$ 分别为上桥臂隔离电源支路和隔离驱动芯片支路共模电流，上桥臂驱动电路共模电流 $I_{CM(H)} = I_{CM(pwr-H)} + I_{CM(sig-H)}$；$I_{CM(pwr-L)}$ 和 $I_{CM(sig-L)}$ 分别为下桥臂隔离电源支路和隔离驱动芯片支路共模电流，下桥臂驱动电路共模电流 $I_{CM(L)} = I_{CM(pwr-L)} + I_{CM(sig-L)}$；控制电路共模电流 $I_{CM(control)} = I_{CM(H)} + I_{CM(L)}$。

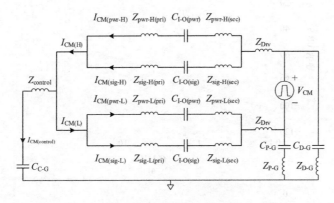

图 7-6　等效共模电路模型

表 7-1　寄生参数及取值

寄生参数	数值	含义
$C_{I-O(pwr)}$	10pF	驱动电路隔离电源隔离电容
$C_{I-O(sig)}$	2pF	驱动电路隔离驱动芯片隔离电容
C_{C-G}	100pF	控制电路与地之间寄生电容
C_{D-G}	200pF	桥臂中点与地之间寄生电容
Z_{D-G}	10nH + 50mΩ	散热器及大地阻抗
C_{P-G}	500pF	主功率母线与地之间寄生电容
Z_{P-G}	10nH + 50mΩ	大地阻抗
$Z_{pwr-H(pri)}$、$Z_{pwr-L(pri)}$	20nH + 20mΩ	驱动电路一次侧电源线路阻抗
$Z_{sig-H(pri)}$、$Z_{sig-L(pri)}$	20nH + 20mΩ	驱动电路一次侧信号线路阻抗
$Z_{pwr-H(sec)}$、$Z_{pwr-L(sec)}$	10nH + 10mΩ	驱动电路二次侧电源线路阻抗
$Z_{sig-H(sec)}$、$Z_{sig-L(sec)}$	10nH + 10mΩ	驱动电路二次侧信号线路阻抗
Z_{Drv}	20nH + 20mΩ	栅极驱动回路阻抗
$Z_{control}$	10nH + 50mΩ	控制电路线路阻抗

利用共模等效电路进行 AC 分析，用各支路共模电流与V_{CM}之比所得导纳表示，导纳越高则共模电流越大[2]。假定 SiC MOSFET 最短开关时间为 20ns，则干扰源V_{CM}等效带宽最高为 17.5MHz，故主要关注此频率及以下的共模电流。如图 7-7a 所示，$I_{H(CM)}$远大于$I_{L(CM)}$，说明$I_{H(CM)}$中的绝大部分流入了控制电路，仅有小部分通过下桥臂驱动电路流回功率电路。如图 7-7b 所示，$I_{CM(pwr-H)}$远大于$I_{CM(sig-H)}$，说明共模电流主要由$C_{I-O(pwr)}$产生，这主要是由于$C_{I-O(pwr)}$大于$C_{I-O(sig)}$。

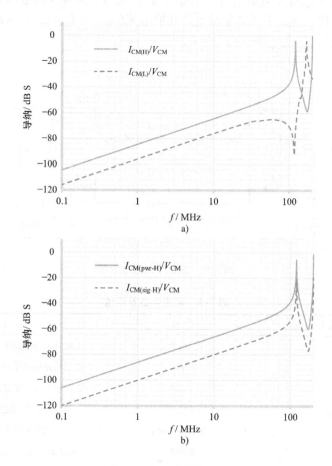

图 7-7 各支路共模电流

取$C_{I-O(pwr)}=10pF$，$C_{I-O(sig)}$在 0.5 ~ 5pF 的范围内变化，其他参数不变；取$C_{I-O(sig)}=2pF$，$C_{I-O(pwr)}$在 5 ~ 15pF 的范围内变化，其他参数不变。$I_{CM(sig-H)}/V_{CM}$和$I_{CM(pwr-H)}/V_{CM}$的幅频特性如图 7-8 所示，可见随着$C_{I-O(sig)}$和$C_{I-O(pwr)}$减小，$I_{CM(sig-H)}$和$I_{CM(pwr-H)}$也减小，且互不影响。

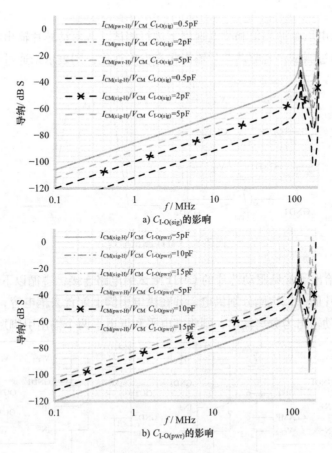

a) $C_{\text{I-O(sig)}}$ 的影响

b) $C_{\text{I-O(pwr)}}$ 的影响

图 7-8　隔离电容对共模电流的影响

7.2　应对措施 1——高 CMTI 驱动芯片

　　既然共模干扰会导致驱动电路发生误动作，那么提高驱动电路的抗共模干扰能力就成为必然选择。信号隔离传输电路在确保不发生误码的前提下，将能够承受的隔离两侧最大共模电压跳变速率被定义为 CMTI（Common - Mode Transient Immunity）。CMTI 是衡量信号隔离传输电路抗共模干扰能力的重要指标，其单位为 V/ns 或 kV/μs，其数值越高则表示其抗共模干扰能力越强[3]。

　　如图 7-9 为隔离驱动芯片 CMTI 测试原理，将隔离驱动芯片的输入接高电平或者低电平，在一二次侧地之间施加正向跳变或负向跳变电压脉冲，这样才能涵盖所有可能的工况，如图 7-9 所示。测试中需要测量电压脉冲信号以确定其幅值和变化率，测量驱动芯片的输出以确定其受干扰的情况，一般使用无源探头配短接地线以提高测试精度。

在指定的电压脉冲幅值和跳变速度下进行测试，若驱动芯片输出状态未发生变化，则表示通过测试；若驱动芯片输出状态发生变化，则表示未通过测试。

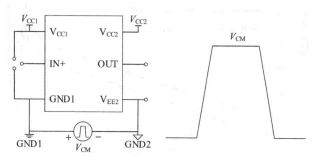

图 7-9　CMTI 测试原理

图 7-10 给出了常见驱动芯片的 CMTI 测试的电路连接，遵循以下基本要求：

1）对芯片的一二次侧分别供电，并在供电引脚上配置去耦电容；

2）若驱动输出为分离输出，则将高电平和低电平两个输出引脚短接；

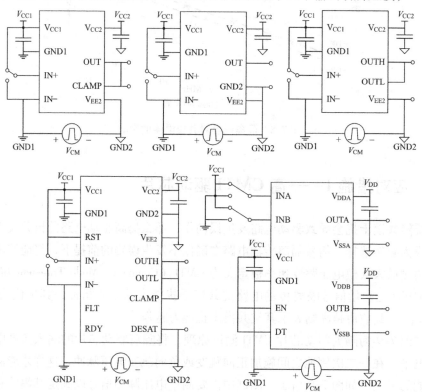

图 7-10　CMTI 测试接线

3）若具有米勒钳位功能，则将对应引脚接驱动输出；

4）若具有 DESAT 功能，则将 DESAT 引脚接二次侧地；

5）若二次侧为双极性供电，则将负供电引脚接地，或为了更接近应用将负供电引脚接上接一个负电源；

6）对于双通道驱动芯片，二次侧输出两个通道的地短接。

在测试中可以使用高频噪声模拟器为测试提供电压脉冲，其操作简单、可靠性高、更安全。另外还可以利用 Boost 电路提供正向脉冲，利用 Buck – Boost 电路提供负向脉冲[4]，如图 7-11 所示。以 Boost 电路提供正向脉冲为例，其工作原理如下：

1）测试电路低压侧电压为 $V_{CMTI(low)}$，输出电压为 $V_{CMTI(high)}$，电压跳变点连接驱动芯片的一次侧地 GND1，高压侧输出地连接驱动芯片的二次侧地 GND2。

2）将开关管 S 开通一段时间 t_{on}，在电感 L 中建立电流 I_{CMTI}。

$$I_{CMTI} = t_{on} \frac{V_{CMTI(low)}}{L} \tag{7-1}$$

3）将开关管 S 关断，则在 GND1 和 GND2 之间产生由 $0V \sim V_{CMTI(high)}$ 脉冲电压 V_{CM}。V_{CM} 的跳变速率取决于 S 的关断速度，受 I_{CMTI}、C_{oss}、C_D 影响。

$$\frac{dV_{CM}}{dt} = \frac{I_{CMTI}}{C_{oss} + C_D} = \frac{V_{CMTI(low)} t_{on}}{L(C_{oss} + C_D)} \tag{7-2}$$

4）则在 S 和 VD 选定，t_{on} 保持不变的情况下，通过调节 $V_{CMTI(low)}$ 就可以实现

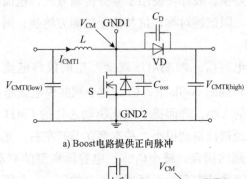

a) Boost 电路提供正向脉冲

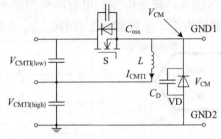

b) Buck-Boost 电路提供负向脉冲

图 7-11　脉冲发生电路

对 V_{CM} 跳变速率的控制。

可以通过数据手册获得隔离驱动芯片的 CMTI，一般给出 CMTI 数值及对应的测试条件。例如"CMTI = 100V/ns@ V_{CM} = 1000V"，这就意味着厂商承诺在 V_{CM} 为 1000V 时，只要 V_{CM} 的 dv/dt 小于 100V/ns，就不会发生误码。需要注意的是，在以 CMTI 表征隔离驱动芯片抗共模干扰能力时，测试条件 V_{CM} 非常重要。这是因为干扰的本质是能量，在相同的 dv/dt 下， V_{CM} 越大则共模干扰能量越大。如果两款芯片 CMTI 均为 100V/ns，但测试条件 V_{CM} 分别为 100V 和 1000V，则后者的抗共模干扰能力远胜于前者。需要注意的是，CMTI 还受温度的影响，随着温度的升高而降低。

各厂商通过技术创新使隔离驱动芯片的 CMTI 不断提升，由最初的不超过 10V/ns 到如今普遍达到 100V/ns，更有的达到 200V/ns 之高，已基本满足了现阶段器件高 dv/dt 带来的要求。提高隔离驱动芯片的 CMTI 的具体方法如下：

1. 共模滤波电路

驱动芯片内部具有共模滤波电路抑制共模干扰，提升 CMTI。

2. 信号差分传输

大部分驱动芯片都已经选择了差分调制方式，由于差分信号传输检测的是两路信号的差值，共模分量不起作用，故这正是一种有效的抗共模干扰手段。

另外根据之前的介绍，误码并不是因为共模电流直接导致的，而是由于阻抗不对称使共模转化为了差模。故即使使用了差分传输方式，也需要格外注意两路差分信号走线的阻抗对称。阻抗越对称，抗共模干扰能力越强，则 CMTI 就越高。

3. 减小隔离电容

共模电流是隔离电容 C_{I-O} 两端电压跳变产生的位移电流，其大小由 dv/dt 和 C_{I-O} 共同决定。故在相同的 dv/dt 下， C_{I-O} 越小则共模电流越小，那么减小 C_{I-O} 就能够有效降低干扰源的大小，进而提升隔离驱动芯片的 CMTI。现在各类型隔离驱动芯片的隔离电容已经被控制到很小，基本都在 1pF 左右。光耦型驱动芯片利用透光绝缘层降低一二次侧的耦合，减小 C_{I-O} ；电容隔离型的驱动芯片为了提高绝缘能力采用了两级电容串联的方案，正好减小了总的 C_{I-O} ，如图 7-12 所示。

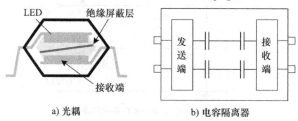

a) 光耦   b) 电容隔离器

图 7-12　减小隔离电容

CMTI 是隔离驱动芯片自身的抗共模电压跳变能力，选择高 CMTI 能够确保其在 SiC 应用中不会因为高 dv/dt 而发生误码。但是这并不能解决共模电流对控制电路的影响，需要利用接下来介绍的方法提升整个系统抗共模干扰的能力。

7.3 应对措施 2——高共模阻抗

7.3.1 减小隔离电容

如上节所述，C_{I-o} 越小则产生的共模电流也越小，对控制电路的影响也就越小。高 CMTI 隔离驱动芯片的 C_{I-o} 已经小至 1pF，继续降低的潜力较小。而为其供电的隔离电源要处理的功率远远大于隔离驱动芯片，其 C_{I-o} 也较大，对共模电流的贡献起主导作用。如今已经有很多模块电源厂商专门为 SiC MOSFET 提供隔离电容较小的隔离模块电源，图 7-13 所示为 RECOM、MURATA 和 MORNSUN 的相关产品，可以看到 1 ~ 2W 的模块电源的隔离电容在 3 ~ 5pF。

a) QA151M-3.5pF   b) QAxCx-3.5pF   c) MGJ1-3pF

d) MGJ2-3pF   e) RxxP2xxyy-3pF   f) RxxPxx-4pF

图 7-13 小隔离电容隔离模块电源[5-7]

与电容隔离驱动芯片中两级电容串联的原理一样，隔离电源变压器采用两级磁环串联的方案也会大大降低隔离电容。GE 公司推出的 SiC Power Block 里的驱动板[8]上的隔离电源就采用了这种方式，如图 7-14 所示。可以看到，变压器由两个磁环构成，置于 PCB 的两侧，分别用于一次绕组和二次绕组，并使用一匝线圈耦合一二次侧。采用这样的结构，有效地将 C_{I-o} 降低到了 0.98pF。

除驱动电路的 C_{I-o} 会产生共模电流之外，使用电流互感器测量桥臂中点输出电流时也会由于 C_{I-o} 产生共模电流，共模电流直接进入采样模拟电路影响变换器

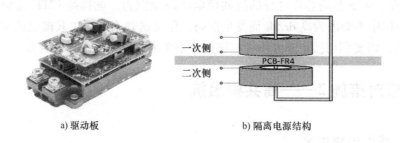

a) 驱动板　　　　　　　　　b) 隔离电源结构

图 7-14　GE SiC Power Block 驱动隔离电源

的控制和稳定。类似的，可以使用两级磁环串联的方式减小 C_{I-O}，降低共模电流的影响，如图 7-15 所示。

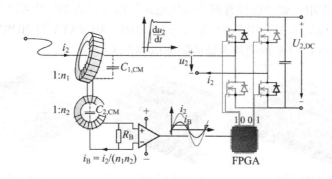

图 7-15　两级结构电流互感器[9]

7.3.2　共模电感

共模电感的结构非常简单，由两组线圈对称地绕制在同一磁心上构成。两组线圈在绕制时需要确保尺寸和匝数相同，且同名端相同，如图 7-16 所示。当共模电流流过共模电感时，由于电流方向相同，两个线圈的磁通相互叠加，呈现出较大的电感量，起到抑制共模电流的作用；当差模电流流过共模电感时，由于电流方向相反，两个线圈的磁通相互抵消，几乎没有电感量，差模电流不会受到影响。

正是由于这种"阻共模、通差模"的特性，共模电感被广泛应用于各类电子设备、产品中，提高抗干扰能力及系统的可靠性。共模电感可以自行设计、制作，也可以直接选用元器件厂商提供的标准产品，如 TDK、Murata、KEMET、Schaffner。用于功率变换器功率滤波的共模电感要处理的功率大、电压高，故体积较大，为插件形式；用于高速信号滤波和小功率低压滤波的共模电感体积较小，一般为贴片形式，如图 7-17 所示。

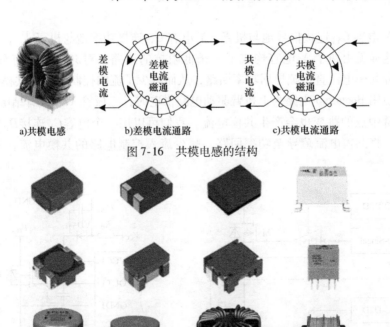

a)共模电感　　　　　　b)差模电流通路　　　　　　c)共模电流通路

图 7-16　共模电感的结构

图 7-17　共模电感[10]

　　在隔离电源的输入端、隔离驱动芯片的供电和数字信号上都加上共模电感来抑制驱动电路的共模电流，如图 7-18 所示。需要注意的是，在使用共模电感后，共模电感两端的地就被分割开了。另外我们还可以在其他关键电路上增加共模电感以进一步提升共模电流抑制效果，如控制器和运放的供电。

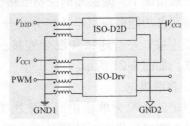

图 7-18　利用共模电感抑制驱动电路共模电流

7.4　应对措施 3——共模电流疏导

7.4.1　Y 电容

　　使用 Y 电容对共模电流进行疏导是处理变换器中共模电流的常见手段。具体方法为 Y 电容 C_{Y1} 连接信号地与机壳，Y 电容 C_{Y2} 连接功率地与机壳[11]，如图7-19所示。这样就由两个 Y 电容构成了一条低阻抗的通路，对共模电流有分流作用，将一部分共模电流直接疏导回功率回路，从而减少了流向控制电路的共模电流。

在使用 Bootstrap 电路为上桥臂驱动电路供电时，二极管 VD_B 具有结电容 C_{VD_B}，随着桥臂中点的跳变也会产生共模电流。我们可以用一个电容 C_Y 连接 D_B 的阳极和功率地，将共模电流疏导至功率回路，减少流入控制电路的共模电流，如图 7-20 所示。

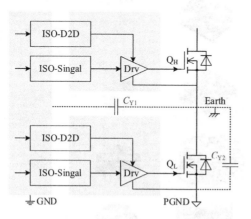

图 7-19 使用 Y 电容构造低阻抗通路

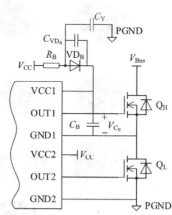

图 7-20 Bootstrap 电路使用电容疏导共模电流

7.4.2 并行供电

一般情况下，变换器的控制电路、采样电路、驱动电路供电都来自同一辅助电源，按照各功能电路供电连接方式分，有串联连接、并行连接和混合连接三种方式，如图 7-21 所示。

1. 串联供电

当辅助电源为单输出时，依次为各部分电路进行供电。这样的方式下，共模电流会由远至近不断汇集，距离辅助电源最近的电路受共模电流影响最大。

2. 并行供电

当辅助电源为单输出时，各部分电路的地仅在辅助电源输出点连接；当辅助电源为隔离多输出时，各部分电路的地完全分离，没有直接连接。

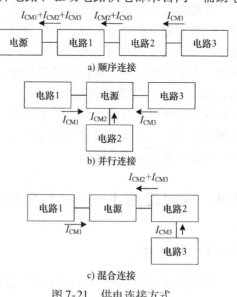

图 7-21 供电连接方式

这样的方式可以避免顺序连接时共模电流汇集的情况。

3. 混合连接

有部分电路采用顺序连接，总体呈现并行连接。

故采用并行连接或混合连接可以引导驱动电路上产生的共模电流绕行，避免全部流经控制电路，这对应对共模电流非常有利。

7.4.3　串联式驱动电路

为了应对共模干扰，有学者提出了与传统并联结构不同的串联结构的驱动电路[12]，如图 7-22 所示。供电和驱动信号通过第一层隔离后分为两路，一路用于对下桥臂进行驱动，另一路通过隔离或电平抬升后用于对上桥臂的驱动。利用这样的结构，由上桥臂驱动电路产生的共模电流中的大部分直接回流至功率回路，大大减少了流向控制电路的共模电流。

上节中介绍利用高共模阻抗的应对措施属于"堵"的方式，而本节中介绍的应对措施是对共模电流进行疏导，减小其流到易受干扰的关键电

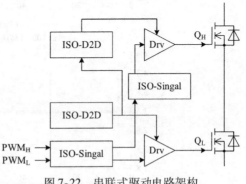

图 7-22　串联式驱动电路架构

路，用的是"疏"的方式。在应对共模电流时，通常是"堵""疏"结合。

此外，在多器件串联或多模块串联的拓扑中，低位器件开关会引起所有高位器件电位跳变，共模电流具有叠加效应，需要更加小心地处理共模电流。

7.5　差模干扰测量

在大多数情况下，测量信号通路上的共模电流并不容易、甚至是不可能的，这样就无法直接通过共模电流的大小评价对共模电流控制的情况。另一方面，共模电流的主要危害是当其转化为差模干扰时会导致采样错误和逻辑电平错误，进而导致变换器不能正常工作，甚至损毁。共模电流是源头，差模干扰是影响变换器工作的直接原因，则在变换器设计时测量关键电压信号上的差模干扰即可。然而，正确测量干扰信号并不容易，接下来以实际测试详述。

7.5.1　常规电压探头

对差模干扰测量的研究，将通过对一台基于 SiC MOSFET 的 Totem‐Pole PFC 变换器进行实测的方式进行展开，测量控制器供电 $V_{+3.3V}$ 和输出电压采样调理输出信号 V_{sample}。

分别使用 100∶1 高压差分探头、10∶1 无源探头配绕制短接地线、1∶1 无源探头配绕制短接地线三种方式进行，其带宽分别为 100MHz、200MHz、6MHz，测量结果如图 7-23 和图 7-24 所示。

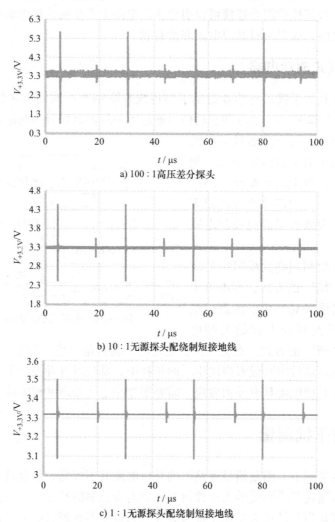

a) 100∶1高压差分探头

b) 10∶1无源探头配绕制短接地线

c) 1∶1无源探头配绕制短接地线

图 7-23　控制器供电 $V_{+3.3V}$ 波形

$V_{+3.3V}$ 和 V_{sample} 上均存在较大的尖峰，分析其出现的时间间隔，判断是由于 SiC MOSFET 开关动作导致的。不同的探头测得的尖峰大小并不相同，具有探头衰减倍数越大尖峰越大的规律。同时在没有尖峰的平坦处，波形由于有明显的噪声而显粗，具有探头衰减倍数越大噪声越大的规律。另外，在 1∶1 无源探头下可以看到 V_{sample} 具有明显的纹波，对应 PFC 输出电压的纹波，但在其他探头下并不明显。

面对这样的波形，我们不禁产生疑惑，在控制器供电和采样信号具有如此大干

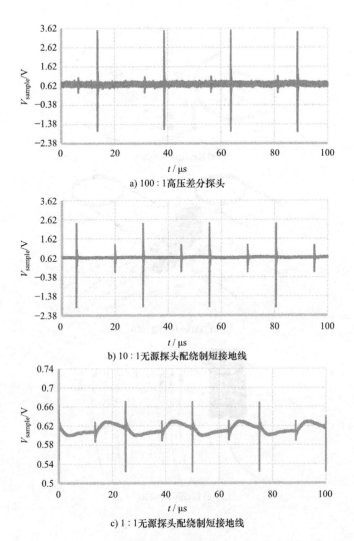

a) 100:1高压差分探头

b) 10:1无源探头配绕制短接地线

c) 1:1无源探头配绕制短接地线

图 7-24 输出电压采样调理输出信号 V_{sample} 波形

扰的情况下，变换器竟然能够稳定运行；在采样信号如此粗的情况下，如何确保采样的精度；三种测量方式的结果也有明显差异，究竟哪个结果才是正确的。

7.5.2 电源轨探头

在第 3 章中介绍过各类电压探头，在单端有源探头中有一种非常特殊的探头，叫做电源轨探头。三大厂商均有此种产品，分别为 Keysight N7020A[13,14]、Tektronix TPR1000[15] 以及 Lecroy RP4030[16]，如图 7-25 所示。

使用 N7020A 电源轨探头对 $V_{+3.3V}$ 和 V_{sample} 进行测量，测量结果如图 7-26 所示。可以看到波形上仅有非常小的毛刺，$V_{+3.3V}$ 上尖峰的峰 - 峰值仅 0.04V，

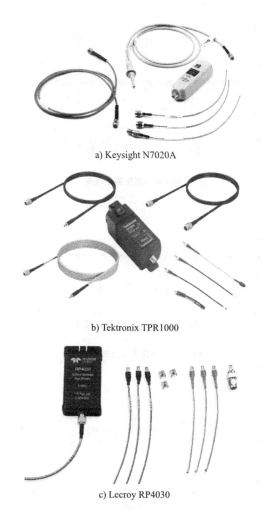

a) Keysight N7020A

b) Tektronix TPR1000

c) Lecroy RP4030

图 7-25　电源轨探头

V_{sample} 上尖峰的峰峰值仅 $0.06V$，且 V_{sample} 纹波十分清晰。同时 $V_{+3.3V}$ 和 V_{sample} 成功 "瘦身"，是一条又细又 "干净" 的波形。这与使用常规电压探头的结果完全不同，但这是符合变换器稳定运行和精准控制的实际情况的，故使用电源轨探头的测量结果才是正确的。使用常规电压探头测量时，所见干扰信号是由测量引入了原电路中不存在的信号，而波形粗是测量通路噪声大的表现。

　　常规探头与电源轨探头测量结果差异如此之大，确实令人大跌眼镜，也再一次表明选择合适的测量工具才能获得正确的测量结果。

　　正是因为电源轨探头具有特殊的结构，才能够利用它获得正确的结果，如图 7-27 所示。其直流输入阻抗为 $50k\Omega$，高频阻抗为 50Ω，降低了负载效应的同时利用了 50Ω 通路低噪声的特性；具有 $1.1:1$ 的衰减比，使示波器的本底噪声仅增加 10%；可设置偏置电压，允许用户使用示波器最灵敏的设置，并将信号置于屏

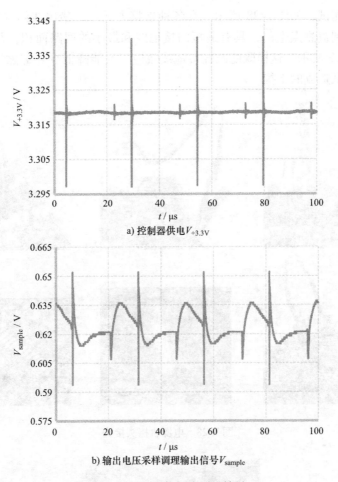

a) 控制器供电 $V_{+3.3V}$

b) 输出电压采样调理输出信号 V_{sample}

图 7-26　电源轨探头测量结果

幕中心显示；具有 2GHz 带宽使其可以轻松捕获造成时钟和数字数据失真的快速瞬态[16−18]。

首先，电源轨探头具有最短接地线和最小接地回路，且抗干扰能力强，这样就不会出现实际不存在的干扰信号，避免了错误的测试结果带来的困扰。

1. 最短接地线、最小接地回路面积

使用常规探头时，受限于探头结构和可选配件，接地线长度和回路面积的减小是有限制的。即使是短接地线，其长度仍然至少有 1cm，故接地回路面积也很大。

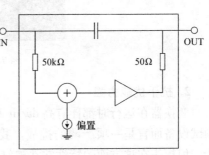

图 7-27　电源轨探头结构

针对不同的应用场合，厂商为电源轨探头提供了多种接头配件，使工程师可以灵活地完成测试，如图7-28所示。在各种连接方式中，猪尾线缆（Pigtail Cable）是直接焊接到被测点上的，具有最短的接地线和最小的回路面积，几乎达到了极限，如图7-29所示。这样既能减轻接地线效应，又能降低少外部磁场通过回路面积耦合对测试造成的干扰。

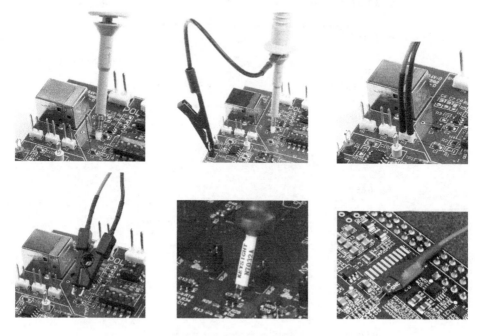

图 7-28　电源轨探头接头

图 7-29　猪尾线缆

2. 抗干扰能力强

变换器在运行时都伴有高 $\mathrm{d}v/\mathrm{d}t$ 和高 $\mathrm{d}i/\mathrm{d}t$，会产生很强的高频电磁辐射，这对测试设备而言是一项严峻的挑战。我们都知道示波器在抗电磁辐射方面有专门设计，但探头在这方面的特性常常被忽视。

将100∶1高压差分探头、10∶1无源探头、N7020A靠近正在运行的 Totem – Pole PFC 变换器，可以看到 N7020A 没有受到任何影响，而其他两款探头测得的波形上出现了明显的干扰信号,如图 7-30 所示。这说明电源轨探头具有更好的屏蔽性能,能够避免外界电磁辐射对探头的干扰。

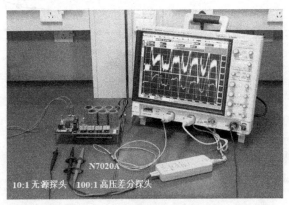

a) 测试现场

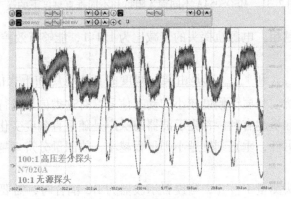

b) 测试结果

图 7-30　抗干扰能力测试

其次,示波器的噪声特性如图 7-31 所示,电源轨探头具有 50Ω 输出阻抗、1.1:1 衰减比例、并可以设置偏置电压,能够尽可能地降低测量通路的噪声。

1. 50Ω 输出阻抗

由第 3 章可知,示波器在 50Ω 输入阻抗下比 1MΩ 输入阻抗下具有更低的噪声。常规探头接 1MΩ 输入阻抗,而电源轨探头接 50Ω 输入阻抗,这样就可以利用噪声更小的示波器测量通路来减小测量噪声。

2. 1.1:1 衰减比例

电压探头按照一定的衰减比例将被测信号调理到示波器允许的输入电压幅值范围内,示波器通过模拟前端和 ADC 完成对信号的采样和转换后,再按照电压探头衰减比例的倒数对结果进行放大,还原被测信号的实际幅值。

探头和示波器的模拟前端都是具有噪声的,在还原被测信号幅值时,它们也被一起放大了。故大衰减比探头测得的波形噪声更大,即信噪比低,这就导致探头衰

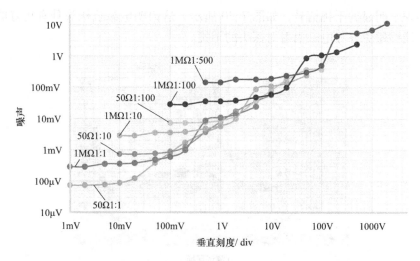

图 7-31　MSOS054A 不同输入阻抗和不同垂直刻度下的噪声

减倍数越大波形越粗。电源轨探头的衰减比为 1.1:1，能够有效控制噪声。

3. 偏置电压

被测信号 $V_{+3.3V}$ 和 V_{sample} 都是由某一幅度的直流电压和干扰信号叠加而成的，其中所关注的干扰信号属于幅度较小的动态信号。对这类信号进行测量，示波器垂直刻度越小，对测量越有利。首先示波器的噪声是随垂直刻度变化的，垂直刻度越小则噪声越小。另外，垂直刻度越小则量程越小，故测量分辨率越高，测量结果也越精确。

使用常规探头测量 $V_{+3.3V}$，当设置示波器为 DC 耦合时，需要设置垂直刻度为 500mV/div，此时噪声较大。由于主要关注干扰信号，可以设置示波器为 AC 耦合将 DC 分量剥离。这样就可以根据干扰信号的幅度选择设置更高的垂直刻度，有效降低噪声。但 AC 耦合具有局限性，当信号具有直流浮动时，采用 AC 耦合将无法对其进行观测，导致重要信息遗漏。

对于这一问题，我们可以通过设定电源轨探头的偏置电压来解决，不仅可以最大化地利用更小的垂直刻度来降低噪声、提高分辨率，同时还可以对信号直流进行测量。

最后，电源轨探头具有高带宽和低负载效应的特性，也是其适用于干扰信号测试的重要特性。

1. 高带宽

电源轨探头具有很高的带宽，有能力准确捕捉到高频干扰，不会发生遗漏。但需要注意的是，带宽越高噪声越大，在测量时一味使用最高带宽并不合适，而是需要灵活合理地使用示波器带宽限制功能。这就像使用大光圈相机镜头一样，大光圈景深浅虚化效果强、进光量大，可以使用更低的 ISO 以降低噪声；但大光圈下容易失焦，画质也并不是最佳的，相较于小光圈下紫边现象也更严重。故摄影师并不是一味使用最大光圈，而是根据实际场景选择合适的光圈。

2. 低负载效应

在进行测量时，测试设备对原系统的负载效应越低越好。特别是测量采样调理信号时，如果负载效应太大，会造成采样错误导致变换器不能正常工作。根据图7-28 所示电源轨探头的结构，其直流输入阻抗为 50kΩ，使得其负载效应较轻，高频输入阻抗为 50Ω，以使探头具有较高带宽，如图7-32 所示。

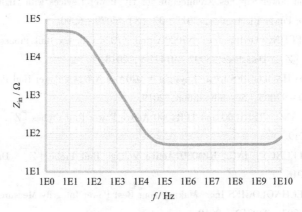

图 7-32　N7020A 输入阻抗

参 考 文 献

[1] KAZANBAS M, SCHITTLER A, ARAÚJO S, et al. High – Side Driving under High – Switching Speed：Technical Challenges and Testing Methods [C]. PCIM Europe 2015, International Exhibition & Conference for Power Electronics, 2015：1385 – 1392.

[2] WANG J, SHEN Z, DIMARINO C, et al. Gate Driver Design for 1.7kV SiC MOSFET Module with Rogowski Current Sensor for Shortcircuit Protection [C]. 2016 IEEE Applied Power Electronics Conference and Exposition (APEC), 2016：516 – 523.

[3] COUGHLIN CHRIS. Common Mode Transient Immunity [Z]. Technical Articles, Analog Devices Inc., 2011.

[4] ZHANG WEI, BEGUE Mateo. Common Mode Transient Immunity (CMTI) for UCC2122x Isolated Gate Drivers [Z]. Application Report, SLUA909, Texas Instruments Inc., 2018.

[5] MURATA MANUFACTURING CO., Ltd. Website [Z/OL]. https：//www. murata. com.

[6] RECOM POWER, INC. Website [Z/OL]. https：//recom – power. com.

[7] Mornsun Power Website [Z/OL]. https：//www. mornsun – power. com.

[8] SHE X, DATTA R, TODOROVIC M H, et al. High Performance Silicon Carbide Power Block for Industry Applications [J]. IEEE Transactions on Industry Applications, 2017, 53 (4)：3738 – 3747.

[9] BOSSHARD R, KOLAR J W. All – SiC 9.5kW/dm3 On – Board Power Electronics for 50kW/

85kHz Automotive IPT System [J]. IEEE Journal of Emerging and Selected Topics in Power Electronics, 2017, 5 (1): 419 – 431.

[10] TDK EMC Components [Z/OL]. https://product.tdk.com/info/en/products/emc/index.html.

[11] XUE L, BOROYEVICH D, MATTAVELLI P. Driving and Sensing Design of an Enhancement – Mode – GaN Phaseleg as a Building Block [C]. 2015 IEEE 3rd Workshop on Wide Bandgap Power Devices and Applications (WiPDA), 2015: 34 – 40.

[12] KERACHEV, LYUBOMIR, LEFRANC, et al. Characterization and Analysis of an Innovative Gate Driver and Power Supplies Architecture for HF Power Devices with High dv/dt [J]. IEEE Transactions on Power Electronics, 2017, 32 (8): 6079 – 6090.

[13] KEYSIGHT TECHNOLOGIES Inc. N7020A and N7024A Power Rail Probes for Power Integrity Measurements [Z]. Datasheet, 5992 – 0141EN, 2018.

[14] KEYSIGHT TECHNOLOGIES INC. Keysight N7020A & N7024A Power Rail Probes [Z]. User's Guide, N7020 – 97005, Seventh edition, 2019.

[15] TEKTRONIX, INC. TPR1000 and TPR4000 Active Power Rail Probes [Z]. Datasheet, 51W – 61491 – 2, 2019.

[16] TELEDYNE LECROY, INC. RP4030 Active Voltage Rail Probe [Z]. Datasheet, rp4030 – probe – ds, 2016.

[17] KEYSIGHT TECHNOLOGIES Inc. Making Your Best Power Integrity Measurements [Z]. Application Note, 5992 – 0493EN, 2019.

[18] TEKTRONIX, INC. Getting Started with Power Rail Measurements [Z]. Application Note, 51W – 61562 – 0, 2019.

延 伸 阅 读

[1] PAUL C R. Introduction to Electromagnetic Compatibility [M]. 2nd ed. Hoboken: Wiley, 2011.

[2] SANJAYA MANIKTALA. Switching Power Supplies A – Z [M]. 2nd ed. New York: Newnes, 2012.

[3] LUSZCZ JAROSLAW. High Frequency Conducted Emission in AC Motor Drives Fed by Frequency Converters: Sources and Propagation Paths [M]. Hoboken: Wiley – IEEE Press, 2018.

[4] AVAGO TECHNOLOGIES INC. Common – Mode Noise Sources and Solutions [Z]. Application Note 1043, AV02 – 3698EN, 2012.

[5] SILICON LABORATORIES, INC. CMOS Digital Isolators Supersede Optocouplers in Industrial Applications [Z]. White Paper, Rev 0.3.

[6] DIN VDE V 0884 – 11. Semiconductor Devices Part 11: Magnetic and Capacitive Coupler for Basic and Reinforced Isolation [S]. 2017.

[7] VISHAY INTERTECHNOLOGY INC. Optocoupler Common Mode Transient Immunity (CMTI) – Theory and Practical Solutions [Z]. Application Note 83, 83702, Rev. 1.5, 2013.

[8] STMICROELECTRONICS INC. Common Mode Filters [Z]. Application Note, AN4511, Rev 2, DocID026455, 2016.

[9] GILL L, IKARI T. Analysis and Mitigation of Common Mode Current in SiC MOSFET Gate Driver Power Supply [C]. 2018 IEEE International Conference on Electrical Systems for Aircraft, Rail-

way, Ship Propulsion and Road Vehicles & International Transportation Electrification Conference (ESARS – ITEC). IEEE, 2019: 1 – 6.

[10] NGUYEN V, LEFRANC P, CREBIER J. Gate Driver Supply Architectures for Common Mode Conducted EMI Reduction in Series Connection of Multiple Power Devices [J]. IEEE Transactions on Power Electronics, 2018, 33 (12): 10265 – 10276.

[11] WANG J, MOCEVIC S, BURGOS R, et al. High – Scalability Enhanced Gate Drivers for SiC MOSFET Modules with Transient Immunity Beyond 100 V/ns [J]. IEEE Transactions on Power Electronics, 2020, 35 (10): 10180 – 10199.

[12] HUBER J E, KOLAR J W. Common – Mode Currents in Multi – Cell Solid – State Transformers [C]. 2014 International Power Electronics Conference (IPEC – Hiroshima 2014 – ECCE ASIA). IEEE, 2014: 766 – 773.

[13] KASPER M, BORTIS D, KOLAR J W. Scaling and Balancing of Multi – cell Converters [C]. 2014 International Power Electronics Conference (IPEC – Hiroshima 2014 – ECCE ASIA), 2014: 2079 – 2086.

[14] RADHAKRISHNA KARTHIK. Digital Power Management and Power Rail Measurements Using High Definition Oscilloscopes [R/OL]. On Demand Webinars, Teledyne LeCroy, Inc., August 2019. https://go.teledynelecroy.com/l/48392/2019 – 08 – 22/7rvpyy.

第8章

共源极电感的影响与应对

8.1 共源极电感

8.1.1 共源极电感及其影响

TO – 247 是工程师最熟悉的功率半导体器件单管封装形式之一，图 8-1 所示为来自不同厂商的 TO – 247 封装器件实物。

Tesla Model X 的驱动系统中使用了大量 TO – 247 封装的 IGBT 单管器件，是 TO – 247 封装最出名的应用案例。后置大功率电控单元中每 14 颗规格为 600V/240A 的 IGBT 单管并联，共使用 84 颗；前置小功率电控单元中每 6 颗 600V/160A 的 IGBT 单管并联，共使用 36 颗。

图 8-1   TO – 247 封装器件

随着电力电子技术趋于成熟，市场竞争愈发激烈，成本压力也越来越大。同等容量下，功率模块的成本是采用单管器件并联方案成本的 2 ~ 4 倍，故现在已经有光伏逆变器、UPS、变频器制造商着手使用单管器件替换功率模块。相信今后在上述领域中会出现越来越多像 Model X 这样大量使用单管器件并联的案例。

通过图 8-1 可以看出，各厂商提供的 TO – 247 封装器件在外观上有一些不同，甚至同一厂商会提供多种 TO – 247 封装外形。这些 TO – 247 封装的主要区别为引脚的长度、安装孔、塑封壳外形等，但是它们都有且仅有 3 根间距在 5.44 ~ 5.45mm 之间的引脚，分别对应 SiC MOSFET 的栅极（G 极）、漏极（D 极）和源极（S 极）。

TO – 247 封装 SiC MOSFET 器件的内部结构如图 8-2 所示。SiC MOSFET 芯片

为很薄的立方体，其背面为 D 极，上表面有 G 极和 S 极。芯片被焊接在金属基板上，芯片的 D 极被一根与基板直接相连的引脚引出；芯片的 S 极用若干根键合线与引脚相连引出以满足通流要求；由于驱动电流较小，故仅用一根较细的键合线将 G 极引出。

在分析功率器件开关过程时，将 PCB 走线、器件封装引脚、器件封装键合线作为电感处理。基于此，可以得到 TO – 247 封装器件的等效电路，这里我们同时考虑器件接有驱动电路的情况，如图 8-3 所示。虚线框内为 TO – 247 封装器件等效电路，其中 L_{G}、L_{D}、L_{S} 代表由键合线和引脚带来的寄生电感；虚线框外为驱动电路，$L_{\mathrm{DRV(PCB)}}$ 为驱动线路 PCB 走线电感，$R_{\mathrm{G(int)}}$ 芯片内部栅极电阻，$R_{\mathrm{G(ext)}}$ 为外部驱动电阻，V_{DRV} 为驱动电压。

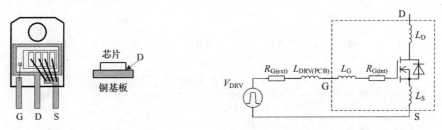

图 8-2　TO – 247 封装器件内部结构　　　　图 8-3　TO – 247 封装器件等效电路

功率器件在开通和关断过程中，驱动电路通过驱动回路对器件的输入电容进行充放电，高频电流通过主功率换流回路完成功率切换。故这两个回路是我们进行设计和分析时的关键。驱动回路电感 L_{DRV} 由 $L_{\mathrm{DRV(PCB)}}$、L_{G} 和 L_{S} 组成，L_{D} 和 L_{S} 是主功率换流回路电感的一部分。这两个回路有公共的部分 L_{S}，称 L_{S} 为共源极电感。在开关过程中，快速变化的 I_{DS} 会在 L_{S} 两端产生压降。

使用 Tektronix 的光隔离探头 TIVM1 测量 L_{S} 两端的电压 $V_{L_{\mathrm{S}}}$，测试原理和探头的连接方式如图 8-4 所示。需要注意的是，实际测量点在器件封装引脚的两端，故 $V_{L_{\mathrm{S}}}$ 的测量结果不包含 L_{S} 中键合线部分的电压，故测量结果较实际的 $V_{L_{\mathrm{S}}}$ 偏小一些。

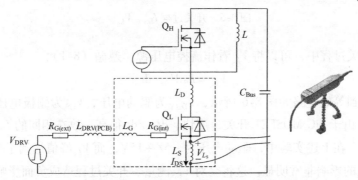

图 8-4　共源级电感 L_{S} 端电压 $V_{L_{\mathrm{S}}}$ 测量

测量结果如图 8-5 所示，包含直接测量得到的 I_{DS} 和 V_{L_S} 波形。可以看到在开关过程中，V_{L_S} 随着 I_{DS} 的变化而变化，$\mathrm{d}I_{DS}/\mathrm{d}t$ 越大，V_{L_S} 也越大。

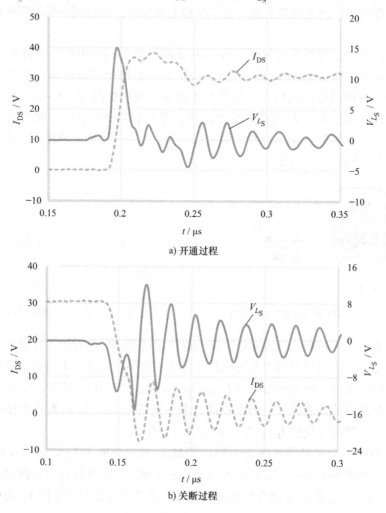

a) 开通过程

b) 关断过程

图 8-5　开关过程 I_{DS}、V_{L_S}

则在开关过程中，可以将 V_{L_S} 看作流控电压源，遵循（8-1），

$$V_{L_S} = L_S \mathrm{d}I_{DS}/\mathrm{d}t \tag{8-1}$$

可以得到等效电路如图 8-6 所示，V_{DRV} 为驱动电压，V_{GS} 为栅极电压，会受到 V_{L_S} 的影响。由于 SiC MOSFET 开关速度快、$\mathrm{d}I_{DS}/\mathrm{d}t$ 很高，故在相同的 L_S 下，V_{L_S} 的幅值也较大。在上述实验中，驱动电压为 $-5/+15\mathrm{V}$，而 V_{L_S} 峰值达到了 15V，这说明 V_{L_S} 对 V_{GS} 的影响非常明显。这将会对 V_{GS} 测量、开关过程造成负面影响，将在接下来的几节中讨论。

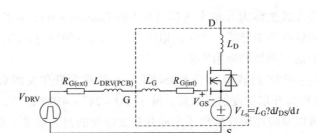

图 8-6　V_{L_S} 对 V_{GS} 影响的等效电路图

8.1.2　开尔文源极封装

随着技术的发展，硅基器件的开关速度越来越快，共源极电感 L_S 带来的问题日益凸显。各厂商在 TO-247 封装上进行改进，推出了 TO-247-4PIN 封装，如图 8-7 所示。TO-247-4PIN 封装主要应用在高速 SJ MOSFET、高速 IGBT 和 SiC MOSFET 中。与图 8-1 进行对比发现，相比于 TO-247 封装器件，TO-247-4PIN 封装器件有两根 S 极引脚，即 KS（Kelvin Source）引脚和 PS（Power Source）引脚。同时引脚的顺序和间距也有变化。

TO-247-4PIN 封装 SiC MOSFET 器件的内部结构如图 8-8 所示，发现其 KS 引脚与芯片 S 极是由一根细键合线相连的。

图 8-7　TO-247-4PIN 封装器件

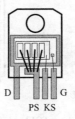

图 8-8　TO-247-4PIN 封装器件结构

在使用 TO-247-4PIN 封装器件时，驱动电路是与 G 引脚和 KS 引脚相连，主回路与 D 引脚和 PS 引脚相连。这样 TO-247-4PIN 封装避免了驱动回路和主功率换流回路拥有公用线路，实现了两个回路解耦，如图 8-9 所示。需要注意的是，虽然不存在直接电气连接，但驱动回路与主功率换流回路之间存在互感，会有等效共源级电感 L_S 存在。

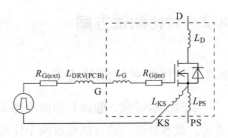

图 8-9　TO-247-4PIN 等效电路图

但等效共源级电感较小、影响有限，故在之后的分析中忽略不计。

上述的接线方式被称为开尔文连接（Kelvin Connections），被广泛应用于测量电路，是用来消除电路中导线上产生的电压降影响的一种简便方法，用于电流采样的四端子电阻便是其典型的应用实例。

当 TO – 247 – 4PIN 封装应用于 MOSFET 时，被称为开尔文源极封装；当应用于 IGBT 时，被称为开尔文发射极封装。除了 TO – 247 – 4PIN 以外，各厂商还根据电压、电流等级以及应用场合推出了多种开尔文连接的封装形式，如 TO – 263 – 7、ThinPAK 8 × 8[5,6]、TOLL[7,8]、DDPAK[9] 等，如图 8-10、图 8-11、图 8-12 和图 8-13所示，选择开尔文连接的封装形式已经成为高速功率器件在追求高性能时的趋势。

在接下来的几节中，我们会以 TO – 247 封装和 TO – 247 – 4PIN 封装为例，详细分析共源极电感 L_S 造成的影响，并验证开尔文源极封装对此的解决效果。

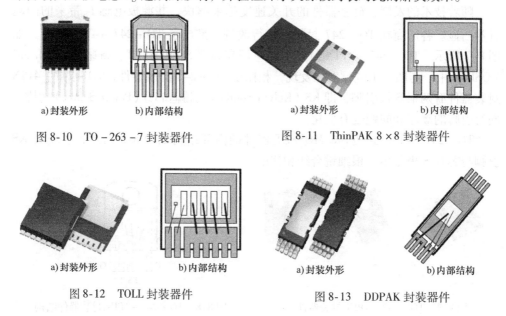

a)封装外形　　b)内部结构

图 8-10　TO – 263 – 7 封装器件

a)封装外形　　b)内部结构

图 8-11　ThinPAK 8 ×8 封装器件

a)封装外形　　b)内部结构

图 8-12　TOLL 封装器件

a)封装外形　　b)内部结构

图 8-13　DDPAK 封装器件

8.2　对比测试方案

8.2.1　传统对比测试方案

通过实验研究、验证共源极电感 L_S 的负面影响以及开尔文源极封装对性能的改善，最容易想到的方法是取两个使用同型号 SiC MOSFET 芯片分别为 TO – 247 – 4PIN 封装和 TO – 247 封装的器件，然后对其分别进行测试，如图 8-14 所示。各厂商对同一规格的 SiC MOSFET 同时提供了 TO – 247 – 4PIN 和 TO – 247 两种封装形式的产品，使得这一对比方法非常容易实现。

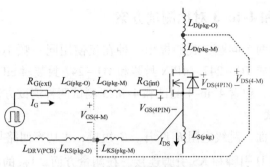

a) TO-247-4PIN封装器件测试原理图

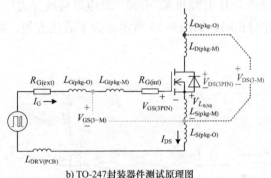

b) TO-247封装器件测试原理图

图 8-14　对比测试方案

由于测试点间寄生参数的影响，对 TO－247－4PIN 封装器件，测量得到的 $V_{GS(4\text{-}M)}$ 和 $V_{GS(4\text{-}M)}$ 与芯片上实际的 $V_{GS(4PIN)}$ 和 $V_{DS(4PIN)}$ 存在差异，由式（8-2）和式（8-3）得到

$$V_{GS(4\text{-}M)} = V_{GS(4PIN)} + I_G R_{G(int)} + (L_{G(pkg-M)} + L_{KS(pkg-M)})\,dI_G/dt \qquad (8\text{-}2)$$

$$V_{DS(4\text{-}M)} = V_{DS(4PIN)} + L_{D(pkg-M)}\,dI_{DS}/dt + L_{KS(pkg-M)}\,dI_G/dt \qquad (8\text{-}3)$$

对于 TO－247 封装器件，测量得到的 $V_{GS(3\text{-}M)}$ 和 $V_{DS(3\text{-}M)}$ 与实际的 $V_{GS(3PIN)}$ 和 $V_{DS(3PIN)}$ 的关系由式（8-4）和式（8-5）计算

$$V_{GS(3\text{-}M)} = V_{GS(3PIN)} + I_G R_{G(int)} + L_{G(pkg-M)}\,dI_G/dt + L_{S(pkg-M)}\,dI_{DS}/dt \qquad (8\text{-}4)$$

$$V_{DS(3\text{-}M)} = V_{DS(3PIN)} + (L_{D(pkg-M)} + L_{S(pkg-M)}) \cdot dI_{DS}/dt \qquad (8\text{-}5)$$

则对于 TO－247 封装器件 $V_{GS(3\text{-}M)}$ 不仅包含了 I_G 在 $R_{G(int)}$、$L_{G(pkg-M)}$ 的压降，还包含了 I_{DS} 在 $L_{S(pkg-M)}$ 的压降。由上节的测试结果可知，dI_{DS}/dt 较高，$V_{L_{S(M)}}$ 将显著影响 $V_{GS(3\text{-}M)}$，导致测量结果对分析造成误导。

另外，采用这种利用同型号芯片、不同封装的器件进行对比测试的方式，由于被测的 SiC MOSFET 芯片并不是同一颗，器件参数的差异会影响测试结果，导致对比不严谨。

8.2.2　4-in-4 和 4-in-3 对比测试方案

为了解决上述两个问题，我们提出一种在仅使用同一颗 TO－247－4PIN 封装器件的情况下，完成 TO－247－4PIN 封装和 TO－247 封装对 SiC MOSFET 电特性影响对比的测试方案，包含 4-in-4 测试和 4-in-3 测试两种测试方法。

1. 4-in-4 测试

在电路设置方面，跳线电阻 R_1 断开、R_2 短接，主功率回路与 D 引脚和 PS 引脚连接，驱动电路与 D 引脚和 KS 引脚连接。在测量方面，V_{GS} 的测量点为 G 引脚和 KS 引脚，V_{DS} 的测量点为 D 引脚和 KS 引脚。此电路接线方式与测试点与使用TO－247－4PIN 封装器件时相同，如图 8-15 所示。为了表述方便，将此方法称为 4-in-4 测试。

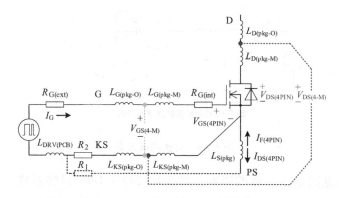

图 8-15　4-in-4 测试电路原理图

其中，$V_{GS(4PIN)}$ 和 $V_{DS(4PIN)}$ 为 4-in-4 测试中芯片实际栅极电压和漏－源电压，与正常使用 TO－247－4PIN 封装器件时相同，而 $V_{GS(4-M)}$ 和 $V_{DS(4-M)}$ 为对应的测量结果，同样遵循式（8-2）和式（8-3）。

2. 4-in-3 测试

在电路设置方面，跳线电阻 R_1 短接、R_2 断开，主功率回路与 D 引脚和 PS 引脚连接，驱动电路与 G 引脚和 PS 引脚连接，KS 引脚悬空。在测量方面，当 V_{GS} 的测量点为引脚 G 和引脚 PS 时，测得 $V_{GS(3-M)}$，与使用 TO－247 封装器件时测的结果相同；当 V_{GS} 的测量点为引脚 G 和引脚 KS 时，测得 $V_{GS(4-in-3)}$，可以将 $V_{L_S(M)}$ 的影响排除，获得更准确的 V_{GS}；当 V_{DS} 的测量点为 D 引脚和 PS 引脚，测得 $V_{DS(3-M)}$，与使用 TO－247 封装器件时测的结果相同；当 V_{DS} 的测量点为 D 引脚和 KS 引脚，测得 $V_{DS(4-in-3)}$，同样将 $V_{L_S(M)}$ 的影响排除，获得更准确的 V_{DS}。此电路接线方式是将 TO－247－4PIN 封装器件连接成 TO－247 封装的形式工作，将此方法称为 4-in-3 测试，如图 8-16 所示。

$V_{GS(3PIN)}$ 和 $V_{DS(3PIN)}$ 为 4-in-3 测试中芯片实际栅极电压和漏-源电压, 与正常使用 TO-247 封装器件时相同, $V_{GS(3\text{-}M)}$ 和 $V_{DS(3\text{-}M)}$ 遵循式 (8-4) 和式 (8-5), $V_{GS(4\text{-}in\text{-}3)}$ 和 $V_{DS(4\text{-}in\text{-}3)}$ 遵循式 (8-6) 和式 (8-7)

$$V_{GS(4\text{-}in\text{-}3)} = V_{GS(3PIN)} + I_G R_{G(int)} + L_{G(pkg\text{-}M)}\, dI_G/dt \tag{8-6}$$

$$V_{DS(4\text{-}in\text{-}3)} = V_{DS(3PIN)} + L_{D(pkg\text{-}M)}\, dI_{DS(3PIN)}/dt \tag{8-7}$$

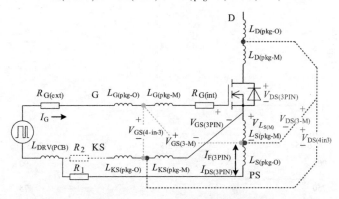

图 8-16　4-in-3 测试电路原理图

利用 4-in-4 测试和 4-in-3 测试, 就可以在主功率回路电感和驱动回路电感基本不变的情况下利用同一颗芯片进行对比测试, 且都能够使测得的 V_{GS} 不受 $V_{L_{S(M)}}$ 的影响。

8.3　对开关过程的影响

8.3.1　开通过程

通过仿真, 可以看到在相同的 $R_{G(ext)}$ 下 L_S 对开通波形的影响, 仿真波形如图 8-17 所示。为了简化对开通过程的分析, 将驱动回路上的电感忽略, 但为了获得更有意义的波形, 在进行仿真时将 L_{DRV} 考虑在内。

1. $t_1 \sim t_2$

SiC MOSFET 开始导通, I_{DS} 快速上升, 在 L_S 上产生上正下负的 V_{L_S}, 则 $V_{GS(3PIN)}$ 按照式 (8-8) 计算

$$V_{GS(3PIN)} = V_{DRV(on)} - R_{G(ext)} I_{G(on)} - L_S\, dI_{DS(3PIN)}/dt \tag{8-8}$$

由式 (8-8) 可知 V_{L_S} 削弱了 $V_{DRV(on)}$ 的驱动能力, 起到了负反馈的作用, 使得 $V_{GS(3PIN)}$ 小于 $V_{GS(4PIN)}$。由于在此阶段, SiC MOSFET 处于饱和, 故 $I_{DS(3PIN)}$ 的上升速度慢于 $I_{DS(4PIN)}$, 进而使得 $V_{DS(3PIN)}$ 的压降小于 $V_{DS(4PIN)}$, 同时使得对管体二极管的反向恢复电流也更小。

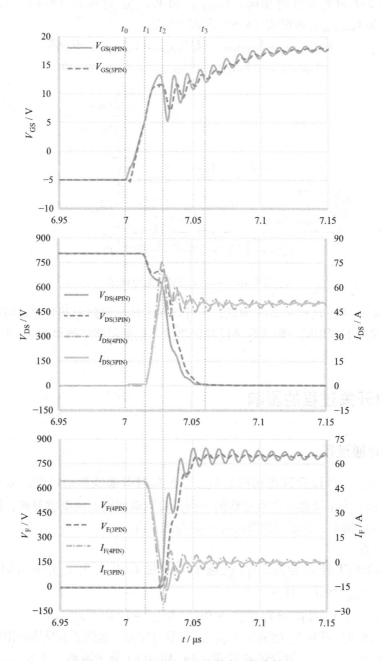

图 8-17 L_S 对开通过程的影响（仿真结果）

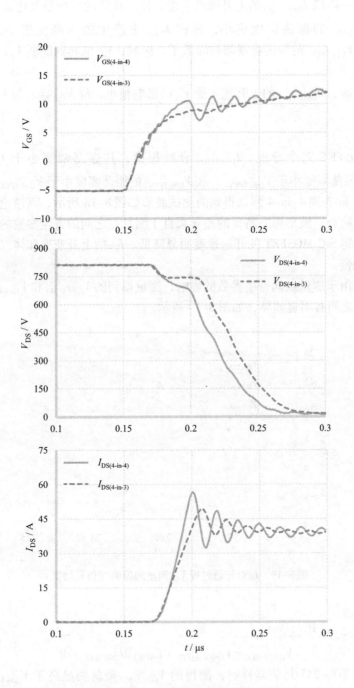

图 8-18　L_S 对开通过程的影响

2. $t_2 \sim t_3$

由于上一阶段 $I_{DS(3PIN)}$ 的上升速度缓慢、体二极管的反向恢复电流更小，故在此阶段 $I_{DS(3PIN)}$ 的振荡幅度更小，其在 L_{Loop} 上产生的压降也更小，进而使得 $V_{DS(3PIN)}$ 和 $V_{GS(3PIN)}$ 的振荡幅度都被降低了。同时，V_{L_S} 也起到削弱 $V_{GS(3PIN)}$ 振荡的作用。

在此阶段，$V_{GS(3PIN)}$ 的上升速度受 V_{L_S} 的影响很小，故 $V_{DS(3PIN)}$ 与 $V_{DS(4PIN)}$ 的下降速度相当。

3. $t_3 \sim$

SiC MOSFET 完全导通，$I_{DS(3PIN)}$ 衰减振荡，其振荡幅度小于 $I_{DS(4PIN)}$，则 $V_{DS(3PIN)}$ 的振荡幅度小于 $V_{DS(4PIN)}$，故 $V_{GS(3PIN)}$ 的振荡幅度小于 $V_{GS(4PIN)}$。

利用 4-in-3 和 4-in-4 测试得到的测试波形如图 8-18 所示，其结论与上述分析和仿真结果吻合，波形形态特征的差异来自于测量点之间的寄生参数的影响。由此可见，L_S 使得 SiC MOSFET 的开通速度明显降低、I_{DS} 的上升速度和体二极管的反向恢复速度变慢。

同时，由于测量点间寄生参数的影响，测量得到的 $V_{GS(3-M)}$ 和 $V_{GS(4-in-3)}$ 与实际的 $V_{GS(3PIN)}$ 之间有明显差异，如图 8-19 所示。

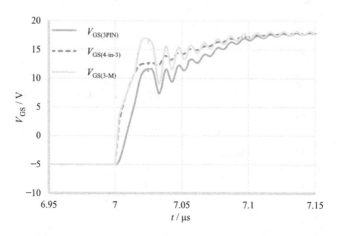

图 8-19　L_S 对开通过程 V_{GS} 测量的影响（仿真结果）

由于 $V_{GS(3-M)}$ 中包含 $V_{L_{S(M)}}$

$$V_{GS(3-M)} = V_{GS(4-in-3)} + L_{S(M)} dI_{DS(3PIN)}/dt \qquad (8-9)$$

故使用 TO-247 封装器件时，测得的 $V_{GS(3-M)}$ 振荡明显高于 $V_{GS(4-in-3)}$，特别是在 $I_{DS(3PIN)}$ 迅速上升阶段 $V_{GS(3-M)}$ 上出现很高的尖峰，极易对波形分析造成误导。同时驱动电阻越小、开通电流越大，$V_{GS(3-M)}$ 与 $V_{GS(4-in-3)}$ 相差越大，其中驱动电阻的影响更加明显，如图 8-20 所示。

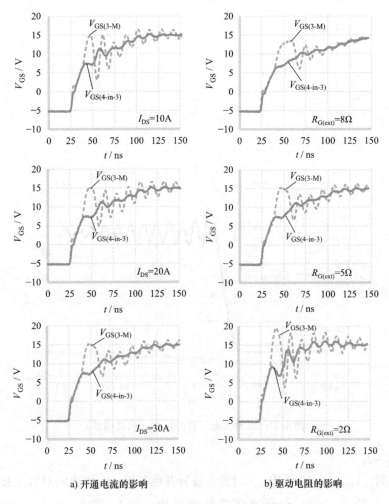

a) 开通电流的影响 　　　　　　b) 驱动电阻的影响

图 8-20　L_S 对开通过程 V_{GS} 测量的影响

8.3.2　关断过程

通过仿真，可以看到在相同的 $R_{G(ext)}$ 下 L_S 对关断波形的影响，仿真波形如图 8-21 所示。为了简化对关断过程的分析，将 L_{DRV} 忽略，但为了获得更有意义的波形，在进行仿真时将 L_{DRV} 考虑在内。

1.　$t_1 \sim t_2$

I_{DS} 开始下降，在 L_S 上产生上负下正的 V_{L_S}，削弱了 $V_{DRV(off)}$ 的驱动能力，起到了负反馈的作用，由于此时 $dI_{DS(3PIN)}/dt$ 较小，使得 $V_{GS(3PIN)}$ 只是略微高于 $V_{GS(4PIN)}$，故 $I_{DS(3PIN)}$ 的下降速度略微低于 $I_{DS(4PIN)}$。

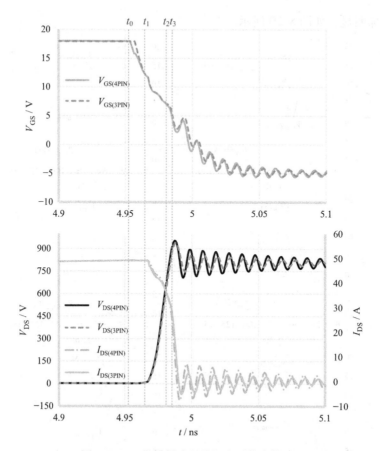

图 8-21 L_S 对关断过程的影响（仿真结果）

2. $t_2 \sim t_3$

t_2 时刻，$V_{DS(3PIN)}$ 达到 V_{Bus}，对管二极管开始导通，I_L 快速向对管二极管换流。相较于上一阶段，$I_{DS(3PIN)}$ 快速下降速度更快，则 V_{L_S} 更大，$V_{GS(3PIN)}$ 明显高于 $V_{GS(4PIN)}$，导致在此阶段 $I_{DS(3PIN)}$ 的下降速度低于 $I_{DS(4PIN)}$，$V_{DS(3PIN)}$ 的上升速度和电压尖峰低于 $V_{DS(4PIN)}$。

3. $t_3 \sim$

SiC MOSFET 完全处于关断状态，由于上一阶段的作用，$I_{DS(3PIN)}$ 的振荡幅度小于 $I_{DS(4PIN)}$，则 $V_{DS(3PIN)}$ 的振荡幅度小于 $V_{DS(4PIN)}$，$V_{GS(3PIN)}$ 的振荡幅度小于 $V_{GS(4PIN)}$。

利用 4-in-3 和 4-in-4 测试得到测试波形如图 8-22 所示，其结论与上述分析和仿真结果吻合，波形形态特征的差异来自于测量点之间的寄生参数的影响。由此可见，L_S 使得 SiC MOSFET 的关断速度明显降低、I_{DS} 的下降速度变慢。

同时，由于测量点间寄生参数的影响，测量得到的 $V_{GS(3-M)}$ 和 $V_{GS(3-in-4)}$ 与实际

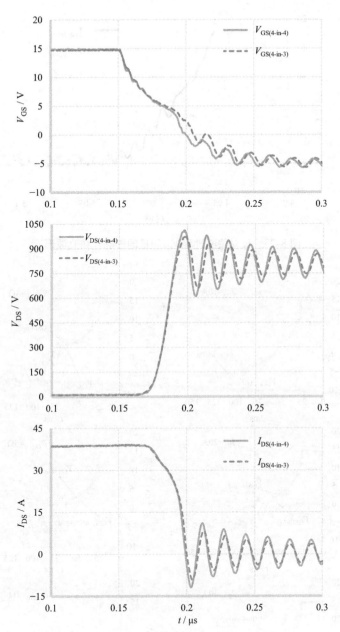

图 8-22　L_S 对关断过程的影响

的 $V_{GS(3PIN)}$ 之间有明显差异，如图 8-23 所示。

　　由于 $V_{GS(3\text{-}M)}$ 包含 $V_{L_{S(M)}}$，故使用 TO-247 封装器件时，测得的 $V_{GS(3\text{-}M)}$ 振荡明显高于 $V_{GS(4\text{-}in\text{-}3)}$。特别是在 $I_{DS(3PIN)}$ 迅速下降阶段 $V_{GS(3\text{-}M)}$ 上出现明显的下跌，极易对波形分析造成误导。同时驱动电阻越小、关断电流越大，$V_{GS(3\text{-}M)}$ 与 $V_{GS(4\text{-}in\text{-}3)}$ 相差越大，其中关断电流的影响更为明显，如图 8-24 所示。

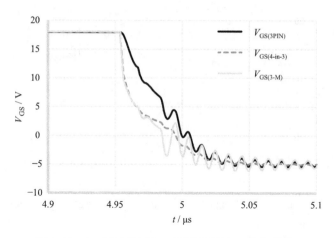

图 8-23　L_S 对关断过程 V_{GS} 测量的影响（仿真波形）

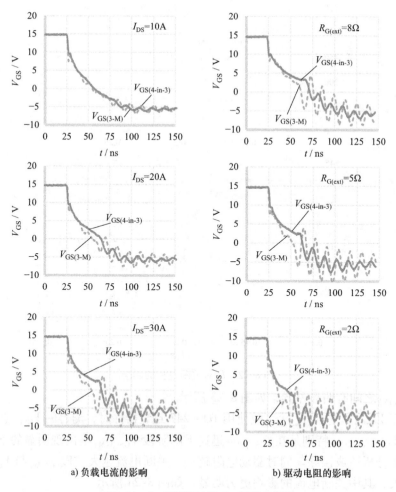

a) 负载电流的影响　　　　　　　　　　b) 驱动电阻的影响

图 8-24　L_S 对开通过程 V_{GS} 测量的影响

8.3.3 开关能量与 dV_{DS}/dt

在相同的 $R_{G(ext)}$ 下进行负载电流扫描测试，开关损耗变化的情况如图 8-25 所示。负载电流越大，L_S 使开关损耗增加得更多。

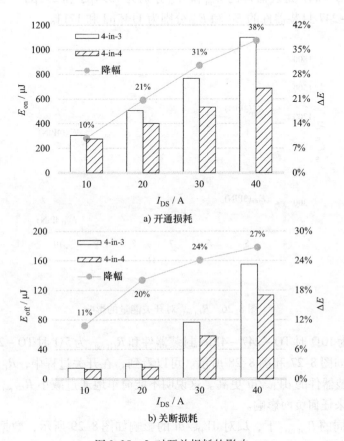

图 8-25 L_S 对开关损耗的影响

故在相同的 $R_{G(ext)}$ 下，TO－247－4PIN 封装器件的开关速度比 TO－247 封装器件更快、开关损耗更低，这似乎能够成为 TO－247－4PIN 封装的优势。

SiC MOSFEST 的开关速度受 $R_{G(ext)}$ 的影响非常大，很容易想到，只要将 TO－247 封装器件的 $R_{G(ext)}$ 降低到比 TO－247－4PIN 封装器件的 $R_{G(ext)}$ 更小，TO－247 封装器件的开关速度会达到甚至小于 TO－247－4PIN 封装器件的。但 $R_{G(ext)}$ 最小也就只能降到 0Ω，故相比于 TO－247 封装，TO－247－4PIN 能够使器件达到的开关速度极限更快。可惜的是，这一点在实际应用中毫无吸引力，设计电源时需要考虑 EMI 的影响，并不会使器件工作在过快的开关速度下，有时甚至会牺牲开关损耗来保证通过 EMI 标准。通常利用器件开关时电压变化率 dV_{DS}/dt 评估 EMI，同时对 SiC MOSFET 特别重要的 crosstalk 也受 dV_{DS}/dt 的影响。

不断降低 4-in-3 测试中时的 $R_{G(ext)}$，开关能量也随之降低，如图 8-26 所示。当 $R_{G(ext)}$ 为 10Ω 时，TO – 247 – 4PIN 封装器件的 E_{on} 和 E_{off} 分别为 $1198\mu J$ 和 $250\mu J$，而 TO – 247 封装器件的 E_{on} 和 E_{off} 分别为 $1594\mu J$ 和 $297\mu J$。当 $R_{G(ext)}$ 降为 5Ω 时，TO – 247 封装器件的 E_{on} 和 E_{off} 分别为 $1145\mu J$ 和 $171J$。

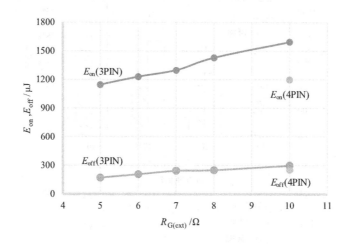

图 8-26 $R_{G(ext)}$ 对开关能量的影响

$R_{G(ext)}$ 为 10Ω 时 TO – 247 – 4PIN 封装器件和 $R_{G(ext)}$ 为 5Ω 时 TO – 247 封装器件的开关波形如图 8-27 和图 8-28 所示。可以看到，在开关过程中，$R_{G(ext)}$ 为 5Ω 时 TO – 247 封装器件的 dV_{DS}/dt 更高。这说明不能简单地通过减小 $R_{G(ext)}$ 来减低开关损耗而不带来任何负面影响。

而在相同的 $R_{G(ext)}$ 下，L_S 对 dV_{DS}/dt 的影响如图 8-29 所示，数据来源于图 8-25 的测试。对于开通过程，4-in-3 测试中，计算 $dV_{DS(on)}/dt$ 的起始点分别为开通 V_{DS} 平台结束时刻和 $10\%\ V_{Bus}$；4-in-4 测试中，计算 $dV_{DS(on)}/dt$ 的起始点分别为 $90\%\ V_{Bus}$ 和 $10\%\ V_{Bus}$。对于关断过程，计算 $dV_{DS(on)}/dt$ 的起始点分别为 10% V_{Bus} 和 $90\%\ V_{Bus}$。可以看到，4-in-3 测试和 4-in-4 测试下 dV_{DS}/dt 的十分接近。

提供 TO – 247 – 4PIN 封装 SiC MOSFET 器件的厂商都在强调 TO – 247 – 4PIN 封装能够使器件获得更快的开关速度从而降低开关损耗。综合图 8-25、图 8-26 和图 8-29 中的结果，更加完整的结论应该是：TO – 247 – 4PIN 封装使得器件开关速度更快、开关损耗更低的同时，并不会明显增大 dV_{DS}/dt，实现了鱼和熊掌兼得。

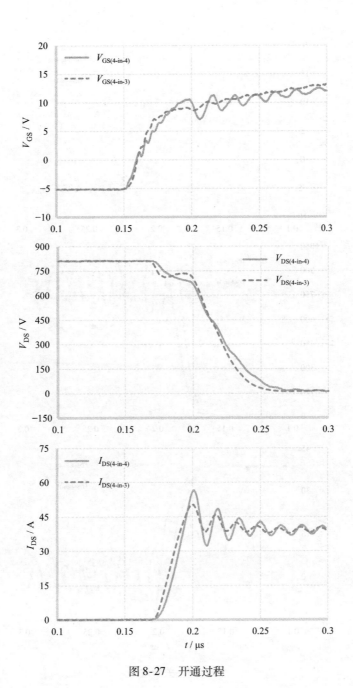

图 8-27　开通过程

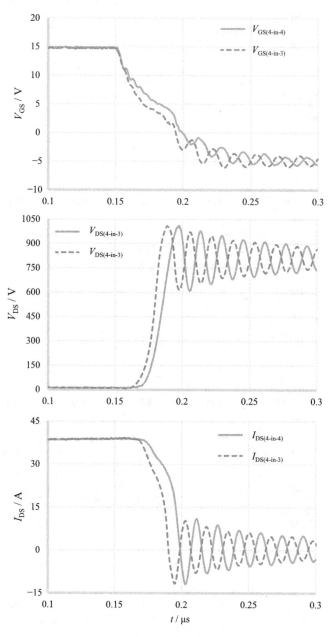

图 8-28　关断过程

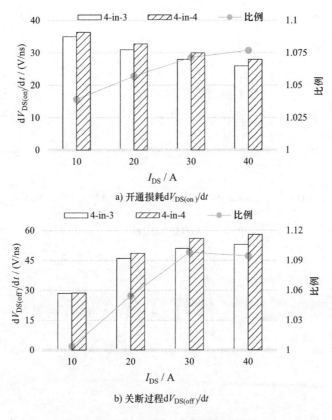

a) 开通损耗 $\mathrm{d}V_{\mathrm{DS(on)}}/\mathrm{d}t$

b) 关断过程 $\mathrm{d}V_{\mathrm{DS(off)}}/\mathrm{d}t$

图 8-29　L_{S} 对 $\mathrm{d}V_{\mathrm{DS}}/\mathrm{d}t$ 的影响

8.4　对 crosstalk 的影响

以上章节针对 $V_{L_{\mathrm{S}}}$ 对主动开关管的影响进行了讨论，而在其开关过程中，对管上同样存在很高的 $\mathrm{d}I_{\mathrm{DS}}/\mathrm{d}t$，产生的 $V_{L_{\mathrm{S}}}$ 也会影响 V_{GS}，其测量结果如图 8-30 所示。结合第 6 章的内容，可知 $V_{L_{\mathrm{S}}}$ 参与 crosstalk 的过程对其产生显著的影响。

8.4.1　开通 crosstalk

在第 6 章中对 crosstalk 展开进行研究时是基于开尔文源极封装进行的，I_{F} 没有参与 crosstalk 过程。图 8-31 所示为 4-in-3 测试开通 crosstalk 的电路原理图，与 TO－247－4PIN 封装器件不同，当使用 TO－247 封装器件时，$\mathrm{d}I_{\mathrm{F(3PIN)}}/\mathrm{d}t$ 在 L_{S} 上产生的压降 $V_{L_{\mathrm{S}}}$ 也参与 crosstalk 过程，则 $V_{L_{\mathrm{S}}}$ 和 $V_{\mathrm{GS(3PIN)}}$ 为

$$V_{L_{\mathrm{S}}} = (\,\mathrm{d}I_{C_{\mathrm{GS}}}/\mathrm{d}t + \mathrm{d}I_{\mathrm{F(3PIN)}}/\mathrm{d}t\,)L_{\mathrm{S}} \tag{8-10}$$

$$V_{\mathrm{GS(3PIN)}} = V_{\mathrm{DRV(off)}} + R_{\mathrm{G}}I_{\mathrm{G}} + L_{\mathrm{DRV}}\mathrm{d}I_{\mathrm{G}}/\mathrm{d}t - V_{L_{\mathrm{S}}} \tag{8-11}$$

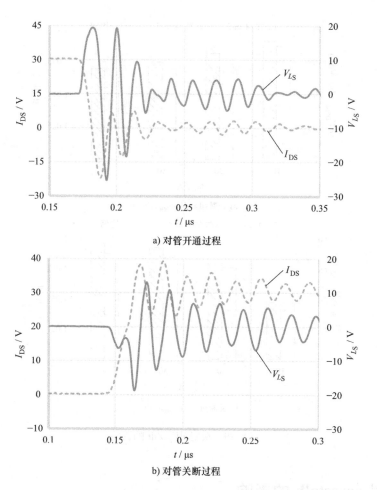

a) 对管开通过程

b) 对管关断过程

图 8-30 开关过程 I_{DS}、V_{L_S}

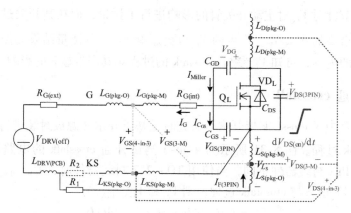

图 8-31 4-in-3 测试开通 crosstalk 电路原理图

$$R_{G} = R_{G(ext)} + R_{G(int)} \tag{8-12}$$

$$L_{DRV} = L_{G(pkg-M)} + L_{G(pkg-O)} + L_{S(pkg-M)} + L_{S(pkg-O)} + L_{DRV(PCB)} \tag{8-13}$$

通过仿真，可以看到 L_S 对开通 crosstalk 的影响，仿真波形如图 8-32 所示。可以看到 L_S 使得开通 crosstalk 波形在形态上与 TO-247-4PIN 器件有差异，且向上的尖峰更小。

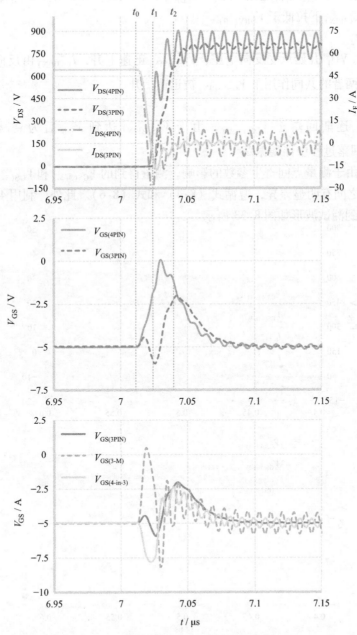

图 8-32　L_S 对开通 crosstalk 的影响（仿真结果）

1. $t_0 \sim t_1$

t_0时刻，对管开始导通，$I_{F(3PIN)}$由负载电流开始迅速下降，同时$V_{DS(3PIN)}$随着$I_{F(3PIN)}$的下降而上升。由式（8-11）可知，$V_{DS(3PIN)}$上升对$V_{GS(3PIN)}$起抬升作用，$I_{F(3PIN)}$下降对$V_{GS(3PIN)}$起下拉作用，两者作用方向相反。在此阶段前期，$V_{DS(3PIN)}$上升起主导作用，$V_{GS(3PIN)}$被抬升高于$V_{DRV(off)}$；在此阶段后期，$I_{F(3PIN)}$下降起主导作用，$V_{GS(3PIN)}$下拉低于$V_{DRV(off)}$。

2. $t_1 \sim t_2$

t_1时刻，VD_L开始承受反向电压，$V_{DS(3PIN)}$迅速上升，$I_{F(3PIN)}$由反向恢复电流回升，在此两者的共同作用下$V_{GS(3PIN)}$被迅速抬升。

3. $t_2 \sim$

$V_{GS(3PIN)}$逐渐回落至$V_{DRV(off)}$，由于$V_{DS(3PIN)}$达到V_{Bus}后为衰减振荡，故$V_{GS(3PIN)}$在回落过程中伴随振荡。

同时，由于测量点间寄生参数的影响，测量得到的$V_{GS(3-M)}$和$V_{GS(3-in-4)}$与实际的$V_{GS(3PIN)}$之间有明显差异，遵循式（8-4）和式（8-6）。此外，利用4-in-3和4-in-4测试得到测试波形如图8-33所示。

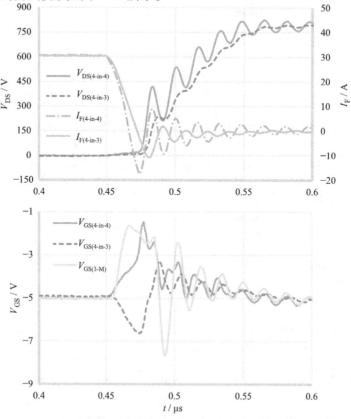

图8-33　L_S对开通 crosstalk 的影响

综合图 8-32 和图 8-33 的结果，可知 L_S 使得开通 crosstalk 有所缓解，但在驱动回路电感 L_{DRV}、器件栅电阻 R_G 和 L_S 的共同作用下，使用 TO-247 封装器件时测量得到的 $V_{GS(3-M)}$ 会严重高估开通 crosstalk 的严重程度。

由第 5 章可知，AMC 能够按照设计发挥作用的前提是正确检测到 SiC MOSFET 的 V_{GS}，通过上述分析和波形可知，在使用 TO-247 封装器件时，AMC 检测到的 $V_{GS(3-M)}$ 与真实的 $V_{GS(4-in-3)}$ 存在巨大的偏差，将导致 AMC 无法按照预期的设计工作。如图 8-34 所示，在使用 TO-247 封装器件时，无法测得真实的 crosstalk 情况，且 AMC 使 crosstalk 更加严重。

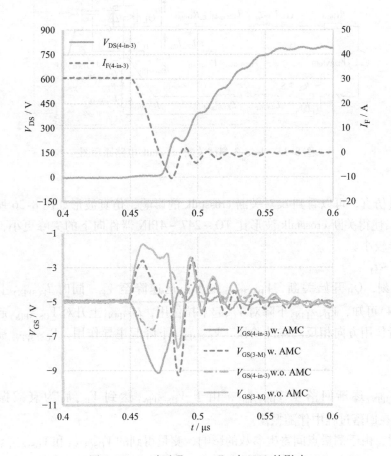

图 8-34　L_S 对开通 crosstalk 时 AMC 的影响

8.4.2　关断 crosstalk

图 8-35 所示为 4-in-3 测试关断 crosstalk 电路原理图，与 TO-247-4PIN 封装器件不同，当使用 TO-247 封装器件时，$dI_{F(3PIN)}$ 在 L_S 上产生的压降 V_{L_S} 也参与

crosstalk 过程，则 V_{L_S} 和 $V_{GS(3PIN)}$ 分别为

$$V_{L_S} = (dI_{DS(3PIN)}/dt - dI_{C_{GS}}/dt) L_S \qquad (8\text{-}14)$$

$$V_{GS(3PIN)} = V_{DRV(off)} - R_G \cdot I_G - L_{DRV} dI_G/dt - V_{L_S} \qquad (8\text{-}15)$$

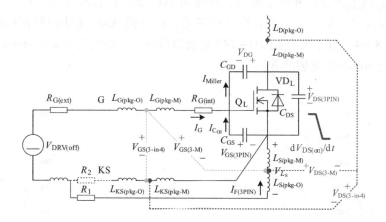

图 8-35　4-in-3 测试关断 crosstalk 电路原理图

通过仿真，可以看到 L_S 对关断 crosstalk 的影响，仿真波形如图 8-36 所示。可以看到 L_S 使得关断 crosstalk 波形比 TO-247-4PIN 器件向下的尖峰更小，且在形态上差异较小。

1. $t_0 \sim t_1$

t_0 时刻，Q_H 开始关断，$V_{DS(3PIN)}$ 由 V_{Bus} 迅速降至 V_F，同时 $I_{F(3PIN)}$ 上升。由式（8-14）可知，$V_{DS(3PIN)}$ 下降对 V_{GS} 起下拉作用，$I_{F(3PIN)}$ 上升对 $V_{GS(3PIN)}$ 起抬升作用，两者作用方向相反。在此阶段，$V_{DS(3PIN)}$ 下降起主导作用，$V_{GS(3PIN)}$ 被下拉低于 $V_{DRV(off)}$。

2. $t_1 \sim$

$V_{GS(3PIN)}$ 逐渐回落至 $V_{DRV(off)}$，由于 $V_{DS(3PIN)}$ 达到 V_{Bus} 后为衰减振荡，故 $V_{GS(3PIN)}$ 在回落过程中伴随振荡。

同时，由于测量点间寄生参数的影响，测量得到的 $V_{GS(3-M)}$ 和 $V_{GS(4-in-3)}$ 与实际的 $V_{GS(3PIN)}$ 之间有明显差异，同样遵循式（8-4）和式（8-6）。此外，利用 4-in-3 和 4-in-4 测试得到测试波形如图 8-37 所示。可见在使用 TO-247 封装器件时测量得到的 $V_{GS(3-M)}$ 会严重误判关断 crosstalk 的情况，并且即使利用 4-in-3 测试，也不能忠实反映关断 crosstalk。

同时，由于测量点间寄生参数的影响，测量得到的 $V_{GS(3-M)}$ 和 $V_{GS(4-in-3)}$ 与实际的 $V_{G3(3PIN)}$ 之间有明显差异，同样遵循式（8-4）和式（8-6）。此外，利用 4-in-3

和 4-in-4 测试得到测试波形如图 8-37 所示。

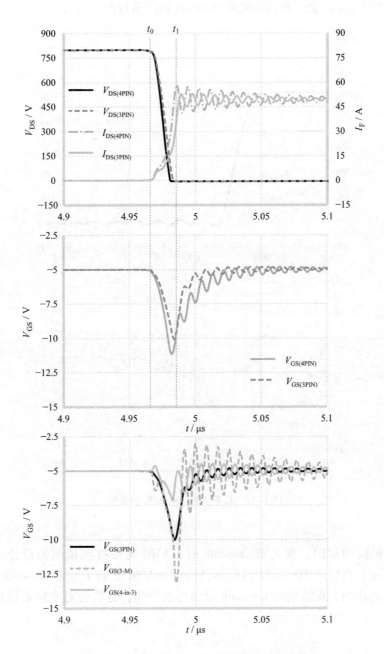

图 8-36　L_S 对关断 crosstalk 的影响（仿真波形）

综合图 8-36 和图 8-37 的结果，可知 L_S 使得关断 crosstalk 有所缓解，但在驱动回路电感 L_{DRV}、器件栅电阻 R_G 和 L_S 的共同作用下，使得使用 TO-247 封装器件时测量得到的 $V_{GS(3-M)}$ 会严重高估关断 crosstalk 的严重程度。

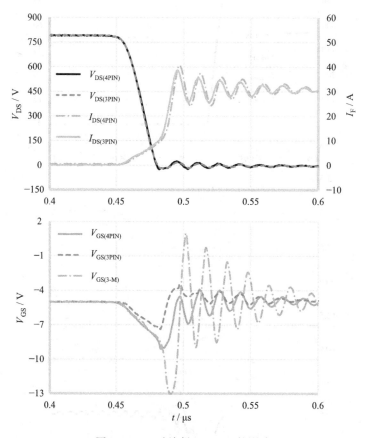

图 8-37　L_S 对关断 crosstalk 的影响

由于相同的原因，在关断 crosstalk 时，AMC 无法按照预期的设计工作。如图 8-38 所示，在使用 TO-247 封装器件时时，AMC 起到了缓解 crosstalk 的作用，但由于 L_S 的作用，观测到的 crosstalk 反而更加严重，这将会对变换器设计造成极大的误导。

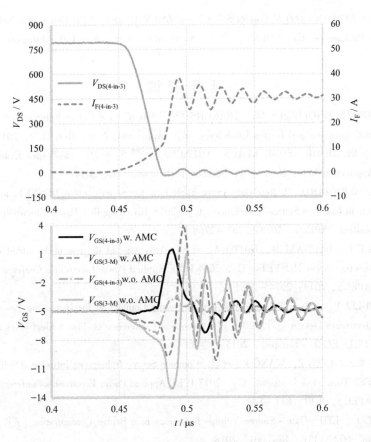

图 8-38 L_S 对关断 crosstalk 时 AMC 的影响

参考文献

［1］INFINEON TECHNOLOGIES AG. TO‐247PLUS Description of the Packages and Assembly Guide-lines［Z］. Application Note, AN2017‐01, Rev. 2. 0, 2017.

［2］KEN SIU, STÜCKLER FRANZ. Practical Design and Evaluation of an 800 W PFC Boost Converter Using TO‐247 4pin MOSFET［Z］. Application Note, AN_ 201409_ PL52_ 012, Rev. 1. 0, Infineon Technologies AG, 2015.

［3］INFINEON TECHNOLOGIES AG. CoolMOS™ in ThinPAK 8x8 the New Leadless SMD Package for CoolMOS™［Z］. Product Brief, 2019.

［4］INFINEON TECHNOLOGIES AG. ThinPAK 8x8 New High Voltage SMD‐Package［Z］. Addi-tional Product Information, Rev. 1. 0, 2014.

［5］INFINEON TECHNOLOGIES AG. 600 V CoolMOS™ C7 Gold（G7）A Perfect Partnership for Pow-er Applications［Z］. Application Note, AN_ 201703_ PL52_ 018, Rev. 1. 0, 2017.

［6］INFINEON TECHNOLOGIES AG. C7 Gold CoolMOS™ C7 Gold + TOLL = A Perfect Combina-tion［Z］. Application Note, AN_ 201605_ PL52_ 019, Rev. 1. 1, 2016.

[7] PREIMEL STEFAN. 600 V CoolMOS™ G7 and 650 V CoolSiC™ G6 Come in a New Top – Side Cooling Package – the DDPAK ［Z］. Application Note, Rev. 1.0, Infineon Technologies AG, 2018.

延 伸 阅 读

[1] INFINEON TECHNOLOGIES AG. TRENCHSTOP™ 5 IGBT in A Kelvin Emitter Configuration Performance Comparison and Design Guidelines ［Z］. Application Note, Rev. 1.0, 2014.

[2] SCARPA VLADIMIR, SOBE KLAUS. TRENCHSTOP™ 5 in TO – 247 4pin Evaluation Board ［Z］. Application Note, Rev. 1.0, Infineon Technologies AG, 2014.

[3] ZOJER, BERNHARD. A New Gate Drive Technique for Superjunction MOSFETs to Compensate the Effects of Common Source Inductance ［C］. 2018 IEEE Applied Power Electronics Conference and Exposition (APEC), 2018: 2763 – 2768.

[4] STELLA C G, LAUDANI M, GAITO A, et al. Advantage of the use of an added driver source lead in discrete Power MOSFETs ［C］. 2014 IEEE Applied Power Electronics Conference and Exposition (APEC), 2014: 2574 – 2581.

[5] CRISAFULLI V. A New Package with Kelvin Source Connection for Increasing Power Density in Power Electronics Design ［C］. 2015 17th European Conference on Power Electronics and Applications (EPE15 ECCE – Europe), 2015: 1 – 8.

[6] ZHANG W, ZHANG Z, WANG F, et al. Common Source Inductance Introduced Self – Turn – On in MOSFET Turn – Off Transient ［C］. 2017 IEEE Applied Power Electronics Conference and Exposition (APEC), 2017: 837 – 842.

[7] ROHM CO. , LTD. Gate – Source Voltage Behaviour in a Bridge Configuration ［Z］. Application Note, No. 60AN135E, Rev. 001, 2018.

[8] ROHM CO. , LTD. Improvement of Switching Loss by Driver Source ［Z］. Application Note, No. 62AN040E, Rev. 001, 2019.

第 9 章

驱动电路设计

9.1 驱动电路基础

9.1.1 驱动电路架构与发展

SiC MOSFET 同 Si MOSET 和 IGBT 一样属于电压控制型器件，其开关状态由栅－源电压 V_{GS} 决定。通过前面章节的介绍，控制开关器件需要对其输入电容 C_{iss} 充电或放电。在功率变换器中，控制器通过控制算法输出开通或关断指令，即 PWM 信号。由于控制器的电流输出能力很弱，不能直接驱动开关器件，故在控制器和开关器件之间就需要加入特定功能的电路，接收 PWM 信号并对其进行功率放大完成对开关器件的驱动，这就是驱动电路。

接收 PWM 信号并进行功率放大是驱动电路的核心功能，即驱动功能，也是其最基本的功能。为了实现此项功能，仅使用分立器件搭建推挽电路即可，这也是驱动电路最初的形式。近几十年来，功率器件、应用场合以及变换器指标都发生了巨大的变化，不断地对驱动电路提出了更高的要求。通过不断的研究、创新和实践，驱动电路也取得了长足的发展，拥有众多功能，特性指标也不断提升。

在设计变换器时，综合考虑拓扑、应用场合以及成本，会有针对性地采用不同的驱动方案。对于小功率消费类产品，如手机充电器，成本压力很大，通常采用非隔离方案，并且不使用各种保护功能；对于大功率工业产品，如高铁牵引驱动，性能和可靠性要求很高，必须采用隔离方案，同时使用各类保护和检测功能。这就很像选购汽车，汽车能够拥有的功能非常多，顾客会根据自己的需求和预算进行品牌、系列、配置的选择。

按照隔离特性，驱动电路分为非隔离、Level Shift 和隔离三种类型。以隔离型驱动电路为例，其电路架构如图 9-1 所示。

1. 数字接口

接收 PWM 波和反馈驱动状态，具有逻辑处理功能及抗干扰能力。

2. 信号隔离传输

实现控制与功率之间电气隔离，确保人员及设备安全。

3. 驱动级

功率输出，实现对开关器件的驱动。

4. 隔离电源

为隔离驱动的功率侧电路供电。

5. 检测功能

对功率器件的运行情况进行检测，如电流检测、温度检测。

6. 驱动电路保护

对驱动电路的异常情况进行检测及保护，如 UVLO、栅极钳位。

7. 功率器件保护

对功率器件的异常情况进行检测及保护，如过电流保护、过温保护、米勒钳位、有源钳位、软关断、两级关断。

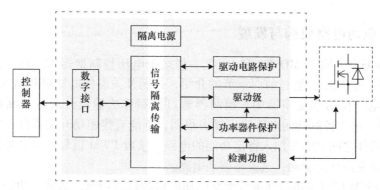

图 9-1　隔离驱动电路架构

信号隔离传输搭配隔离电源是隔离驱动的主要特征，能够非常方便地驱动半桥拓扑中的上桥臂器件。此外，信号隔离传输搭配 Bootstrap 电路也是一种隔离驱动的方式。另一类常见的上桥臂器件驱动方式是电压/电平转换电路电路配合 Bootstrap 电路，这种方式通常以双通道驱动 IC 形式出现，故也被称为半桥驱动。

从隔离驱动电路架构可以看出，驱动电路各个功能模块相对独立，根据需求将各功能模块集合起来就构成了完整的驱动电路。在 MOSFET 和 IGBT 推出初期，驱动电路设计还在探索阶段，各项功能也是逐步提出的，一般使用分立器件实现。随着驱动电路日趋成熟，功能也基本定型，加上半导体技术的迅猛发展，如今驱动芯片已经成为主流。它将数字接口、信号隔离传输、驱动级、检测、保护功能都集成到一颗芯片内，工程师只需添加简单的外围无源器件就可以完成驱动电路设计。

图 9-2 为基于隔离驱动芯片的驱动电路板，可以看到其形式非常简洁，这都得益于多种功能的集成。相比于分立器件方案，降低了设计难度，减小了驱动电路

PCB 面积，并提高了驱动电路可靠性。

驱动芯片集成了大部分功能模块，同时芯片厂商还向工程师提供了外围电路设计方法、参考电路和评估板，驱动芯片选型成为了驱动电路设计的主要工作。工程师在熟悉驱动各功能的原理和指标后，就基本可以较好地完成驱动电路的设计和调试了，大大降低了驱动电路设计的技术门槛。这也正是大多数技术发展的规律：当某项技术趋于成熟时，低成本的整体集成式解决方案会成为主流。

图 9-2　基于隔离驱动芯片的驱动电路板

9.1.2　驱动电路各功能模块

在上节中提到，驱动芯片选型已经成为驱动电路设计的主要工作，故只有对各功能模块的原理和指标有深入认知的情况下，才能做好看似简单的选型工作。驱动电路各功能模块已经比较成熟，在各种资料和书籍中也做过详细的介绍，工程师可以很快完成入门和提升。

SiC MOSFET 对驱动电路没有带来翻天覆地的变化，只是对原有驱动方案的部分功能模块提出了更高的指标要求，将在后续章节进行详细讲解。接下来将对其余功能模块进行简述，为大家搭建一个完整的驱动电路知识框架。

1. 数字接口

传统的 PWM 信号输入端是由 IN 和 GND 两个引脚构成的单端接口，有正反逻辑输出两种形式。近几年，越来越多的驱动芯片采用了差分接口，有 IN + 和 IN – 两个引脚，输出由两个引脚共同决定，其输入–输出关系由表 9-1 给出。差分接口的优点是抗干扰能力强，在使用 SiC MOSFET 这样的高压高速器件时具有非常明显的优势。而由于控制器一般不能直接输出差分信号，需要在控制器与驱动芯片之间使用单端转差分数字接口芯片，这会带来一定成本的增加。

表 9-1　单端、差分接口输入 – 输出关系

IN +	IN –	OUT
低	×	低
×	高	低
高	低	高

除了差分接法外，利用表 9-1 的输入–输出关系，可以灵活实现单端、差分、高使能、高关断、互锁的功能[1]，如图 9-3 所示。

输入端的高电平阈值电压一般为供电电压的 55% ~ 70%，低电平阈值电压为供电电压的 30% ~ 45%。传统的数字接口多为 + 3.3V、 + 5V 供电，而现在新推出

的驱动芯片的数字供电可兼容 +3V ~ +18V，当使用高电压供电时，其抗干扰性能得到进一步提升。

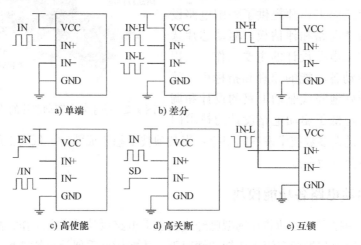

图 9-3 使用差分接口

2. 隔离电源

隔离电源为隔离驱动芯片的二次侧（功率侧）电路进行供电，提供所需的电压及功率。一般其提供的电压就是驱动电压，电压值由使用的功率器件所决定。Si MOSFET 常用的驱动电压为 +10V/0V，IGBT 常用 +15V/ -9V。隔离电源的输出功率需满足式（9-1）的功率要求

$$P_{DRV} = P_{DRV(bias)} + P_{DRV(sw)} = I_{CC2(max)}\left(V_{CC2} - V_{EE}\right) + \Delta V_{GS}Q_G f_s \quad (9-1)$$

其中，$P_{DRV(bias)}$ 为驱动芯片的二次电路稳态工作功率；$P_{DRV(sw)}$ 为驱动开关器件的功率；$I_{CC2(max)}$ 为驱动芯片功率侧最大稳态工作电流；V_{CC2} 和 V_{EE} 为驱动芯片二次侧供电电压，分别对应开通驱动电压 $V_{DRV(on)}$ 和关断驱动电压 $V_{DRV(off)}$，$\Delta V_{GS} = V_{CC2} - V_{EE}$，$Q_G$ 为开关器件栅极电荷；f_s 为开关频率。

隔离电源一般都选用最简单的隔离 DC - DC 拓扑，所需功率较小时采用反激电路和正激电路，所需功率较大时采用半桥电路和推挽电路，如图 9-4 所示。

基于成本的考虑，隔离电源一般采用开环方式。对于驱动电压稳定性较高的场合会增加额外的稳压电路，常见的方式为使用稳压二极管或 LDO，如图 9-5 所示。

除了开环方式，闭环隔离电源为高端应用提供更加稳定、可靠的驱动电压。ROHM 的 BD7F100 为一次侧反馈的反激控制器，ROHM 公司和 SiliconLab 公司都推出带有反激控制器的驱动芯片，如图 9-6 所示。

3. 电压/电平转换（Level Shift）

图 9-7 所示为一款电压/电平转换半桥驱动芯片内部电路[4]，浅灰色底纹为低压电路，深灰色底纹为高压电路，虚线框内为电压/电平转换电路。利用电压/电平转换电路将以 GND 为参考的脉冲信号转变为以 VEE1 为参考的脉冲信号，实现对

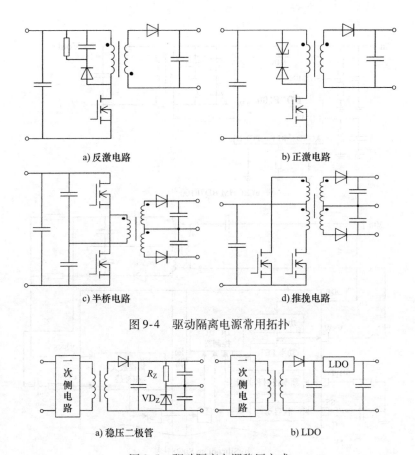

a) 反激电路　　　　　　　　　　　　b) 正激电路

c) 半桥电路　　　　　　　　　　　　d) 推挽电路

图 9-4　驱动隔离电源常用拓扑

a) 稳压二极管　　　　　　　　　　　b) LDO

图 9-5　驱动隔离电源稳压方式

高压侧电路的控制。Level Shift 驱动芯片有 P‑N JI（P‑N Junction Isolated）和 SOI（Silicon on Insulator）两种实现方式。

（1）P‑N JI

P‑N JI 是一种在集成电路上用反向偏置 pn 结将电子元件（如晶体管）隔离的方法。使用与衬底掺杂类型相反的半导体材料将晶体管、电阻、电容或其他元器件包围在 IC 上，并将包围材料连接电压使 pn 结反偏，这样就在元器件周围形成了电隔离阱，如图 9-8 所示。

（2）SOI

SOI 是在衬底上覆盖了一层二氧化硅，再在其之上制造元器件。二氧化硅在有源层和衬底之间提供了一个绝缘屏障，防止相邻元器件之间的漏电，如图 9-9 所示。

4. Bootstrap

Bootstrap 用于为上管驱动电路进行供电[5,6]，包含电阻 R_B、电容 C_B 和二极管

271

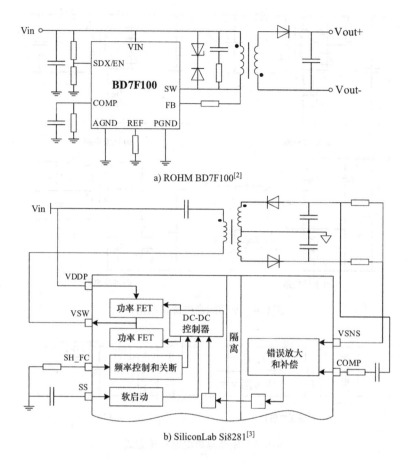

a) ROHM BD7F100[2]

b) SiliconLab Si8281[3]

图 9-6　驱动隔离电源闭环方式

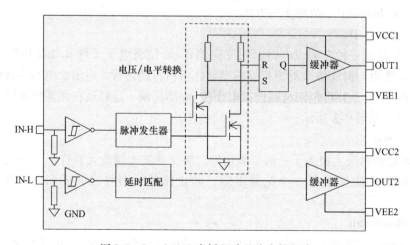

图 9-7　Level Shift 半桥驱动芯片内部电路

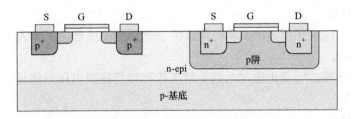

图 9-8　P-N JI

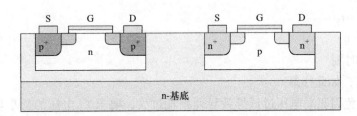

图 9-9　SOI

VD_B 三个无源器件，如图 9-10 所示。具有简单、低成本的优点，被广泛使用。其工作原理如图 9-11 所示。

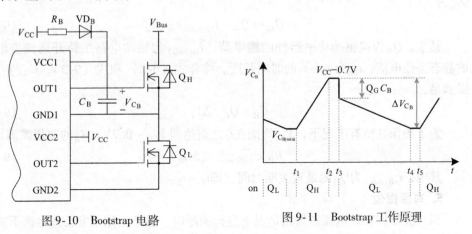

图 9-10　Bootstrap 电路　　　　　图 9-11　Bootstrap 工作原理

（1）$t_1 \sim t_2$

下管 Q_L 导通、上管 Q_H 关断。由于 Q_L 的导通压降很低，故 VD_B 导通，V_{CC} 通过 R_B 对 C_B 进行充电，其两端电压 V_{C_B} 不断上升，达到 $V_{CC} - 0.7V$。

（2）t_2 时刻

Q_L 关断，半桥中点电压迅速达到母线电压，VD_B 截止，C_B 开始为上管驱动电路供电。

（3）$t_2 \sim t_3$

死区时间。

（4）t_3时刻

Q_H开通，C_B提供所需的驱动电荷量Q_G，其两端电压迅速下降$Q_G \cdot C_B$。

（5）$t_3 \sim t_4$

Q_H正常导通，C_B提供驱动电路正常工作和维持栅极电压的能量，其两端电压缓慢下降至$V_{C_B(min)}$。

（6）t_4时刻

Q_H关断。

（7）$t_4 \sim t_5$

死区时间。

（8）t_5时刻

Q_L开通，如此往复。

为了避免因驱动电压过低导致导通损耗过大，要求C_B电压的最小值不得低于$V_{C_B(min)}$，则C_B的电压波动ΔV_{C_B}为

$$\Delta V_{C_B} = V_{CC} - 0.7 - V_{C_B(min)} < 0.05(V_{CC} - 0.7) \tag{9-2}$$

一般情况下，死区时间远小于器件的关断或导通时间，则C_B的总放电电荷量Q_{C_B}为

$$Q_{C_B} = Q_G + I_{G(bias)} t_{on} \tag{9-3}$$

其中，Q_G为被驱动功率器件的栅电荷，$I_{G(bias)}$为驱动电路维持开通栅极电压的静态工作电流，t_{on}为$t_3 - t_4$的时间长度。综合式（9-2）和式（9-3），C_B的容量需满足，

$$C_B > Q_{C_B}/\Delta V_{C_B} \tag{9-4}$$

为了确保在所有工况下，V_{C_B}均能在t_2之前达到$V_{CC} - 0.7\mathrm{V}$，R_B的取值需满足

$$R_B < t_{off(min)}/(5C_B) \tag{9-5}$$

其中，$t_{off(min)}$为Q_H的最短关断时间，即$t_1 - t_2$。

5. 有源钳位

当开关器件在过电流或短路情况下进行关断时，会产生比正常工作电流下关断更高的电压尖峰，第5章介绍的方法已经无法有效抑制电压尖峰，此时就需要使用有源钳位（Active Clamping）电路。

有源钳位电路由TVS和快恢复二极管反向串联构成[7]，如图9-12所示。其基本原理是，当开关管的关断电压尖峰电压超过TVS的击穿电压时，TVS被击穿，击穿电流i_R流入栅极回路。这样正在下降的栅极电压会被抬升，进而减慢器件的关断速度，从而达到抑制电压尖峰的目的。

为了提升有源钳位的性能，又演化出多种有源钳位电路。将TVS击穿电流反馈给驱动输出级的信号输入，构成改进的有源钳位，如图9-13所示。它能够明显提升动态响应速度，使用成本更低的小电流等级的TVS。此电路在PI公司SCALE1

系列驱动中有广泛应用[7]。

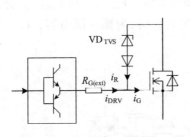

图 9-12　有源钳位电路

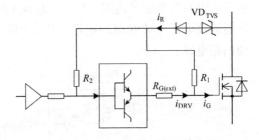

图 9-13　改进型有源钳位

　　检测 i_{AAC} 电流大小，当电流值达到设定值时控制驱动电路对开关管进行缓慢关断，这就是高级有源钳位（Advanced Active Clamping），如图 9-14 所示。此电路的最大优点是 TVS 的负载很小，工作在额定工作点，所以钳位电压非常稳定。此电路在 PI 公司 SCALE2 系列驱动和 SIC1182K 驱动芯片中有广泛应用[7]。

　　增加 TVS 和开关管组成的并联电路，构成动态有源钳位（Dynamic Advanced Active Clamping），如图 9-15 所示。当开关管开通时和关管后的一段时间内，TD 导通，此时有源钳位门槛电压较低；当开关管关断时，TD 开通，此时有源钳位的门槛电压被提高。这样可以有效解决单一钳位门槛电压下，母线电压向上浮动可能导致开关器件总进入线性区的问题。此电路在 PI 公司 SCALE2 系列驱动中有广泛使用[8]。

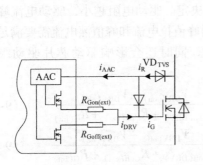

图 9-14　高级有源钳位

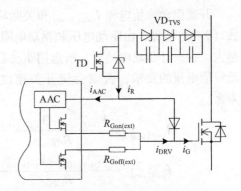

图 9-15　动态有源钳位

9.2　驱动电阻取值

　　在进行驱动电路设计时，常面临的一个问题是驱动电阻到底取多少。在回答这个问题之前，我们先来看看驱动电阻阻值的改变会带来哪些影响。

　　如图 9-16 所示为一个典型驱动回路模型，$R_{Gon(ext)}$ 和 $R_{Goff(ext)}$ 分别为外部开通驱动电阻和外部关断驱动电阻，$R_{Gon(DRV)}$ 和 $R_{Goff(DRV)}$ 分别为驱动电路输出级开通驱动内阻和关断驱动内阻，$R_{G(int)}$ 为器件内部栅极电阻，$V_{DRV(on)}$ 和 $V_{DRV(off)}$ 分别为开通驱动电压和关断驱动电压，C_{GD} 为栅－漏电容，C_{GS} 为栅－源电容，L_{DRV} 为驱动回路电感。

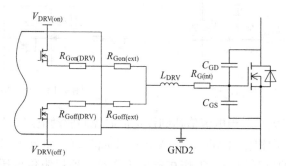

图 9-16　驱动回路模型

1. 对驱动电路的影响

驱动电路对功率器件进行驱动的实质就是对功率器件的 C_{GD} 和 C_{GS} 进行充电或放电，这就要求驱动电路具有相应的电流输出能力。典型的驱动波形如图 9-17 所示，在开通或关断过程中，驱动电流迅速达到一个很高的值，随后缓慢下降；当器件完全导通或关闭后，驱动电压达到给定的开通和关断驱动电压，驱动电流稳定在一个非常小的值以维持驱动电压。

开通驱动峰值电流 $I_{Gon(peak)}$ 和关断峰值驱动电流 $I_{Goff(peak)}$ 可以用式（9-6）和式（9-7）估算，由驱动电压和驱动电阻共同决定。驱动电阻越小，驱动电流峰值越大。在设计驱动电路时，所选用驱动芯片的峰值拉电流和峰值灌电流需要满足驱动峰值电流的要求，否则会使开关速度降低，同时还会影响驱动芯片驱动级的寿命。

$$I_{Gon(peak)} \approx \frac{V_{DRV(on)} - V_{DRV(off)}}{R_{G(on)}} = \frac{V_{DRV(on)} - V_{DRV(off)}}{R_{Gon(DRV)} + R_{Gon(ext)} + R_{G(int)}} \tag{9-6}$$

$$I_{Goff(peak)} \approx \frac{V_{DRV(off)} - V_{DRV(on)}}{R_{G(off)}} = \frac{V_{DRV(off)} - V_{DRV(on)}}{R_{Goff(DRV)} + R_{Goff(ext)} + R_{G(int)}} \tag{9-7}$$

在驱动电路驱动级内阻和外部驱动电阻上的功率耗散分别为

$$P_{R_{Gon(DRV)}} = \frac{1}{2} Q_G (V_{DRV(on)} - V_{DRV(off)}) f_s \frac{R_{Gon(DRV)}}{R_{Gon(DRV)} + R_{Gon(ext)} + R_{G(int)}} \tag{9-8}$$

$$P_{R_{Goff(DRV)}} = \frac{1}{2} Q_G (V_{DRV(on)} - V_{DRV(off)}) f_s \frac{R_{Goff(DRV)}}{R_{Gon(DRV)} + R_{Gon(ext)} + R_{G(int)}} \tag{9-9}$$

$$P_{R_{Gon(ext)}} = \frac{1}{2} Q_G (V_{DRV(on)} - V_{DRV(off)}) f_s \frac{R_{Gon(ext)}}{R_{Gon(DRV)} + R_{Gon(ext)} + R_{G(int)}} \tag{9-10}$$

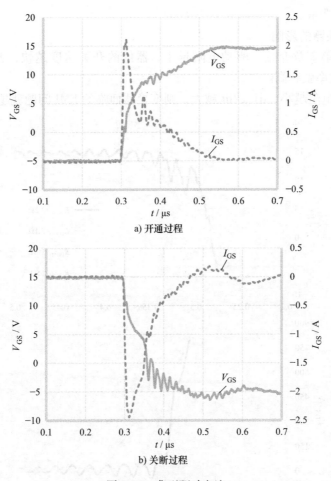

a) 开通过程

b) 关断过程

图 9-17　典型驱动电流

$$P_{R_{\mathrm{Goff(ext)}}} = \frac{1}{2} Q_{\mathrm{G}} \left(V_{\mathrm{DRV(on)}} - V_{\mathrm{DRV(off)}} \right) f_{\mathrm{s}} \frac{R_{\mathrm{Goff(ext)}}}{R_{\mathrm{Gon(DRV)}} + R_{\mathrm{Gon(ext)}} + R_{\mathrm{G(int)}}} \quad (9\text{-}11)$$

由此可以看出，驱动电阻的阻值会影响驱动损耗的分布。外部驱动电阻越小，驱动芯片驱动级承担的损耗越大。在驱动设计时需要考虑驱动功率耗散对驱动芯片工作温度的影响，同时为外部驱动电阻选择满足耗散功率要求的封装。

2. 对功率器件的影响

1）驱动回路是由驱动回路电感 L_{DRV}、器件栅－源电容 C_{GS} 和驱动电阻 R_{G} 构成的二阶电路。在驱动过程中，驱动电阻越小，开关器件的开通和关断速度也就越快，栅极电压振荡也就越严重，如图 9-18、图 9-19 所示。

2）根据第 5 章的介绍，驱动电阻越小，器件关断时 $\mathrm{d}I_{\mathrm{DS}}/\mathrm{d}t$ 越大，则其电压尖峰也就越高。

3）根据第 6 章的介绍，驱动电阻越小，器件开通和关断时 $\mathrm{d}V_{\mathrm{DS}}/\mathrm{d}t$ 越大，则

crosstalk 也越严重。

3. 对变换器的影响

1）根据第 2 章介绍，驱动电阻越小，器件的开关速度越快，开关损耗就越小，变换器效率就越高。

2）驱动电阻越小，$\mathrm{d}V_{\mathrm{DS}}/\mathrm{d}t$ 越大，则变换器面临的 EMI 问题就越严重。

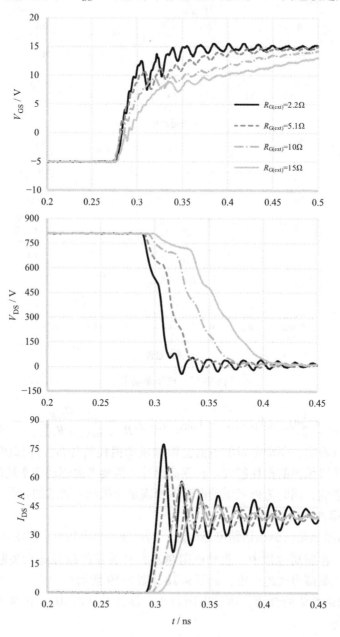

图 9-18 驱动电阻对开通过程的影响

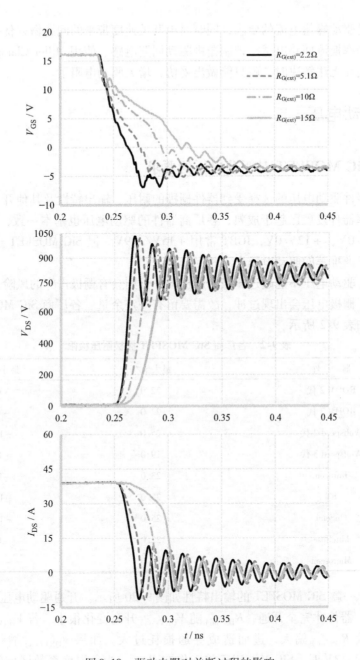

图 9-19 驱动电阻对关断过程的影响

通过以上分析可以看出，驱动电阻取值是多方面因素的平衡。为了降低开关损耗、提高效率、提高功率密度，需要选择较小的驱动电阻。但过小的驱动电阻会导致关断尖峰过大、Crosstalk 严重、EMI 恶化、栅极电压振荡严重等后果。

我们在进行变换器设计时，电阻的最大取值需满足变换器的效率指标，驱动电路需要满足驱动峰值电流的要求，同时对由开关速度带来的问题做好优化设计，例如控制主功率换流回路电感、控制栅极驱动回路电感、使用 Miller Clamping 等。当一些问题实在无法解决时，就只能做出妥协，增大驱动电阻了。

9.3 驱动电压

9.3.1 SiC MOSFET 对驱动电压的要求

功率器件驱动电压的选择受到器件栅极的耐压、输出特性及其他开关特性的影响。Si 功率器件发展已趋于成熟，各厂商器件的驱动电压也基本一致，Si MOSFET 常用 +10V/0V、+12V/0V，IGBT 常用 +15V/-9V。但 SiC MOSFET 还处于发展阶段，各厂商推荐的驱动电压也不相同。

首先，驱动电压不能超过栅极耐压极限，否则会有栅极击穿的风险。由于在驱动过程中，栅极电压会出现过冲，故需要留有一定余量。各厂商 SiC MOSFET 栅极耐压极限如表 9-2 所示。

表 9-2 各厂商 SiC MOSFET 栅极耐压极限

器　　件	最大值/V	最小值/V
ROHM 2 代	22.0	-6.0
ROHM 3 代	22.0	-4.0
Wolfspeed 2 代	25.0	-10.0
Wolfspeed 3 代	19.0	-8.0
Infineon	23.0	-7.0
ST	25.0	-10.0
OnSemi	25.0	-15.0
Littelfuse	22.0	-6.0
Microsemi	25.0	-10.0

其次，一款 SiC MOSFET 的输出特性如图 9-20 所示。开通驱动电压 $V_{DRV(on)}$ 高于 16V 时，器件才完全开通，$R_{DS(on)}$ 随 $V_{DRV(on)}$ 升高变化很小。若 $V_{DRV(on)}$ 取值偏小则会导致 $R_{DS(on)}$ 偏大，进而造成导通损耗过大。如果 $V_{DRV(on)}$ 继续偏小，当 $V_{DRV(on)}$ 小于 13V 时，SiC MOSEET 将工作在 $R_{DS(on)}$ 为负温度系数区域的区域，从而使得器件无法并联使用。正是由于这些原因，驱动电路中还需要有欠电压保护（UVLO）功能，及时发现驱动电压跌落，确保变换器安全工作。

另外，根据第 7 章的介绍，SiC MOSFET 开关速度快且 $V_{GS(th)}$ 较低，故其 crosstalk 问题非常严重。此时，选择关断驱动电压 $V_{DRV(off)}$ 为负压可以降低由开通 crosstalk 导致的桥臂直通风险。但另一方面，现阶段 SiC MOSFET 的栅极负压耐压

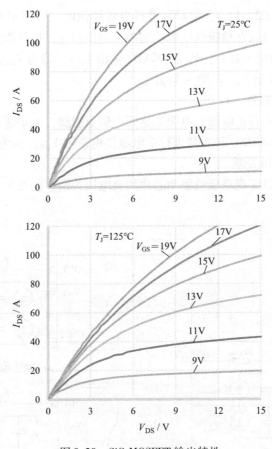

图 9-20　SiC MOSFET 输出特性

值远不及 Si 器件的 $-30 \sim -20\text{V}$，关断 crosstalk 很容易导致栅极电压超限，故 $V_{\text{DRV(off)}}$ 取值又不可过低。

最后，SiC MOSFET 还存在栅氧层稳定性问题，对 $V_{\text{DRV(off)}}$ 的选择提出了新的要求。当使用负压进行关断时，随着开关次数的累积，SiC MOSFET 的 $V_{\text{th(GS)}}$ 会逐渐上升，导致 $R_{\text{DS(on)}}$ 上升，从而可能导致器件过热。关断负压越低，$V_{\text{th(GS)}}$ 漂移越严重，故在使用时负压不能过低。针对这一问题，部分 SiC 器件厂商给出了负压选择的推荐值，以确保在给定的使用寿命内由 $V_{\text{th(GS)}}$ 漂移导致的 $R_{\text{DS(on)}}$ 上升在可接受范围[9]。

故在进行驱动电路设计时，需要综合平衡上述四点才能合理确定驱动电压值。

9.3.2　关断负电压的提供

1. 双极性驱动芯片

双极性驱动芯片的输出电路有正电源、电源地、负电源 3 个供电引脚，一般分

别命名为 V_{CC2}、GND2、V_{EE2}，需对其进行双极性供电。可以用双极性电源直接为驱动芯片供电，也可以在单极性电源的基础上利用稳压二极管提供双极性供电，如图 9-21 所示。当输出为高时，$V_{OUT} \sim GND2$ 输出 V_{CC2}，即为 $V_{DRV(on)}$；当输出为低时，$V_{OUT} \sim GND2$ 输出 V_{EE2}，即为 $V_{DRV(off)}$。

2. 单极性驱动芯片

单极性驱动芯片有正电源、电源地这两个供电引脚，在单通道驱动芯片中一般分别命名为 V_{CC2}、GND2。若对其进行单电源供电，则 $V_{DRV(on)}$ 为 V_{CC2}，$V_{DRV(off)}$ 为 0V，不能实现负电压关断。

有三种方案可以实现单极性驱动芯片的负电压关断，如图 9-22 所示。

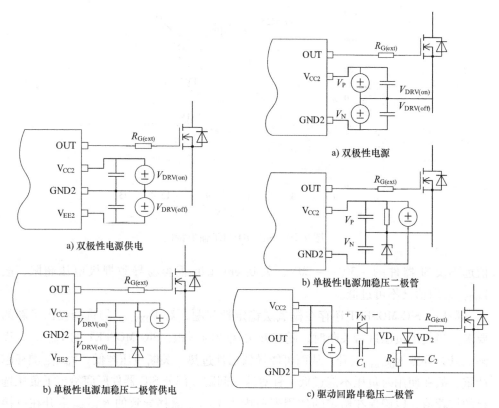

图 9-21　双极性驱动芯片负压驱动

图 9-22　单极性驱动芯片负压驱动

（1）双极性电源

双极性电源输出为串联的 V_P 和 V_N，使用两者之和为驱动芯片供电，同时将两者的公共点接 SiC MOSFET 的 S 极。当输出为高时，$V_{OUT} \sim GND2$ 输出 $V_P + V_N$，$V_{DRV(on)}$ 为 V_P；当输出为低时，$V_{OUT} \sim GND2$ 输出 0V，$V_{DRV(off)}$ 为 $-V_N$，进而实现了负电压关断。

（2）单极性电源加稳压二极管

使用稳压二极管将单极性电源输出分割为串联的 V_P 和 V_N，V_N 的大小由稳压二极管决定，使用两者之和为驱动芯片供电，同时将两者的公共点接 SiC MOSFET 的 S 极。与直接使用双极性电源类似，$V_{DRV(on)}$ 为 V_P，$V_{DRV(off)}$ 为 $-V_N$，进而实现了负电压关断。

（3）驱动回路串稳压二极管

使用单极性电源 V_{CC2} 为驱动电路供电，在驱动回路中串入稳压二极管 VD_1 与并联电容 C_1，另外增加 VDRC 电路。当输出为高电平时，驱动电路导通回路如图 9-23a 所示，$V_{OUT} \sim GND2$ 输出 V_{CC2}，VD_1 两端电压为 V_N，$V_{DRV(on)}$ 为 $V_{CC2} \sim V_N$；当输出为低电平时，驱动电路导通回路如图 9-23b 所示，$V_{OUT} \sim GND2$ 输出 0V，VD_1 两端电压为 V_N，$V_{DRV(off)}$ 为 $-V_N$，实现了负电压关断。

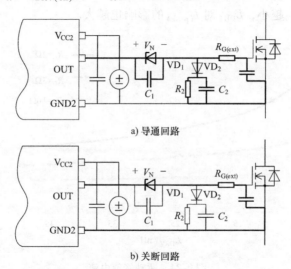

a) 导通回路

b) 关断回路

图 9-23 驱动回路串稳压二极管负电压驱动工作原理

9.4 驱动级特性的影响

9.4.1 输出峰值电流

驱动电流峰值可以通过式（9-6）和式（9-7）进行估算，但并不是一个精确值。驱动回路是一个简单的 LCR 串联二阶电路，L_{DRV} 为驱动回路电感，C_{iss} 为器件的输入电容，R_G 为驱动电阻，是驱动级内阻、外部驱动电阻与器件栅极内阻之和。驱动信号是幅值为 V_{DRV} 的阶跃信号，驱动电流为 $i_G(t)$，可以列出以 $i_G(t)$ 为未知数的表达式

$$L_{DRV}\frac{di_G(t)}{dt} + R_G i_G(t) + \frac{1}{C_{iss}}\int i_G(t)\,dt = V_{DRV} \tag{9-12}$$

进而得到二阶常系数线性微分方程

$$L_{DRV}\frac{d^2 i_G(t)}{d^2 t} + R_G\frac{di_G(t)}{dt} + \frac{1}{C_{iss}}i_G(t) = 0 \tag{9-13}$$

其阻尼比为

$$\xi = \frac{R_G}{2}\sqrt{\frac{C_{iss}}{L_{DRV}}} \tag{9-14}$$

当 $\xi>1$ 时，为过阻尼；当 $\xi=1$ 时，为临界阻尼；当 $\xi<1$ 时为欠阻尼。

当 $C_{iss}=1900pF$、$V_{DRV}=20V$ 时，驱动峰值电流 $I_{(peak)}$ 受 R_G 和 L_{DRV} 的影响如图 9-24 所示。当 L_{DRV} 相同时，R_G 越大，$I_{(peak)}$ 越小；当 R_G 不变时，L_{DRV} 越大，$I_{(peak)}$ 越小，且 R_G 越小，L_{DRV} 对 $I_{(peak)}$ 的影响也越大。

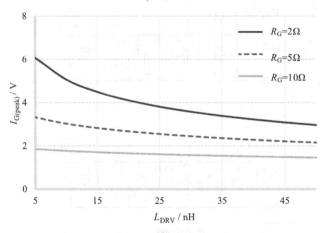

图 9-24　驱动峰值电流

9.4.2　BJT 和 MOSFET 电流 Boost

常见驱动电路的驱动级有 BJT 射极跟随电路、P–N MOS 推挽电路和 N–N MOS 推挽电路，如图 9-25 所示。

1. BJT 射极跟随电路

BJT 射极跟随电路由 NPN BJT 上管 T_H 和 PNP 下管 T_L 构成，即我们熟知的乙类功放。当驱动信号为高电平时，T_H 导通、T_L 关断对器件栅极充电，开通器件；当驱动信号为低电平时，T_H 关断、T_L 导通对器件栅极放电，关断器件。

2. P–N MOS 推挽电路

P–N MOSFET 推挽电路由 P–MOS 上管 T_H 和 N–MOS 下管 T_L 构成，与 BJT 射极跟随电路工作原理类似，T_H 负责开通器件，T_L 负责关断器件。

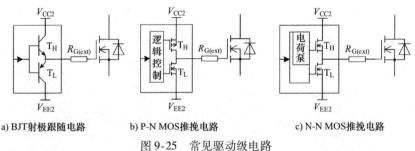

a) BJT射极跟随电路 b) P-N MOS推挽电路 c) N-N MOS推挽电路

图 9-25 常见驱动级电路

3. N – N MOS 推挽电路

N – N MOSFET 推挽电路由 N – MOS 上管 T_H 和 N – MOS 下管 T_L 构成,同样是 T_H 负责开通器件,T_L 负责关断器件。由于上下管均为 N – MOS,则对其控制逻辑是相反的。另外,当 T_H 导通后,其源极电压将接近 V_{CC2}。为了确保 T_H 能够持续导通,需要使用电荷泵,为 T_H 提供足够高的驱动电压。

相比于 MOSFET 驱动级,BJT 驱动级具有很多劣势。由于 BJT 在导通时的饱和压降无法避免,导致实际获得驱动电压都会比供电电压偏低,并非轨至轨驱动。如果在设计驱动电路时忽略这一点,$V_{DRV(on)}$ 偏低会导致导通损耗增加。而 MOSFET 的导通压降很小,为轨至轨驱动。同时,饱和压降也会导致 BJT 在驱动过程中产生的损耗远远大于 MOSFET。而 BJT 驱动级在开关速度上并不处于劣势,甚至开通速度更快,如图 9-26 和图 9-27 所示。

驱动芯片的驱动能力要满足器件对驱动电流的要求,具体对应驱动芯片的峰值拉电流和峰值灌电流。当驱动电流的要求超过驱动芯片驱动能力时,特别在大功率应用场合,就需要在驱动芯片外增加一级驱动能力更强的驱动级电路。我们将此类电路称为电流 Boost,有 BJT 电流 Boost 和 MOSFET 电流 Boost 两种[10]。BJT 电流 Boost 为 BJT 射极跟随电路,能够直接被驱动芯片驱动,获得了广泛应用。而常规驱动芯片直接驱动 P – N MOS 推挽电路时会导致 P – N MOS 桥臂直通,直接驱动 N – N MOS 推挽时无法使上管持续导通,故 MOSFET 电流 Boost 并不如 BJT 电流 Boost 常见。

为了发挥 MOSFET 驱动级优异的驱动特性,已经有厂商推出了具有 MOSFET 电流 Boost 接口的驱动芯片。AVAGO ACPL – 339J[11] 具有特殊的输出级结构和时序控制,如图 9-28 所示。当控制信号由高电平变为低电平时,V_{OUTP} 由低电平变为高电平,当超过 $V_{CC2} - V_{th(TH)}$ 时,T_H 由开通变为关断;随后 V_{OUTN} 由低电平变为高电平,当超过 $V_{EE2} + V_{th(TL)}$ 时,T_L 由关断变为开通,将器件关断;T_L 开通与 T_H 关断之间有延时 t_{NLH},避免 P – N MOS 推挽桥臂直通。当控制信号由低电平变为高电平时,T_L 首先关断,延时 t_{NHL} 之后 T_H 再关断,将器件开通。

PI SID1102K[12] 具有 N – N MOS 推挽输出结构,同时将其 N – N MOS 推挽的驱动信号通过引脚引出,用于对 N – N MOS 电流 Boost 的驱动,如图 9-29 所示。

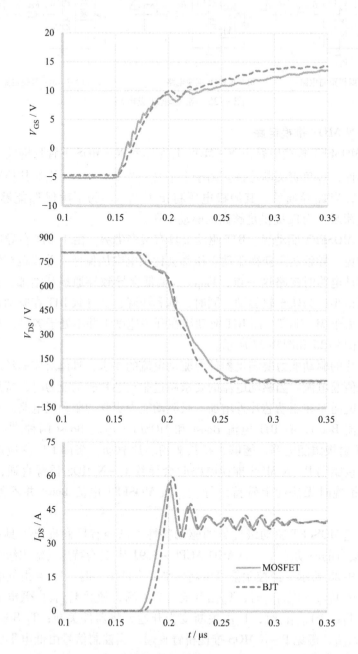

图 9-26　BJT 驱动级和 MOSFET 驱动级对开通过程的影响

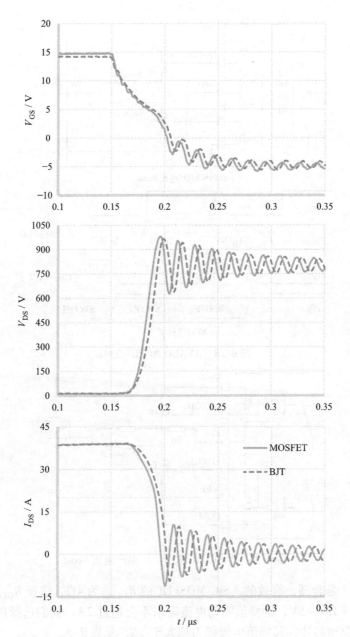

图 9-27　BJT 驱动级和 MOSFET 驱动级对关断过程的影响

9.4.3　米勒斜坡下的驱动能力

通过上节的分析，得到了 BJT 驱动级和 MOSFET 驱动级的区别。那么在同样是 MOSFET 驱动级的情况下，不同的驱动芯片的驱动效果是否一样呢？

研究这个问题的前提是驱动芯片驱动级满足峰值驱动电流的需求，只有在此条

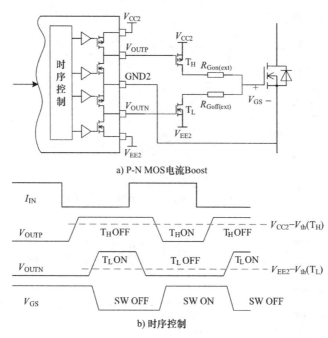

a) P-N MOS电流Boost

b) 时序控制

图 9-28　AVAGO ACPL - 339J

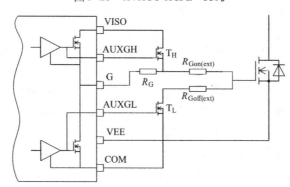

图 9-29　PI SID1102K N - N MOS 电流 Boost

件下的讨论才是合理、有效的。SiC MOSFET 的 $R_{G(int)}$ 为 4Ω，选择 $R_{G(ext)}$ 为 5.1Ω，驱动电压为 $+15/-5V$，则峰值驱动电流需求不会超过 2A。我们选择四款适合 SiC MOSFET 的驱动芯片，其峰值电流能力均大于 2A，见表 9-3。

表 9-3　驱动芯片驱动能力

型号	峰值拉电流/A		峰值灌电流/A	
	最小值	典型值	最小值	典型值
A	3.0	4.5	3.0	3.9
B		2.0		2.3
C	2.0	4.0	2.0	4.0
D	5.0	10.0	5.0	8.5

分别使用四款驱动芯片对同一颗 SiC MOSFET 进行测试，其对应的开关波形有一定的区别，如图 9-30 和图 9-31 所示。

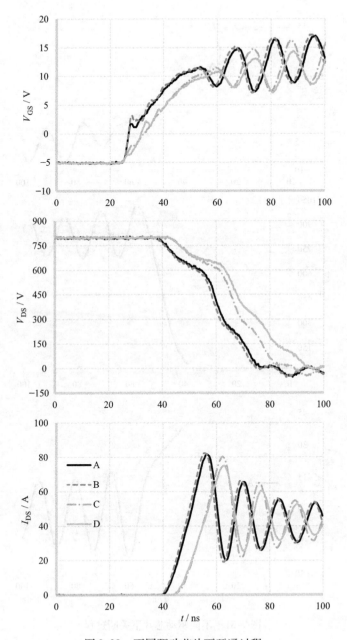

图 9-30　不同驱动芯片下开通过程

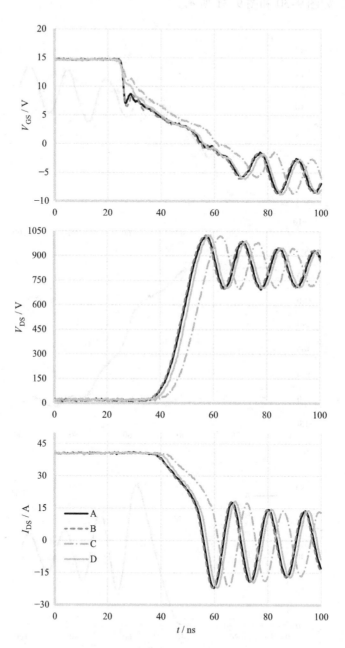

图 9-31　不同驱动芯片下关断过程

在开通延时阶段，A 和 B 下 V_{GS} 波形较为接近，上升速度比 C 和 D 下更快；在米勒斜坡阶段，D 下 I_{DS} 的在接近峰值附近变缓更加明显；在 V_{DS} 下降阶段，D 下 V_{DS} 的下降速度最慢。

在关断延时阶段，A 和 B 下 V_{GS} 波形较为接近，下降速度比 C 和 D 下更快；在米勒斜坡阶段，C 下 I_{DS} 下降速度和 V_{DS} 升高速度最慢。

由于开关波形的差异，导致在均满足理论驱动电流要求的驱动芯片下 SiC MOSFET 的开关损耗存在差异，如图 9-32 所示。A、B、C 下开通损耗接近，D 下最大、B 下最小；关断损耗差异较大，C 下最大、D 下最小，开通和关断损耗大小排序并不一致。另外，结合表 9-3 可知，实际的开关损耗与数据手册给出的驱动电流峰值并不吻合。

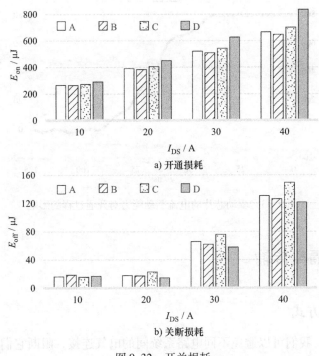

图 9-32 开关损耗

以 A 和 D 下开通过程为例，同时给出 I_G 波形，如图 9-33 所示。在米勒斜坡阶段和 V_{DS} 下降阶段，A 提供的 I_G 比 D 更大，使得 SiC MOSFET 开通速度更快。通过以上分析可知，仅仅参考数据手册中的驱动峰值电流并不能正确地评估驱动芯片的驱动能力及对开通特性的影响，在对 SiC MOSFET 进行驱动的过程中能够提供的驱动电流应该得到足够的重视，这受到驱动级 MOSFET 输出特性的影响。

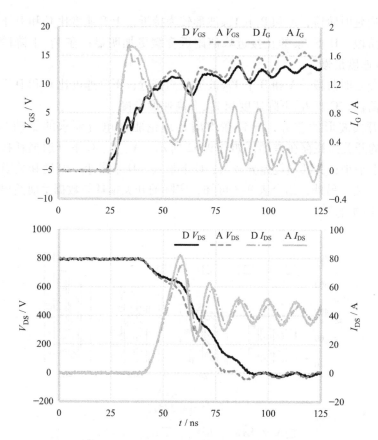

图 9-33　驱动芯片的电流驱动能力对开通过程的影响

9.5　信号隔离传输

9.5.1　隔离方式

　　通过隔离，我们可以避免不同电路系统间的电气连接，阻断它们之间的电流流通，同时又能实现功率或信号的传递。这样可以起到保护操作人员和使低压电路免受高电压影响、防止系统间的地电位差、提高抗干扰能力的作用。

　　在功率变换器中，我们也常常使用到隔离技术，例如隔离采样、隔离拓扑二次侧信号传输、隔离驱动等。隔离驱动将低压控制电路与高压功率电路进行隔离，既可以保障人员和设备的安全，又能方便实现对上管进行驱动。应用在驱动电路上的隔离技术主要有：光纤、脉冲变压器、光耦、磁隔离、电容隔离。

　　1. 光纤

　　光纤是一种由玻璃或塑料制成的纤维，光在其内部进行全反射传输，故其可作为光传导工具。在使用时，发射装置利用 LED 将电信号转化为光信号，将光脉冲传送至光纤，在光纤的另一端的接收装置使用光敏器件检测脉冲，将光信号转换为电信号，如图 9-34 所示。

光纤绝缘能力好、稳定性高、抗干扰能力强，但成本高、传输延时大，常用于3.3kV 及以上功率器驱动中。主要供应商有 Broadcom、Honeywell、Optek 等。

a) 光纤线缆　　　　　　　　　b) 光纤接发器

图 9-34　光纤

2. 脉冲变压器

脉冲变压器就是一个带磁心的变压器，是早期驱动电路普遍采用的隔离方式。其特点是成本低，绝缘性能好，但占 PCB 面积较大，特别是需要传递多路信号时，如图 9-35 所示。

a) 使用脉冲变压器的驱动电路　　　　b) 脉冲变压器X光透视图

图 9-35　脉冲变压器[17]

3. 光耦

与光纤相同，光耦也是通过光电转换完成隔离的，不同的是光耦将发送端、光传输通路、接收端都集成在了一个小封装内。光耦的结构如图 9-36 所示，其发送端和接收端芯片焊接在分体式引线架上，在它们之间被分开一段距离，并使用了透明的绝缘屏蔽层以减小隔离电容。

相比于光纤和脉冲变压器，光耦的体积明显更小，但是由于一、二次侧物理间隔较大，其绝缘能力也不错。因为其仍需进行光电转换，故其传输延时和功耗仍然较高。另外光耦还有光衰效应，光强随着使用时间变长而衰减，影响使用寿命。光耦的主要供应商有 Broadcom、TOSHIBA、Vishay 等。

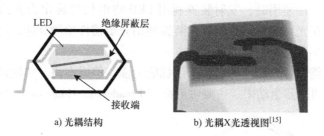

a) 光耦结构　　　　　　　　b) 光耦X光透视图[15]

图 9-36　光耦

4. 无铁心变压器

无铁心变压器是一个没有磁心的变压器，与脉冲变压器最大的不同是其线圈是做在半导体结构中的，一、二次侧线圈靠得很近，通过在它们之间填充二氧化硅或有机材料完成绝缘，如图 9-37 所示。

无铁心变压器隔离可以轻松实现对多路信号隔离且占 PCB 面积小，同时传输延时小，功耗低。采用无铁心变压器隔离技术的驱动芯片供应商有 Infineon、ADI、ONSemi、ROHM、Broadcom、ST、Power Integration 等。

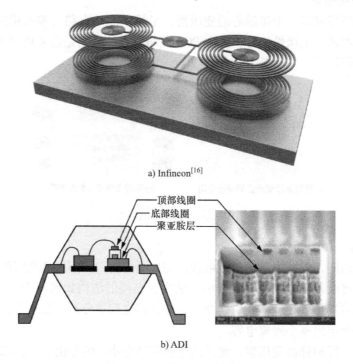

a) Infineon[16]

b) ADI

图 9-37　无铁心变压器结构

5. 电容隔离

与无铁心变压器相同，电容隔离也是在半导体结构中实现的，电容的两个极板垂直摆放，它们之间填充二氧化硅作为电介质，如图 9-38 所示。电容隔离与无铁心变压器隔离各方面特性接近，采用电容隔离技术的驱动芯片供应商有 TI、SiliconLab 等。

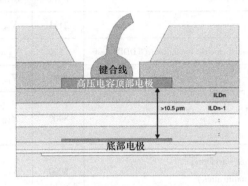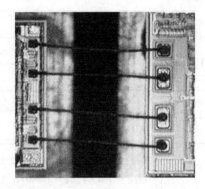

图 9-38 电容隔离结构[18,19]

9.5.2 安规与绝缘

在功率变换器中，通常存在高压电路部分（如主功率电路）和低压电路部分[如驱动、控制和归类于安全超低电压（SELV）的人机界面（HMI）]。为了满足安全标准，防止人身受到电击伤害并保障不同电压等级的电路能正常工作，就必须采用绝缘措施对高低压电路之间（或称为一次侧和二次侧）实施符合安规标准的电气隔离。隔离驱动芯片作为高低压电路的接口，需要根据实际应用场景达到相关安规所要求的绝缘能力。

9.5.2.1 隔离驱动芯片绝缘能力

驱动芯片的绝缘能力分为内部和外部两部分。内部绝缘能力主要由内部隔离材料和隔离距离（DTI）决定，体现为绝缘参数。常用的绝缘材料有聚酰亚胺、二氧化硅，有部分厂商在数据手册中提供了隔离距离。外部绝缘能力由封装尺寸和材料决定，体现为爬电距离和电气间隙这两个安规距离。

1. 绝缘参数

隔离驱动芯片的绝缘参数由相关标准定义见表 9-4。

表 9-4 隔离器相关标准

IEC 60747 – 5 – 5	Semiconductor Devices – Discrete Devices – Part 5 – 5: Optoelectronicdevices – Photocouplers
IEC 60747 – 17	Semiconductor devices – Discrete devices – Part 17: Magnetic and capacitive coupler for basic and reinforced isolation
VDE 0884 – 5 – 5	Semiconductor devices – Discrete devices – Part 5 – 5: Optoelectronic devices – Photocouplers
VDE 0884 – 10	Semiconductor devices – Magnetic and capacitive couplers for safe isolation
VDE 0884 – 11	Semiconductor devices Part 11: Magnetic and capacitive coupler for basic and reinforced isolation
UL1577	Standard for Safety for Optical Isolators

一款隔离驱动芯片数据手册中绝缘参数的相关信息见表9-5。

表9-5　隔离驱动芯片数据手册绝缘参数示例

PARAMETER	TEST CONDITIONS	VALU	UNIT
V_{IORM}	AC voltage（bipolar）	2121	V_{PK}
V_{IOWM}	AC voltage（sine wave）Time dependent dielectric breakdown（TDDB）test	1500	V_{RMS}
	DC voltage	2121	V_{DC}
V_{IOTM}	$V_{TEST} = V_{IOTM}$；$t = 60s$（qualification）；$t = 1s$（100% production）	8000	V_{PK}
V_{IOSM}	Test method per IEC 60065，1.2/50μs waveform，$V_{TEST} = 1.6 \times V_{IOSM} = 12800 V_{PK}$（qualification）	8000	V_{PK}
V_{ISO}	$V_{TEST} = V_{ISO} = 5700 VRMS$，$t = 60s$（qualification）；$V_{TEST} = 1.2 \times V_{ISO} = 6840 VRMS$，$t = 1s$（100% production）	5700	V_{RMS}

以下是表9-5中绝缘参数的定义，具体测试方法请参考相关标准[20,21]。

（1）V_{IORM}（maximum repetitive peak isolation voltage）

V_{IORM}是最大重复峰值隔离电压，指隔离驱动芯片能承受的可重复性最大峰值电压。在应用中，一般要求器件实际承受的最大耐压尖峰不超过V_{IORM}。

（2）V_{IOWM}（maximum working isolation voltage）

V_{IOWM}是最大工作隔离电压，指在承诺的寿命内，隔离驱动芯片在长期工作时能承受的最高电压有效值。在应用中，一般对应被驱动电压承受的最高耐压有效值，如在半桥拓扑中对应最高母线电压。

（3）V_{IOTM}（maximum transient isolation voltage）

V_{IOTM}是最大瞬态过电压，指隔离芯片在一分钟内能承受的的最大瞬态过电压。一些情况下可以使用V_{IOTM}来判断驱动芯片是否满足系统过电压的要求。

（4）V_{IOSM}（maximum surge isolation voltage）

V_{IOSM}是最大浪涌电压，表示隔离驱动芯片承受指定瞬态特性的极高压脉冲的能力。一些情况下可以使用V_{IOSM}来判断驱动芯片是否满足系统抗浪涌的要求。

（5）V_{ISO}（maximum withstanding isolation voltage）

V_{ISO}是最大耐受隔离电压，指隔离驱动芯片在一分钟内能承受的最高有效值电压。

2. 安规距离

当驱动芯片一、二次侧电压差过大时，将导致封装绝缘材料发生极化，呈现导电性，从而导致绝缘失效。当一、二次侧耐压一定时，为了降低电场强度，隔离驱动芯片一、二次侧边沿封装表面的距离必须足够大。爬电距离是指沿绝缘表面测量的两个导电部件之间的最短路径，隔离驱动芯片的爬电距离如图 9-39a 所示。驱动芯片的爬电距离需要大于等于系统的要求，受 CTI（相对漏电起痕指数）、污染等级和工作电压的影响，具体由相关标准规定[22,23]。

当驱动芯片一、二次侧的电压差过大时，将导致空气击穿，进而导致绝缘失效。当一、二次侧的耐压一定时，为了降低电场强度，隔离驱动芯片一、二次侧的空间距离必须足够大。电气间隙是指两个导电部件之间的最短空间距离，隔离驱动芯片的电气间隙如图 9-39b 所示。驱动芯片的电气间隙需要大于等于系统的要求，受系统电压大小、过电压等级、海拔和污染等级的影响，具体由相关标准规定[22,23]。

a) 爬电距离　　　　　　　　　　b) 电气间隙

图 9-39　隔离驱动芯片安规距离

表 9-6 给出隔离驱动芯片常用封装的爬电距离和电气间隙。

表 9-6　常用封装爬电距离和电气间隙

封装类型	爬电距离	电气间隙
SOIC8 – D	4mm	4mm
SOIC8 – DWV	8.5mm	8.5mm
SOIC16 – DW	8mm	8mm
eSOP – R16B	9.5mm	9.5mm

9.5.2.2　绝缘设计

1. 设计步骤

进行绝缘设计遵循由系统到元件的顺序，具体步骤如下：

（1）第一步：确定绝缘类型

根据系统电路类型和绝缘位置确定绝缘类型，包括基本绝缘和加强绝缘。基本绝缘是指提供基本电击防护的绝缘类型，加强绝缘是提供相当于双重基本绝缘的电击防护等级的单一绝缘类型。

（2）第二步：确定系统信息

需要确定的系统信息包括：系统电压、过电压等级、污染等级、海拔、需要遵循的安规标准。系统电压与电力系统有关；过电压等级按照设备如何与交流电源连接以及抗浪涌能力来分类；污染等级按照导电的或吸湿的尘埃、游离气体或盐类和相对湿度的大小，以及由于吸湿或凝露导致表面介电强度或电阻率下降事件发生的频度进行分级；需要遵守的安规标准根据系统应用领域和使用地确定。

（3）第三步：确定安规要求

根据前两步确定的信息，依照安规标准确定爬电距离、电气间隙以及对隔离驱动芯片隔离参数的要求。

2. 设计实例

电机驱动系统采用三相全桥拓扑，要求驱动电路具有基本绝缘，遵循设计标准为 IEC 61800 – 5 – 1[24]，系统信息见表9-7。

表 9-7　系统信息

功率模块电压	1200V
最大直流母线电压	800V
海拔	2000m
污染等级	2
过电压等级	Ⅱ

模块电压为1200V，由此计算的系统电压为849V（$0.707 \times 1200V$），由表9-8查得在过电压等级Ⅱ下基本绝缘的浪涌电压为6000V，进而由表9-9查得污染等级2下的空气间隙为5.5mm。最大母线电压为800V，可将其视为工作电压，则由表9-10查得在工作电压800V、污染的等级2、Ⅰ类绝缘材料下，爬电距离为4.0mm。在海拔2000m时，无需对上述安规距离进行修正。

表 9-8　IEC 61800 – 5 – 1 表 7

Table 7 – Insulation voltage for low voltage circuits

Column 1	2	3	4	5	6
System voltage	Impulse voltage （V）				*Temporary overvoltage*
(4.3.6.2.1)	Overvoltage category				（crest value
（V）	Ⅰ	Ⅱ	Ⅲ	Ⅳ	/r. m. s.)[a] （V）
≤50	330	500	800	1500	1770/1250
100	500	800	1500	2500	1840/1300
150	800	1500	2500	4000	1910/1350
300	1500	2500	4000	6000	2120/1500
600	2500	4000	6000	8000	2550/1800
1000	4000	6000	8000	12000	3110/2200

表9-9 IEC 61800－5－1表9

Table 9 – Clearance distances

Column 1	2	3	4	5	6
Impulse voltage (Table 7, Table 8, 4.3.6.3) (V)	Temporary overvoltage (crest value) for determining insulation between surroundings and circuits or *Working voltage* (recurring peak) for determining *functional Insulation* (V)	*Working voltage* (recurring peak) for determining Insulation between surroundings and circuits (V)	Minimum clearance mm Pollution degree		
			1	2	3
N/A	≤110	≤71	0.01	0.20[a]	0.80
N/A	225	141	0.01	0.20	0.80
330	340	212	0.01	0.20	0.80
500	530	330	0.04	0.20	0.80
800	700	440	0.10	0.20	0.80
1500	960	600	0.50	0.50	0.80
2500	1600	1000	1.5		
4000	2600	1600	3.0		
6000	3700	2300	5.5		
8000	4800	3000	8.0		
12000	7400	4600	14		
20000	12000	7600	25		

表9-10 IEC 61800－5－1表10

Table 10 – Creepage distances（mm）

Column 1	2	3	4	5	6	7	8	9	10	11	12
Working voltage (r.m.s.) (V)	PWBs[a] Pollution degree		Other Insulators Pollution degree								
	1	2	1	2				3			
				Insulating material group				Insulating material group			
	b	c	b	I	II	IIIa	IIIb	I	II	IIIa	IIIb
≤2	0.025	0.04	0.056	0.35	0.35	0.35		0.87	0.87	0.87	
5	0.025	0.04	0.065	0.37	0.37	0.37		0.92	0.92	0.92	
10	0.025	0.04	0.08	0.40	0.40	0.40		1.0	1.0	1.0	
25	0.025	0.04	0.125	0.50	0.50	0.50		1.25	1.25	1.25	
32	0.025	0.04	0.14	0.53	0.53	0.53		1.3	1.3	1.3	
40	0.025	0.04	0.16	0.56	0.80	1.1		1.4	1.6	1.8	
50	0.025	0.04	0.18	0.60	0.85	1.20		1.5	1.7	1.9	
63	0.04	0.063	0.20	0.63	0.90	1.25		1.6	1.8	2.0	
80	0.063	0.10	0.22	0.67	0.95	1.3		1.7	1.9	2.1	
100	0.10	0.16	0.25	0.71	1.0	1.4		1.8	2.0	2.2	

（续）

Column 1	2	3	4	5	6	7	8	9	10	11	12
Working voltage (r.m.s.) (V)	PWBs^a Pollution degree		Other Insulators Pollution degree								
	1	2	1	2				3			
				Insulating material group				Insulating material group			
	b	c	b	I	II	IIIa	IIIb	I	II	IIIa	IIIb
125	0.16	0.25	0.28	0.75	1.05	1.5		1.9	2.1	2.4	
160	0.25	0.40	0.32	0.80	1.1	1.6		2.0	2.2	2.5	
200	0.40	0.63	0.42	1.0	1.4	2.0		2.5	2.8	3.2	
250	0.56	1.0	0.56	1.25	1.8	2.5		3.2	3.6	4.0	
320	0.75	1.6	0.75	1.6	2.2	3.2		4.0	4.5	5.0	
400	1.0	2.0	1.0	2.0	2.8	4.0		5.0	5.6	6.3	
500	1.3	2.5	1.3	2.5	3.6	5.0		6.3	7.1	8.0	
630	1.8	3.2	1.8	3.2	4.5	6.3		8.0	9.0	10.0	
800	2.4	4.0	2.4	4.0	5.6	8.0		10.0	11	12.5	e
1000	3.2	5.0	3.2	5.0	7.1	10.0		12.5	14	16	
1250	4.2	6.3	4.2	6.3	9	12.5		16	18	20	
1600	1	1	5.6	8.0	11	16		20	22	25	
2000			7.5	10.0	14	20		25	28	32	
2500			10.0	12.5	18	25		32	36	40	

表 9-11 所示为系统绝缘要求与备选驱动芯片参数，可见备选驱动芯片满足要求，适用于此电机驱动系统。

表 9-11 系统绝缘要求、驱动芯片参数

系统绝缘要求		驱动芯片参数	
关断尖峰最大值	1200V	V_{IORM}	2121V（峰值）
最大母线电压	800V	V_{IOWM}	2121V（直流）
系统浪涌电压	6000V	V_{IOSM}	8000V（峰值）
电气间隙	5.5mm	电气间隙	8mm
爬电距离（I类 CTI）	4.0mm	爬电距离（I类 CTI）	8mm

9.6 短路保护

在使用 IGBT 时，往往需要对其进行短路保护，特别在大功率场合更是必不可少。而在使用 Si MOSFET 时，很少对其进行短路保护。那么，在使用 SiC MOSFET 时是否需要对其进行短路保护呢？

实际上，是否需要短路保护并不是由器件决定的，而是根据应用场合和成本决定的。IGBT 往往用在高压大功率场合，发生短路后造成的后果较为严重，加之变换器与 IGBT 模块成本较高，利用短路保护避免损失过大是非常有必要的。而 Si MOSFET 多用于小功率场合，短路炸机后损失较小，加之变换器成本压力大，往往不对其进行短路保护。

SiC MOSFET 主要应用在高压大功率场合，旨在替换 IGBT，可以直接参照现有 IGBT 方案是否进行短路保护。另外，虽然 SiC MOSFET 的价格逐年下降，但在短期内仍远远高于 Si 器件。当使用 SiC MOSFET 功率模块时，如果发生短路炸机，将损失整个模块，故有必要对其进行短路保护；而单管 SiC MOSFET 应用情景很多，当应用场合对变换器可靠性要求较高时，也是有必要进行短路保护的。

9.6.1　短路保护的检测方式

进行短路保护需要首先对器件短路状况进行检测和辨识，之后再进行关断。现有进行短路检测的方式有以下几种。

1. 采样电阻

在回路中串联一个采样电阻 R_{shunt}，测量其端电压 V_{shunt} 就可以得到流过器件的电流 I_{DS}[25,26]，其对应关系如式（9-15）。当发生短路时，I_{DS} 远大于正常工作范围，V_{shunt} 将大于阈值电压 $V_{th(SC)}$，触发比较器并将器件关断，如图 9-40 所示。这种方式的优点是带宽高、成本低、测量精度高，但在大电流场合会在 R_{shunt} 上产生较大的损耗。

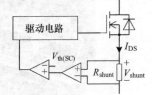

$$V_{shunt} = I_{DS} R_{shunt} \qquad (9-15)$$

图 9-40　采样电阻

2. 带电流检测的功率器件

Mitsubishi 公司推出了带电流检测的 SiC MOSFET 芯片[27]，其基本原理是将芯片分成两个部分，面积较大的 T_{power} 为主 MOSFET，用于流过大部分电流，面积较小的 T_{sense} 为电流传感 MOSFET，如图 9-41a 所示。使用时串联一个采样电阻 R_{sense}，测量其端电压 V_{sense} 就可以推算出流过器件的电流，电流与 V_{sense} 的对应关系受芯片和采样电阻共同影响。当发生短路时，V_{sense} 大于阈值电压 $V_{th(SC)}$，触发比较器并将器件关断，如图 9-41b 所示。Mitsubishi 公司和 Fuji 公司均推出有带电流检测功能的 IGBT 芯片。但由于这种芯片成本较高，故主要用于电动汽车驱动和机车牵引。

3. 基于 PCB 的罗氏线圈

罗氏线圈基本原理在第 3 章进行了介绍，相比于前两种检测方式，罗氏线圈具有很多优点。隔离测量，无需额外进行隔离处理；不会增加额外的回路电感；基于

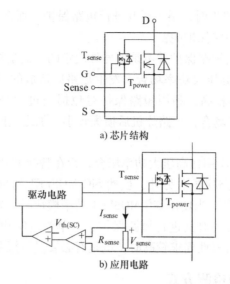

a) 芯片结构

b) 应用电路

图 9-41　带电流检测的功率器件

电磁感应定律，不会产生过大的损耗；由于没有使用磁心，故不会出现线圈饱和。已经有研究使用基于 PCB 的罗氏线圈进行短路检测，如图 9-42 所示。由于罗氏线圈的设计要考虑空间摆放、安规距离、积分模拟电路，具有一定的技术门槛，存在很多挑战，故并没有在产品上广泛使用。

图 9-42　PCB 罗氏线圈应用实例[29-32]

4. 引线电感压降

当发生短路后，电流会急剧增大，其变化速率 $\mathrm{d}I_{DS}/\mathrm{d}t$ 将远远大于正常工作时的范围，则 $\mathrm{d}I_{DS}/\mathrm{d}t$ 在回路电感上产生的压降也会大于正常范围。利用这一特性，测量 SiC MOSFET 源极电感两端的压降 V_{sense}，当发生短路时，V_{sense} 大于阈值电压 $V_{th(SC)}$，触发比较器并将器件关断[33]，如图 9-43 所示。

5. 退饱和检测（DESAT）

在正常工况下，IGBT 导通时工作在饱和区，关断时工作在截止区，开通和关断过程需要穿越放大区。当 IGBT 发生短路后，其工作点将由饱和区进入到放大区，即高电压大电流的区域，称其为退饱和。通过检测 IGBT 集电极 – 发射极电压 V_{CE}，就可以识别出 IGBT 短路。这种方法被称为退饱和检测，实现方式一般有二极管型和电阻型两种，如图 9-44 所示。

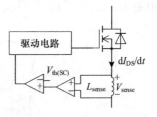

图 9-43　引线电感压降

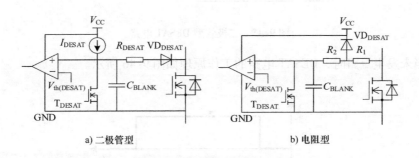

a) 二极管型　　　　　　　　　　　b) 电阻型

图 9-44　退饱和检测电路

在正常工况下，SiC MOSFET 导通时工作在线性区，关断时工作在截止区，开通和关断过程需要穿越饱和区。当 SiC MOSFET 发生短路时，其工作点将由线性区进入到饱和区，即高电压大电流的区域。故通过检测 SiC MOSFET 漏 – 源电压 V_{DS}，就可以识别出 SiC MOSFET 短路，DESAT 对 SiC MOSFET 仍然有效[34]。

需要注意的是，IGBT 和 SiC MOSFET 的饱和区定义是不同的，IGBT 饱和指的是注入到 IGBT 晶体管基极的载流子浓度达到最大，MOSFET 饱和指的是漏极电流达到最大。IGBT 发生短路是工作点离开饱和区，SiC MOSFET 发生短路是进入饱和区，但本质都是进入高电压大电流区域。DESAT 是针对 IGBT 的命名，而对于 SiC MOSFET 应称为"进饱和检测"。但为了方便表述，我们仍沿用 DESAT。

DESAT 检测已经被广泛应用于 IGBT 短路保护中，由于其稳定、可靠，很多驱动芯片中已经集成了 DESAT 功能。如果能够使用现有的 DESAT 电路完成对 SiC MOSFET 的短路检测，无疑将大大降低 SiC MOSFET 的使用难度。由于二极管型的 DESAT 应用最为广泛，故接下来将基于此探讨 DESAT 对 SiC MOSFET 的适用性。

9.6.2　DESAT 短路保护

最基础的二极管型 DESAT 电路如图 9-45 所示，左侧阴影部分为集成进入驱动芯片内部的电路，右侧阴影部分为需要在使用时配置的外围电路。驱动芯片内部包含逻辑控制单元、电流源 I_{DESAT}、比较器和 DESAT 控制开关 T_{DESAT}，外围电路包括电容 C_{BLANK}、二极管 VD_{DESAT} 和电阻 R_{DESAT}。

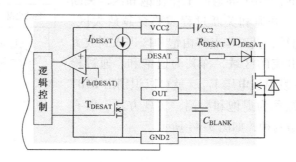

图 9-45 二极管型 DESAT 电路

当未发生短路时，DESAT 电路的工作原理如图 9-46 所示。

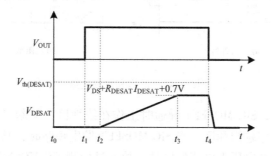

图 9-46 DESAT 检测电路非短路工况工作原理

（1） $t_0 \sim t_1$

驱动芯片输入为低电平，输出 V_{OUT} 也为低电平。开关管为关断状态，则 VD_{DESAT} 反向截止。T_{DESAT} 为导通状态，对 C_{BLANK} 放电，使其两端电压为 0V，I_{DESAT} 也通过 T_{DESAT} 流到 GND2。

（2） $t_1 \sim t_2$ 驱动芯片输入变为高电平，输出 V_{OUT} 也变为高电平。开关管为导通状态，T_{DESAT} 保持导通状态。

（3） t_2 时刻

T_{DESAT} 变为关断状态。

（4） $t_2 \sim t_3$

I_{DESAT} 向 C_{BLANK} 恒流充电，V_{DESAT} 由 0V 开始线性升高。由于器件完全导通，V_{DS} 很低，一般小于 2.5V。

（5）t_3 时刻

V_{DESAT} 上升至 $V_{DS} + R_{DESAT} I_{DESAT} + 0.7V$，$VD_{DESAT}$ 正向导通，I_{DESAT} 流经 R_{DESAT}、VD_{DESAT} 和开关器件至 GND2。V_{DESAT} 不再升高，$V_{th(DESAT)}$ 一般在 7～9V，不会触发 DESAT 保护。

（6）t_4 时刻

驱动芯片输入变为低电平，输出 V_{OUT} 也变为低电平，T_{DESAT} 变为导通状态，对 C_{BLANK} 放电。

假设 SiC MOSFET 在开通之后立刻发生短路，DESAT 电路的工作原理如图9-47所示。

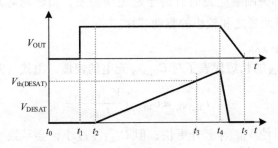

图 9-47　DESAT 检测电路短路工况工作原理

（1）$t_0 \sim t_1$

驱动芯片输入为低电平，输出 V_{OUT} 也为低电平。开关管为关断状态，则 VD_{DESAT} 反向截止。T_{DESAT} 为导通状态，对 C_{BLANK} 放电，使两端电压为 0V，I_{DESAT} 也通过 T_{DESAT} 流到 GND2。

（2）$t_1 \sim t_2$

驱动芯片输入变为高电平，输出 V_{OUT} 也变为高电平，SiC MOSFET 发生短路。I_{DS} 迅速升高，V_{DS} 也维持在较高的电压，VD_{DESAT} 保持反向截止。T_{DESAT} 保持导通状态，V_{DESAT} 保持在 0V。

（3）t_2 时刻

T_{DESAT} 变为关断状态。

（4）$t_2 \sim t_3$

I_{DESAT} 向 C_{BLANK} 恒流充电，V_{DESAT} 由 0V 开始线性升高。

（5）t_3 时刻

V_{DESAT} 上升至 $V_{th(DESAT)}$，触发比较器。

（6）$t_3 \sim t_4$

无动作。

（7）$t_4 \sim t_5$

T_{DESAT} 为导通状态，对 C_{BLANK} 放电，驱动芯片对器件进行关断。

器件短路可能发生在图 9-46 中 $t_0 \sim t_3$ 及 t_3 之后的任意时刻，在各种情况中，器件刚开通就发生短路所需要的检测和反应时间是最长的。而 SiC MOSFET 芯片尺寸小，导致短路耐受时间较短，需要在短时间内完成保护。故在使用 DESAT 时，需要确保在 SiC MOSFET 刚开通就发生短路的情况下也可以安全关断。

基于以上分析，可将 DESAT 分为 4 个阶段，分别是 DESAT 延时 $t_{d(DESAT)}$（$t_1 \sim t_2$）、消隐时间 t_{BLANK}（$t_2 \sim t_3$）、关断响应延时 $t_{d(off)}$（$t_3 \sim t_4$）和关断 t_{off}（$t_4 \sim t_5$），要快速完成短路检测和关断就需要尽可能缩短这 4 个阶段的时长总和。

1. DESAT 延时 $t_{d(DESAT)}$ 和关断响应延时 $t_{d(off)}$

DESAT 延时和关断响应延时有助于避免误触发，由驱动芯片决定，是无法避免的，故需要选择两者之和较小的驱动芯片。

2. 消隐时间 t_{BLANK}

消隐时间 t_{BLANK} 的长短代表了对 C_{BLANK} 充电的快慢，由式（9-16）给出

$$t_{BLANK} = C_{BLANK} \frac{V_{th(DESAT)}}{I_{DESAT}} \tag{9-16}$$

则减小 C_{BLANK} 可以使 V_{DESAT} 上升更快；但 C_{BLANK} 过小，会导致容易受到干扰发生误触发。C_{BLANK} 一般取值在 100 ~ 330pF。增大 I_{DESAT} 也可以缩短消隐时间，故可以选择 I_{DESAT} 相对较大的驱动芯片。驱动芯片 I_{DESAT} 一般在 500μA 左右，当 $V_{th(DESAT)}$ 为 9V、C_{BLANK} 为 100pF 时，计算得到 t_{BLANK} 为 1800ns。为了进一步缩短 t_{BLANK}，可以将 C_{BLANK} 使用上拉电阻接至 V_{CC2}，大大增加充电电流。

3. 关断 t_{off}

对器件进行关断有硬关断和软关断两种情况。硬关断是直接通过正常关断回路进行关断，关断时间较短。为了避免大电流下关断时关断电压尖峰 $V_{DS(spike)}$ 超过器件耐压，在触发 DESAT 短路保护后，驱动芯片通过高阻抗驱动回路对器件进行缓慢关断，称为软关断。

通过第 4 章可知，SiC MOSFET 在短路后进行硬关断也不会导致过高的 $V_{DS(spike)}$，故可以选用不带有软关断功能的驱动芯片以缩短关断时间。但相较于 t_{BLANK}，软关断时长相对较短，且现在带有 DESAT 的驱动电路基本都带有软关断功能，故也可以选择软关断特性较"硬"的驱动芯片。

需要注意的是，驱动芯片数据手册上给出关于关断的时间参数是关断输出信号在特定输出负载下的结果，与实际完成关断器件的用时并不相同。故需要根据实验实测确定关断时间。

参 考 文 献

[1] INFINEON TECHNOLOGIES AG. 1EDC/1EDI Compact Family Technical Description Technical

Description [Z]. Application Note, AN2014 - 06, Rev. 1. 03, 2017.

[2] ROHM CO. , LTD. BD7F100HFN - LB BD7F100EFJ - LB Datasheet [Z]. Rev. 003, 2017.

[3] SILICON LABORATORIES, INC. Si8281/82/83/84 Datasheet [Z]. Rev. 1. 0, 2018.

[4] INFINEON TECHNOLOGIES AG. Advantages of Infineon´s High - Voltage Gate Driver ICs (HVICs) Based on Its Silicon - On - Insulator (SOI) Technology [Z]. Application Note, AN2019 - 12, Rev. 2. 0, 2019.

[5] SILICON LABORATORIES, INC. High - Side Bootstrap Design Using ISO Drivers in Power Delivery Systems [Z]. AN486, Rev. 0. 2, 2018.

[6] FAIRCHILD SEMICONDUCTOR CORPORATION. Design and Application Guide of Bootstrap Circuit for High - Voltage Gate - Drive IC [Z]. Rev. 1. 4, 2014.

[7] RÜEDI H, THALHEIM J, GARCIA O. Advantages of Advanced Active Clamping [Z]. CT - Concept Technologie AG, Power Electronics Europe, NOV/DEC 2009 (Issue 8): 27 - 29.

[8] FRAUENFELDER DOMINIK, GARCIA OLIVIER. SCALE™ - 2 IGBT Gate Drivers Ease the Design of Optimized Renewable Inverter Systems [J]. CT - Concept Technologie GmbH, Bodo's Power Systems, 2014 (2): 22 - 26.

[9] INFINEON TECHNOLOGIES AG. Guidelines for CoolSiC™ MOSFET Gate Drive Voltage Window [Z]. Application Note, AN2018 - 09, Revision 1. 1, 2019.

[10] INFINEON TECHNOLOGIES AG. External Booster for Driver IC [Z]. Application Note, AN2013 - 10, Revision 1. 6, 2014.

[11] AVAGO TECHNOLOGIES. ACPL - 339J Datasheet [Z]. AV02 - 3784EN, 2015.

[12] POWER INTEGRATION. SID1102K Datasheet [Z]. Rev. D. , 2017.

[13] AVAGO TECHNOLOGIES. Optocouplers Designer's Guide [Z]. Design Guide, AV02 - 4387EN, January 2014.

[14] KRAKAUER DAVID. Anatomy of a Digital Isolator [J]. Technical Article, MS - 2234, Analog Devices, Inc. , 2011.

[15] SILICON LABORATORIES, INC. CMOS Digital Isolators Supersede Optocouplers in Industrial Applications [Z]. Rev 0. 2, 2014.

[16] INFINEON TECHNOLOGIES AG. Infineon EiceDRIVER™ Gate Driver ICs Selection Guide 2019 [Z]. 2019.

[17] ANALOG DEVICES, INC. Coupler® Digital Isolators Protect RS - 232, RS - 485, and CAN Buses in Industrial, Instrumentation, and Computer Applications [J]. Analog Dialogue 39 - 10, 2005 (10): 1 - 4.

[18] BONIFELD Tom. Enabling High Voltage Signal Isolation Quality and Reliability [Z]. White paper, Texas Instruments, 2017.

[19] MARK MORGAN, GIOVANNI FRATTINI. Accelerating Automated Manufacturing with Advanced Circuit Isolation Technology [Z]. White Paper, SSZY018, Texas Instruments Inc. , 2014.

[20] KAMATH A S, SOUNDARAPANDIAN KANNAN. High - Voltage Reinforced Isolation: Defini-

tions and Test Methodologies［Z］. White Paper, SLYY063, Texas Instruments Inc. , 2014.

［21］TROWBRIDGE LUKE. Considerations for Selecting Digital Isolators［Z］. Application Note, SL-
LA426, Texas Instruments Inc. , 2018.

［22］TEXAS INSTRUMENTS INC. Isolation Glossary［Z］. Application Note, SLLA353A, 2014.

［23］SILICON LABORATORIES INC. Safety Considerations and Layout Recommendations for Digital I-
solators［Z］. Application Note, AN583, Rev. 0.3, 2015.

［24］IEC 61800 – 5 – 1 Ed 2.0: Adjustable Speed Electrical Power Drive Systems, Safety Require-
ments, Electrical, Thermal and Energy［S］. 2007.

［25］INFINEON TECHNOLOGIES AG. Control Integrated Power System (CIPOS^{TM}) Inverter IPM Ref-
erence Board Type 3 f or 3 – Shunt Resistor［Z］. Application Note, AN2016 – 12, Revision
1.11, 2016.

［26］TRIPATHI A, MAINALI K, MADHUSOODHANAN S, et al. A MV Intelligent Gate Driver for
15kV SiC IGBT and 10kV SiC MOSFET［J］. 2016 IEEE Applied Power Electronics Conference
and Exposition (APEC), 2016: 2076 – 2082.

［27］WIESNER E, THAL E, VOLKE A, et al. Advanced Protection for Large Current Full SiC –
Modules［C］. PCIM Europe, 2016.

［28］ON SEMICONDUCTOR CORP. Current Sensing Power MOSFETs［Z］. Application Note,
AND8093/D, Rev. 6, 2017.

［29］MOCEVIC S, WANG J, BURGOS R, et al. Phase Current Sensor and Short – Circuit Detection
based on Rogowski Coils Integrated on Gate Driver for 1.2 kV SiC MOSFET Half – Bridge Module
［C］. 2018 IEEE Energy Conversion Congress and Exposition (ECCE). IEEE, 2018:
393 – 400.

［30］WANG J, MOCEVIC S, XU Y, et al. A High – Speed Gate Driver with PCB – Embedded Ro-
gowski Switch – Current Sensor for a 10 kV, 240 A, SiC MOSFET Module［C］. 2018 IEEE En-
ergy Conversion Congress and Exposition (ECCE), 2018: 5489 – 5494.

［31］DOMINIK BORTIS. 20MW Halbleiter – Leistungsmodulator – System［D］. Swiss Federal Institu-
te of Technology, 2009.

［32］BAYARKHUU B, BAT – OCHIR B O, HASEGAWA K, et al. Analog Basis, Low – Cost Invert-
er Output Current Sensing with Tiny PCB Coil Implemented inside IPM［C］. 2019 31st Interna-
tional Symposium on Power Semiconductor Devices and ICs (ISPSD). 2019: 251 – 254.

［33］SUN K, WANG J, BURGOS R, et al. Design, Analysis, and Discussion of Short Circuit and
Overload Gate – Driver Dual – Protection Scheme for 1.2 kV, 400 A SiC MOSFET Modules［J］.
IEEE Transactions on Power Electronics, 2019, 35 (3): 3054 – 3068.

［34］MOCEVIC S, WANG J, BURGOS R, et al. Comparison Between Desaturation Sensing and Ro-
gowski Coil Current Sensing for Shortcircuit Protection of 1.2kV, 300A SiC MOSFET Module
［C］. 2018 IEEE Applied Power Electronics Conference and Exposition (APEC). IEEE, 2018:
2666 – 2672.

延 伸 阅 读

[1] INFINEON TECHNOLOGIES AG. Advanced Gate Drive Options for Silicon – Carbide (SiC) MOS-FETs using EiceDRIVER™ [Z]. Application Note, AN2017 – 04, Rev. 1. 1, 2018.

[2] INFINEON TECHNOLOGIES AG. How to Choose Gate Driver for SiC MOSFETs and SiC MOSFET Modules [Z/OL], Webinar. https：//www. infineon. com/cms/en/product/power/gate – driver – ics/#! trainings

[3] ZHANG ZHEYU. Driving, Monitoring, and Protection Technology for SiC Devices Using Intelligent Gate Drive [R/OL]. Webinar, PELS, November 2019. https：//resourcecenter. ieee – pels. org/webinars/PELSWEB071823v. html

[4] LASZLO BALOGH. Fundamentals of MOSFET and IGBT Gate Driver Circuits [Z]. Application Report, SLUA618, Texas Instruments, 2017.

[5] TOSHIBA ELECTRONIC DEVICES & STORAGE CORPORATION. MOSFET Gate Drive Circuit [Z]. Application Note, 2018.

[6] HERMWILLE MARKUS. IGBT Driver Calculation [Z]. Application Note, AN – 7004, Rev. 00. , SEMIKRON, 2017.

[7] AVAGO TECHNOLOGIES. Gate Drive Optocoupler Basic Design for IGBT / MOSFET Applicable to All Gate Drive Optocouplers [Z]. Application Note 5336, AV02 – 0421EN, 2014.

[8] VARAJAO DIOGO, MATRISCIANO CARMEN MENDITTI. Isolated Gate Driving Solutions Increasing Power Density and Robustness with Isolated Gate Driver ICs [Z]. Application Note, AN_ 1909_ PL52_ 1910_ 201256, Rev. 1. 0, Infineon Technologies AG, 2020.

[9] INFINEON TECHNOLOGIES AG. How to Choose Gate Driver for IGBT Discretes and Modules [Z/OL]. Webinar. https：//www. infineon. com/cms/en/product/power/gate – driver – ics/#! trainings

[10] INFINEON TECHNOLOGIES AG. Every Switch needs a Driver – The Right Driver Makes a Difference [Z/OL]. Webinar. https：//www. infineon. com/cms/en/product/power/gate – driver – ics/#! trainings

[11] DEARIEN AUDREY. HEV/EV Traction Inverter Design Guide Using Isolated IGBT and SiC Gate Drivers [Z]. Application Report, SLUA963, Texas Instruments Inc. , 2019.

[12] TEXAS INSTRUMENTS. IGBT & SiC Gate Driver Fundamentals [Z]. SLYY169, 2019.

[13] INFINEON TECHNOLOGIES AG. SOI Level – Shift Gate Driver IC in LLC Half – Bridge Topologies [Z/OL], Webinar. https：//www. infineon. com/cms/en/product/power/gate – driver – ics/silicon – on – insulator – soi/? redirId = 104509

[14] FAIRCHILD SEMICONDUCTOR CORPORATION. Design Guide for Selection of Bootstrap Components [Z]. Rev. 1. 0. 0, 2008.

[15] MERELLO ANDREA. Bootstrap Network Analysis：Focusing on the Integrated Bootstrap Functionality [Z]. Application Note, AN – 1123, Rev. 01, International Rectifier Corporation,

Inc. , 2007.

[16] MERELLO A, RUGGINENTI A, GRASSO M. Using Monolithic High Voltage Gate Drivers [Z]. Application Note, Rev. 01, International Rectifier Corporation, 2016.

[17] ROSSBERG M, VOGLER B, HERZER R. 600V SOI Gate Driver IC with Advanced Level Shifter Concepts for Medium and High Power Applications [C]. IEEE European Conference on Power Electronics & Applications, 2008.

[18] SONG J, FRANK W. Robustness of Level Shifter Gate Driver ICs Concerning Negative Voltages [C]. PCIM Europe, International Exhibition & Conference for Power Electronics, 2015: 140-146.

[19] HERMWILLE MARKUS. Gate Resistor – Principles and Applications [Z]. Application Note, AN-7003, Rev. 00, SEMIKRON International GmbH, 2017.

[20] INFINEON TECHNOLOGIES AG. EiceDRIVER™ Gate Resistor for Power Devices [Z]. Application Note, AN2015-06, Revision 1.0, 2015.

[21] ON SEMICONDUCTOR. Analysis of Power Dissipation and Thermal Considerations for High Voltage Gate Drivers [Z]. Application Note, AND90004, Rev. 0, 2020.

[22] SCHNELL RYAN. Rarely Asked Questions—Issue 158 Driving a Unipolar Gate Driver in a Bipolar Way [J]. Analog Dialogue, 2018 (10): 52-10.

[23] LONGO G, FUSILLO F, SCRIMIZZI F. Power MOSFET: Rg Impact on Applications [Z]. Application Note, AN4191, DocID 023815, Rev. 01, STMicroelectronics, 2012.

[24] KENNEDY BRIAN. Using On – Off Keying, Digital Isolators in Harsh Environments [Z]. Webcast, Analog Devices, Inc. , 2016.

[25] TEXAS INSTRUMENTS INC. Digital Isolator Design Guide [Z]. Developer's Guide, SLLA284B, Rev. B., 2018.

[26] ZIEGLER S, WOODWARD R C, IU H H, et al. Current Sensing Techniques: A Review [J]. IEEE Sensors Journal, 2009, 9 (4): 354-376.

[27] LOBSIGER YANICK. Closed – Loop IGBT Gate Drive and Current Balancing Concepts [D]. ETH, 2014.

[28] MIFTAKHUTDINOV R, LI X, MUKHOPADHYAY R, et al. How to Protect SiC FETs from Short Circuit Faults – Overview [C]. 2018 European Conference on Power Electronics and Applications (EPE18 ECCE Europe), 2018.

[29] ROTHMUND D, BORTIS D, KOLAR J W. Highly Compact Isolated Gate Driver with Ultrafast Overcurrent Protection for 10kV SiC MOSFETs [J]. CPSS Transactions on Power Electronics and Applications, 2019, 3 (4): 278-291.

[30] INFINEON TECHNOLOGIES AG. EICEDRIVER™ High Voltage Gate Drive IC 1ED Family Technical Description [Z]. Application Note, Rev. 1.4, 2014.

[31] INFINEON TECHNOLOGIES AG. Using the EiceDRIVER™ 2EDi Product Family of Dual – Channel Functional and Reinforced Isolated MOSFET Gate Drivers [Z]. Application Note, AN_

1805_ PL52_ 1806_ 095202, Rev. 2.0, 2019.

[32] INFINEON TECHNOLOGIES AG. EiceDRIVER™ Safe High Voltage Gate Driver IC With Reinforced Isolation 1EDS – SRC Technical Description [Z]. Application Note, AN2014 – 03, Rev. 1.2, 2018.

[33] INFINEON TECHNOLOGIES AG. PCB Layout Guidelines for MOSFET Gate Driver [Z]. Application Note, AN_ 1801_ PL52_ 1801_ 132230, Rev. 01, 2018.

[34] FAIRCHILD SEMICONDUCTOR CORPORATION. Driving and Layout Design for Fast Switching Super – Junction MOSFETs [Z]. Application Note, AN – 9005, Rev. 1.0.1, 2014.

[35] ON SEMICONDUCTOR. NCD (V) 57000/57001 Gate Driver Design Note [Z]. Application Note, AND9949/D, Rev. 0, 2019.

电力电子新技术系列图书

目　录

电压型 PWM 整流器的非线性控制（第 2 版） 王久和著

高压 IGBT 模型应用技术 龚熙国编著

无功补偿理论及其应用 程汉湘 编著

双馈风力发电系统的建模、仿真及控制 凌禹著

LED 照明驱动电源模块化设计技术 刘廷章 赵剑飞 汪飞编著

统一电能质量调节器及其无源控制 王久和 孙凯 张巧杰编著

绝缘栅双极型晶体管 (IGBT) 设计与工艺 赵善麒、高勇、王彩琳等编著

电力电子装置中的典型信号处理与通信网络技术 李维波编著

电力电子装置中的信号隔离技术 李维波编著

三端口直流变换器 吴红飞 孙凯 胡海兵 邢岩著

风力发电系统及控制原理 马宏伟、李永东、许烈等编著

电力电子装置建模分析与示例设计 李维波编著

碳化硅功率器件：特性、测试和应用技术 高远、陈桥梁编著

光伏发电系统智能化故障诊断技术 马铭遥 徐君 张志祥编著

单相电力电子变换器的二次谐波电流抑制技术 阮新波、张力、黄新泽、刘飞等著

交直流双向变换器 肖岚、严仰光编著